Titelbild aus
„Auffgang der Arzneykunst"
Sulzbach 1683

JO. BAPT. VAN HELMONT

EINFÜHRUNG IN DIE PHILOSOPHISCHE
MEDIZIN DES BAROCK

VON

WALTER PAGEL

MIT 1 TEXTABBILDUNG
UND EINEM BILD VAN HELMONTS

BERLIN
VERLAG VON JULIUS SPRINGER
1930

ISBN 978-3-642-48475-9   ISBN 978-3-642-48542-8 (eBook)
DOI 10.1007/978-3-642-48542-8

HERRN

GEH.-RAT PROFESSOR P. ERNST

IN DANKBARER VEREHRUNG

GEWIDMET

Vorwort.

„Der Tag der letzten Hypothese
wäre auch der Tag der letzten Be-
obachtung." (HENLE, Hdbch. d.
ration. Pathol. 1846, Vorwort.)

In unserem Zeitalter der PARACELSUSverehrung sollte es nicht schwer sein, Interesse für VAN HELMONT zu erwecken. Persönlichkeit und Erlebnis, Richtung und Ziel, Methode und Resultat ist zwar bei ihnen verschieden genug. Dennoch gehören sie im Letzten zusammen. HELMONTS universale medizinische, naturwissenschaftliche und weltanschauliche Eigenleistung ist ohne PARACELSUS nicht möglich. An ihr erst erweist sich die gewaltige auch medizinisch-wissenschaftliche Fruchtbarkeit der Paracelsischen Ideenwelt. Das Studium HELMONTS ist unentbehrliches Bestandstück in der Geschichte des Schicksals von HOHENHEIMS Lebenswerk.

Die vorliegende Darstellung HELMONTS versucht, auf einem ungewöhnlichen Wege den Zugang zu ihm zu finden. Hervorgewachsen aus Studien zur Geschichte der Lungenkrankheiten, geht sie von HELMONTS speziell-pathologischer Leistung aus, der Kritik und Reform der alten Catarrhlehre, wie sie zum Mittelpunkt der gesamten zeitgenössischen Pathologie erstarrt und entartet war. Der Kommentar zu HELMONTS Schriften über Catarrh und Asthma, deren Übersetzung im Anhang beigegeben ist, soll den Rahmen bilden, aus dem uns seine Forscherpersönlichkeit entgegentritt. In ihm suchten wir die Plattform für die Erörterung von HELMONTS Stellung zu seiner Zeit und in der Geschichte der Medizin. Die Berechtigung zu einem solchen Vorgehen haben wir in dem Einführungsabschnitt zu begründen versucht. Darüber hinaus soll unsere Darstellung ein Spiegel spezifischer Barockkultur sein, der von einer Seite und von einem kleinen Gebiet aus stets den Gesamttypus zu erfassen und abzubilden bestrebt ist. Bei der Porträtierung

HELMONTS haben wir es uns versagt, durch Retuschierung und einseitige Heraushebung der Lichtseiten seiner menschlichen und Forschereigenschaften eine Popularisierung billig zu erkaufen. HELMONT soll gezeichnet werden, so wie er sich dem Heutigen wirklich darstellt. Dazu war aber die breite Heranziehung der originalen Quellen erforderlich, die naturgemäß die Schrift etwas belastet.

Es drängt mich, an dieser Stelle meinen aufrichtigen Dank der Verlagsbuchhandlung JULIUS SPRINGER auszusprechen für das große Interesse, das sie der vorliegenden Schrift entgegengebracht hat, deren Drucklegung sie ermöglichte.

Mein besonderer Dank gebührt ferner den Herren Proff. H. E. SIGERIST (Leipzig), ALEXANDER SCHMINCKE (Heidelberg) und H. ULRICI (Sommerfeld) für fortgesetzte Förderung meiner Untersuchungen und stets opferbereites Wohlwollen.

Sommerfeld (Osthavelland), im Februar 1930.

PAGEL.

Inhaltsverzeichnis.

I. Einführung.

HELMONT-Forschung ist ebenso *zeitgemäß* wie *schwierig*. Schwierig einmal wegen der vielfachen Dunkelheiten von Form und Inhalt, die sich problemgeschichtlicher Durchleuchtung des HELMONTschen Schriftwerkes überall entgegenstellen.

Die große Perspektive, zu der allein schon der Abstand der Zeit, wieviel mehr aber die seitdem erlebten und verarbeiteten Revolutionen der Denkart und des Weltbildes zwingen, ermöglicht kaum noch restloses Verstehen, z. B. der in alle Einzelheiten sich verlierenden Polemik, wie sie ein wesentliches Bestandstück HELMONTscher Geistesarbeit bildet. Denn die Polemik gegen ARISTOTELES und GALEN auf der einen, PARACELSUS auf der anderen Seite, mit anderen Worten, das gesamte biologische Lehrgebäude des Abendlandes, auf dessen Schultern er doch steht und dem er manche Grundlagen dankt, ist die erstempfundene und elementar bis zum Ende sich auswirkende Grundlage des HELMONTschen Werkes und Wirkens[1]. Seine Arbeit im allgemeinen wie jeder

---

[1] Die grundsätzliche Abhängigkeit vieler seiner Lehren von ARISTOTELES hat E. O. v. LIPPMANN u. a. in seinen klassischen Abhandlungen und Vorträgen zur Geschichte der Naturwissenschaften (**2**, 38 ff. u. a. 1913) herausgestellt, wir kommen darauf zurück (S. 21, 23, 24, 26 u. ff.). Wie er vielfach nur Künder, Interpret und Fortsetzer PARACELSIschen Lehrgutes ist, werden wir auf Schritt und Tritt unseres Ganges durch HELMONTS Lehre, Leben und Leistung festzustellen haben. SUDHOFF hat diese Tatsache und seine daher undankbar und unaufrichtig erscheinende hartnäckige Polemik gegen PARACELSUS herausgestellt (Mitt. Gesch. Med. u. Naturwiss. **9**, 244 [1910]). Schon KUNCKEL beschuldigt HELMONT unredlicher Ausnutzung des PARACELSUS, den er, selbst unaufrichtig und großsprecherisch, der Unwissenheit, Unbeständigkeit und Großsprecherei beschuldigt habe (Laborat. chymicum, S. 491 ff. Leipzig 1723). — Daß HELMONT besonders bei Wiedergabe seines Lebenslaufes manches künstelt, nach bewährten Vorbildern einrichtet und gewiß nicht immer bei der Wahrheit bleibt, reicht aber genau so wenig aus, ihm die gute hochstehende Gesinnung abzusprechen, wie manche Irrtümer und Rückständigkeiten in der Wissenschaft seine bleibenden Verdienste schmälern (vgl. RADL, Geschichte der biologischen Theorien in der Neuzeit. I.

seiner Traktate im einzelnen hebt an mit der Skepsis, wie sie
Helmonts Faustnatur dem in allen Wissenszweigen aufgesuchten
und überall unzureichend befundenen Lehrstoff der Schule ent-
gegenbringt. Unzufriedenheit mit der an den Hochschulen er-
starrenden Wissenstradition. Skepsis an der sogenannten Wissenschaft und ihrer Methode überhaupt. Innere Leere, wie sie die
Anfüllung des Verstandes mit der Universitas literarum jener Zeit
in einem auf letztgültige Wahrheit von ewigem Wirklichkeitswert
gerichteten Gemüt hinterlassen mußte. Alles das schafft die

2. Aufl. S. 187. Leipzig und Berlin 1913). Bei im großen und ganzen
zutreffender Darstellung tut Radl in seinen geistvollen Ausführungen
Helmont und seiner pessimistischen Grundstimmung wohl manchmal Unrecht. Daß seine Aufzeichnungen im letzten trotz alles
dessen, was uns als Übertreibung erscheint, ehrlich gemeint und
nicht auf Wirkung nach außen berechnet waren, erhellt schon aus
ihrer Zurückhaltung bis zu seinem Tode. Zu Lebzeiten Helmonts
erschien nur eine frühe Schriftensammlung in holländischer Sprache
hinter seinem Rücken: ,,Dagheraad ofte nieuwe opkomst der genees-
konst in verborgen grond-regulen der nature. Noit in't licht gesien,
en van den autheur zelve in't Nederduits beschreven." Leyden 1615
(ich zitiere Rotterdam. J. Noeranus 1660). Sie enthält schon manches
Grundlegende aus Helmonts Lebenswerk und hat gewiß dazu bei-
getragen, seinen Namen bekannt, gefürchtet und unbeliebt zu machen.
Hier finden sich echt Helmontsche Ausführungen gegen die formale
Logik, gegen die Teleologie des Aristoteles, gegen den ,,Tarter"
des Paracelsus, gegen die geträumten Dämpfe, die Sirupe und Leck-
säfte der alten Katarrhlehre; aber neben diesem *Polemischen* haben
in diesem apokryphen Frühdruck auch schon grundlegende *positive*
Konzeptionen Helmonts Platz gefunden, so über den ,,Inwendigen
Werck-meester der sachen", den Archeus, das Mittelleben und
Magnum oportet, die Funktion des Zwerchfelles, die Rolle der Ob-
struktion der Lungenporen und -gänge bei Bildung der Vomica u. a. m.
Allzu verbreitet scheint aber der ,,Dagheraad" nicht gewesen zu sein.
Eher gilt das von den späteren, zu Helmonts Lebzeiten heraus-
gekommenen Traktaten, besonders dem über die Magnetische Behandlung von Wunden (1621), über Fieberlehre, Steinkrankheiten
und die Tölpelei der Humoristen. Doch erschienen die zuletzt genannten reifen Arbeiten erst kurz vor seinem Tode. Eine ganz
frühe Schrift aus Helmonts Jugendzeit über die Paracelsischen
Reformen, in deren Banne der junge Helmont gegen Galen
auftritt, hat Broecx bei seinen Archivstudien aufgefunden und
zugänglich gemacht (Annal. acad. d'archéol. Belgique 1854). —
Das einzig zugrundezulegende Werk Helmonts bleibt der *Ortus
medicinae*, herausgegeben von Franciscus Mercurius, Helmonts
vollständig der Theosophie verfallenem Sohne, nach seinem Tode, zuerst Lugduni Batavor. Bei Elzevir 1648. Von späteren Ausgaben
nennen wir: Venetiis apud Juntas et Jo. Jac. Hertz 1651 Fol.,
Lugduni 1655 Fol., Francofurti 1607 (cum introductione atque clavi
Mich. B. Valentini).

geistige Situation, von der aus HELMONTs Arbeit ihren ersten mächtigen Antrieb erhält und die er niemals, auch bis ins hohe Alter nicht, verleugnen kann. So erschließt sich wenigstens im Umriß unserem Verständnis jene stark polemische Seite der in seinen Schriften zu Wort und Ausprägung kommenden Persönlichkeit.

Kein Wunder und typisch für die geistige Struktur seiner Epoche, daß diese *Skepsis* und Polemik sich paart mit einem elementar sieghaften, Berge versetzenden *Glauben* an die ewigen Wahrheiten der Religion, nicht weniger aber auch an die mystischen Verhüllungen und ihre dunkelsten Auswüchse, mit denen der Mensch zwischen Renaissance und Aufklärung das machtvolle Bedürfnis nach der Realisierung metaphysischer und okkultistischer Sehnsüchte in Form des Satanismus und Dämonismus, der Sympathieheilung und magnetischen Kuren, des Amulett- und Zauberwesens befriedigte.

In diesem Sinne ist HELMONT nichts weniger als ein Aufklärer, genau so wenig wie es PARACELSUS war. Und zeigte sich bei ihm ein *Nebeneinander von Gegensätzlichkeiten in Skepsis und Glauben,* so erreicht die *Paradoxie seiner Persönlichkeit* noch höheren Grad, wenn wir ihn als *Bahnbrecher der Naturwissenschaft und Medizin* zu würdigen haben. Hier tritt er, scharfer Beobachter, rüstiger Experimentator, unbestechlicher Mahner und Forderer logischer Denkkonsequenz, würdig neben die großen Begründer der modernen mechanistischen Naturforschung — er, der der Aberwitzigkeit formaler Logik einen eigenen Traktat widmete, der das Ausgeben der Ratio als „Veritas" und der Logik als Philosophie für Betrug erklärte, der unermüdlich auf das Stückwerk menschlichen Wissens, die eherne göttliche Moira und die Fesseln des verlorenen Paradieses hinwies, dem die Versenkung in Gott, das Einswerden mit ihm, alles, das menschliche Streben nach notwendig zeitlicher Erkenntnis nichts bedeutete. Und doch verdanken wir seiner energischen Forscherarbeit die Abgrenzung der Gase, insbesondere der Kohlensäure, ein Thermometer, in der Medizin eine dynamische Krankheitslehre von großer und reizvoller Perspektive, das Aufräumen mit veralteten, die gesamte Medizin knechtenden Vorurteilen, ätiologische, lokalistische und therapeutische Konzeptionen von zündender Kraft, feine Analysen der physischen und psychischen Struktur, wirkliche Fortschritte in der Physiologie, z. B. der Verdauung[1] — daneben gewiß auch oft unliebsam hervortretend einen Rattenkönig uns schwer verständlicher archaisch-primitiver Vorstellungen, Verdrehungen des Sachverhaltes anscheinend aus bloßer Sucht zu Polemik, Ersatz älterer zutreffender Tatsachenforschung durch unbegründete Annahmen, Vergewaltigung von Tatbeständen dem System zuliebe und anderes mehr.

So gemahnt HELMONTs geistige Attitüde in vielem an PASCAL. Wie bei diesem, führt bei HELMONT der Weg durch die Skepsis und das überlieferte Lehrgebäude hindurch zu neuer induktiv-analytischer und darum „echt wissenschaftlicher" Erkenntnis. Aber auch HELMONT bleibt hierbei nicht stehen. Sein im Diesseitigen kritischer Geist intuiert ein Höheres, Umfassenderes, eine positive, überirdische Welt. Sie geht nicht im gemeinen pantheistischen Sinne in den Dingen der Wirklichkeit auf. Vielmehr steht sie diesen als freiheitlich schaffende Kraft gegenüber, ermöglicht, belebt und durchdringt sie. Die Natur — ein vital-dynamischer Prozeß, ein buntes, aber kosmisches Gefüge *qualitativ* geschiedener Einheiten, von Urkräften und Samen, ähnlich den LEIBNIZschen Monaden. Eine weite Kluft trennt diese Betrachtung von dem maschinellen, auf bloße *Quantitätsbeziehungen* abgestellten Cartesianischen Weltgetriebe, das im Körperlichen außer der Ausdehnung die frei schöpferischen Kräfte nicht kennt.

---

[1] Wahllos herausgegriffen seien im einzelnen von weittragenden und umstürzenden Fortschritten, die HELMONT verdankt werden, hier schon genannt: Die Benutzung der Waage im chemischen Experiment, die Lehre von der Beständigkeit des Stoffes, ausgedrückt im „Großen Müssen" („Magnum Oportet") HELMONTs, nach dem auch in einer chemischen Verbindung die Eigenart der Partner niemals ganz verloren geht, eine Lehre, die mithin für die Kenntnis der chemischen Verbindung ganz allgemein von ausschlaggebender Bedeutung ist. Ferner seien für die Medizin hier noch angeführt: Die modern anmutende Entzündungslehre mit der Betonung des örtlichen Charakters der Erkrankung und der Verwerfung der unklaren GALENischen Säfteverderbnis als Entzündungs- und der Fäulnis als Fieberursache. Ferner die Betonung der Nierenerkrankung bei der Erklärung der Wassersucht, die Untersuchung des spezifischen Gewichtes des Harns, der Nachweis von Kohlensäure und Eisenoxyd in den Wässern der Heilquellen (besonders von Spa) u. a. durch Abdampfung der Flüssigkeit, die Erkenntnis der Gelbsucht als Folge einer Störung der Verdauung im Zwölffingerdarm, die Anwendung nicht nur pflanzlicher Diuretica, sondern vor allem eines kalomelähnlichen Präparates gegen Wassersucht, aber auch gegen Fieber ganz allgemein u. v. a. m., was später ausführlich gewürdigt wird.

In der dynamischen Auffassung, wie sie ihre höchste geistige Vollkommenheit bei LEIBNIZ erreicht, nicht in der mechanistischen Betrachtung DESCARTES' möchten wir den geistesgeschichtlichen Ausdruck und die Erfüllung des *Barockgedankens* finden.

Es ist nicht die Epoche bloßer und platter Abfindung des Geistes mit der Wirklichkeit und ihrer scheinbaren Meisterung durch ihn. Sondern eine eigenartige Zusammenfassung von Gegenbestrebungen schafft einen besonderen überwirklichen Zeitgeist. Es verbinden sich Religiosität und Sinnlichkeit, Innigkeit und Fassade, Repräsentation und mystische Tiefe. Man ringt nach neuer Ausdrucksform um der Aktivität und des Ringens willen, nichts ist unmöglich, auch das Unendliche faßbar. Fertiges, Ausgleich, Harmonie gilt nichts mehr, Spannung und Polarität, Kräftespiel alles. Raumweitung bis zur Unendlichkeitsperspektive ist Zweck und Erfolg minutiöser — infinitesimaler — Aufteilung der Fläche. Abkehr von der Antike und ihrer reifen Vollendung — Wiederaufnahme des christ-katholischen Ideals — aber nicht mehr mit der selbstverständlichen Verleugnung von Diesseits, von Welt und Persönlichkeit wie in der Gotik, sondern in einer neuen unausgeglichenen Spannung zu Weltlichkeit und Sinnlichkeit. Gegenstrebigkeit und scheinbare Zerrissenheit, ein eigenartiges, unehrlich scheinendes Spiel führt so zu seltener, kaum wieder erreichter Einheitlichkeit, Zentralisierung, Originalität und Ehrlichkeit der Lebensform — mag man den absolutistischen Staat, die LEIBNIZsche Philosophie, die Kunst oder die HELMONTsche Biologie, *die* Medizin der *Barockzeit* ins Auge fassen.

In der Vereinigung von Skepsis, Glauben und Forschung als Grundlage geistiger Potenz liegt also ein Teil der Schwierigkeiten beschlossen, mit der die HELMONT-Forschung zu rechnen hat.

Ein weiteres hemmendes, in HELMONT selbst gelegenes Moment ist die Dunkelheit, stellenweise die Umständlichkeit, vor allem die Unregelmäßigkeit seiner *Sprache*. Neben einfachen lapidaren Sätzen, neben Stellen, an denen sich die glänzende Diktion zu dichterischer Stärke und Erhabenheit steigert, ermüdende Wiederholungen von Trivialitäten, uns belanglos erscheinender Spitzfindigkeiten und Einwände. Und doch macht es Freude, die Schwierigkeiten der Sprache zu überwinden, da man allenthalben auf Unmittelbarkeit und Frische, den zwingenden Zauber dichterischer Rede stößt. Kein Zweifel, daß diese Vorzüge in

jeder Übersetzung, auch der zeitgenössischen altdeutschen von
KNORR V. ROSENROTH[1] verblassen und gebieterisch auf das
lateinische Original weisen, wenn auch die alte Übersetzung
fraglos dem Geiste dieses Originals am nächsten steht und ihre
eigenen Reize hat. Gehört doch ihr Verfasser dem Kreise von
Adepten an, für die der spagyrische Sprachschatz nicht nur das
Wort, sondern den lebendigen Begriff birgt. So bleibt sie an
dunklen Stellen der natürliche nächstliegende, oft hilfreiche, oft
auch versagende Kommentar.

Es kommt hinzu die Schwierigkeit, über HELMONT noch Neues
zu sagen, nachdem G. A. SPIESS, praktischer Arzt zu Frankfurt
a. M., HELMONTS System der Medizin erschöpfend dargestellt und
aus gründlichster verstehender Kenntnis heraus für seine Zeit (1840)
wiedergeboren hat[2]. Der Vergleich mit den bedeutenderen medizinischen Systemen älterer und neuerer Epochen ergab hier von
selbst die Herausstellung des HELMONTschen Lehrgebäudes in
seiner zeitlos überragenden Bedeutung. In ganz ähnlicher Weise
hat fast dreißig Jahre später (1868) ROMMELAERE[3] die Gesamt-
leistung HELMONTS ganz umfassend gewürdigt, ohne selbst
SPIESS zu kennen. Gegenüber dem letzteren geht ROMMELAERE
bio- und bibliographisch vor und nimmt die einzelnen Schriften

---

[1] Auffgang der Arzneykunst. Sulzbach 1683.

[2] SPIESS, G. A.: J. B. VAN HELMONTS System der Medizin verglichen mit den bedeutenderen Systemen älterer und neuerer Zeit.
Ein Beitrag zur Entwicklungsgeschichte medizinischer Theorien;
nebst der Skizze einer Theorie der Lebenserscheinungen im gesunden
und krankhaften Zustande. Frankfurt a. M.: Schmerber 1840.

[3] ROMMELAERE, W.: Etudes sur J. B. VAN HELMONT. Mémoire
adressé à l'académie en reponse à la question suivante qu'elle avait mise
au concours de 1865/66: Faites l'histoire de la vie et des écrits de J. B.
VAN HELMONT, consideré comme médicine: exposez ses doctrines medi-
cales, discutez en le valeur et établissez clairement l'influence, qu'elles
ont exercée sur la science et la pratique de la médicine. Bruxelles
1868. Hier findet sich auch der Hinweis auf einige weniger bekannte
Arbeiten über HELMONT, wie I. M. CAILLOU, Mémoire sur VAN HEL-
MONT et ses écrits Bordeaux 1819; D'ELMOTTE, Essay philosophique
et critique sur la vie et les ouvrages de J. B. VAN HELMONT. Bruxelles
1821; GOETHALS, Notice sur J. B. VAN HELMONT, Bruxelles 1840;
MASSON: Revue trimestrielle Bd XVII, endlich MANDON, J. B. VAN
HELMONT. Sa biographie, histoire critique de ses oeuvres, Bruxelles
1868 (Parallelschrift zu ROMMELAERE). Reichstes biographisches
Material findet sich ferner besonders hinsichtlich des HELMONTschen
Inquisitionsprozesses in den verdienstreichen Arbeiten von BROECKX,
die wir weiter unten ausführlich berücksichtigen, ebenso der Arbeit
von MARINUS sowie der neueren von RHEINBOLDT (vgl. S. 97).

HELMONTS auf ihren Inhalt und ihre medizin-geschichtliche Bedeutung durch, während SPIESS einer mehr systematischen Leitidee folgend die gesamte Heilkunde, so wie sie sich HELMONT darstellte, vorüberziehen läßt. Auch sonst hat ja HELMONT Darsteller und Bearbeiter genug. Ich nenne nur SPRENGEL in seiner pragmatischen Geschichte der Arzneikunst[1], RIXNER und SIBER[2], LOOS[3], FRÄNKEL[4] von den älteren, von den neueren nächst den bemerkenswerten Darlegungen RADLS[5] die geistvollen Abhandlungen von STRUNZ[6] und GIESEKE[7], deren ersterer HELMONT als Naturphilosophen und Chemiker, dieser ihn als Religionsmann und Mystiker würdigt.

Doch seit den Tagen von G. A. SPIESS ist die Medizin durch eine Reihe von tiefgreifender Umwandlungen, um nicht zu sagen Reformen, hindurchgegangen, daß es sehr wohl lohnt, auch den *Mediziner Helmont* wieder vorzunehmen, um ihn dem heutigen Stande der Medizin gegenüberzustellen, auf seine Werthaftigkeit für den Beruf unserer Zeit zu prüfen und gegebenenfalls zu einer HELMONT-Erneuerung zu gelangen.

Die heutige Lage der Medizin gründet ja in einer gewissen Technisierung, es droht ein Zerfall in Spezialdisziplinen, die Entfernung von der Ganzheit der Person bei Überbewertung ihrer atomisierten leblosen Bestandteile. Eine Vernachlässigung des Psychischen, die Entbehrung geistig-kultureller Nuancen und ihr Er-

---

[1] 3. Aufl. 4. Teil, S. 292. Halle 1827. — [2] Leben und Lehrmeinungen berühmter Physiker am Ende des 16. und am Anfange des 17. Jahrhunderts. Heft 7. Sulzbach 1826. — [3] J. B. VAN HELMONT. Heidelberg 1807. — [4] Vita et opiniones HELMONTII. 1837. Die Arbeit von FRÄNKEL ist eine recht bescheidene Leistung, die HELMONT in keiner Weise gerecht wird. Nach ihm hat HELMONT nur in der Chemie nicht geschadet, in der Medizin wird er im Bausch und Bogen als Mystizist abgetan, der in seiner allgemeinen Naturlehre über die Anschauungen der alten Juden nicht hinausgekommen sei. Richtig daran ist zwar, daß HELMONT mehr als gemeinhin bekannt ist, von Pentateuch und Kabbalah in seinem Weltbild abhängt. Wie fruchtbar und Weg weisend das aber für HELMONTS Grundeinsichten naturphilosophischer und metaphysischer Art gewesen ist, mußte der oberflächlichen Dissertationsarbeit FRÄNKELS entgehen, die HELMONT mit dem Übermut einer späten Epoche beurteilt, die es herrlich weit gebracht hat, statt ihn aus seiner Zeit und ihren Strömungen heraus zu würdigen und zu verstehen. Wir werden unten auf die *Beziehungen zu Pentateuch und Kabbalah* zu sprechen kommen. — [5] a. a. O. — [6] JOH. BAPT. VAN HELMONT. Leipzig u. Wien 1907. — [7] Die Mystik J. B. VAN HELMONTS. Erlangen. Dissert. Leitmeritz 1908.

satz durch selbstsicheren, mit dem Problem des Lebendigen rasch fertigen, oft pseudoexakten Mechanismus ist stellenweise unverkennbar, in der Therapie begegnen wir immer noch auf manchen Teilgebieten nihilistischer Skepsis — eine solche Situation der Medizin verträgt durchaus die Rückschau auf die großen Systematiker, die jene eigentümliche, durch ihre Zwitterstellung zwischen Mittelalter und Neuzeit gekennzeichnete Epoche der Medizin geschenkt hat.

Ja, ein Streben, über die Bescheidung des Mechanismus und die Beschränkung der physikalisch-chemischen Kausalforschung hinaus zur Sondergesetzlichkeit des Lebendigen — Gesunden oder Kranken — zu gelangen, und durch allmähliches Abtragen der Tatbestandsschichten zum Wesenkern, der spezifischen Kategorie des Lebendigen, vorzudringen, ist unabweisbar geworden und fordert zur Orientierung der Forschung an den älteren Vorbildern aus der Zeit der Renaissance und der ihr in mancher Richtung so überraschend kongenialen Naturphilosophie heraus. Bei diesen alten Autoren finden sich mindestens Ansätze zur, wenn auch vorwiegend spekulativen, Erhellung des Lebens-und Krankheitsproblems. Dorthin sollten wir mit unserer geläuterten naturwissenschaftlichen Kenntnis gerüstet und an ihrem Fortschritt induktiv weiterschaffend, auch einmal zurückblicken, um von da manches zu übernehmen, was uns in der Epoche der mechanistischen Nüchternheit verlorengegangen war.

Darin liegt das *Zeitgemäße* von HELMONT-Studien, wie es für PARACELSUS ja längst zum Durchbruch gekommen ist.

Allerdings besteht in der Geisteshaltung dieser beiden eine grundsätzliche Kluft. Gewiß ist HELMONT nicht möglich ohne PARACELSUS, ist diesem gegenüber der sekundäre Kopf und weitaus an Originalität unterlegen, fraglos verdankt er ihm die Grundpfeiler seiner Lehre und Richtung — erkennbar schon äußerlich an der Ausdrucksweise und dem Bilderreichtum der Sprache[1].

---

[1] So ist nur cum grano salis zu verstehen, wenn HELMONT seine Lehre als neu und unerhört bezeichnet. „So ist neu und unerhört all mein Forschen; daher werde ich nicht die Erfindungen anderer glossieren; auch keine Prioritätsstreitigkeiten zu fürchten haben. Ich glaube so ein neuer Vater der wirklichen Medizin zu sein, die bisher nur dem Namen nach bekannt ist." („Verum nova et inaudita omnia cum depromam, inventa aliorum non interpretabor, ut neque auctoritatibus certa vero: et visus sum mihi novus medicinae author, hactenus dumtaxat nominetenus cognitae.")

HELMONT rühmt ihn oft genug als den großen Bahnbrecher der Heilkunst seit den Tagen der Antike und den von Gott erwählten Entdecker der richtigen Arznei. Wo HELMONT den PARACELSUS angreift, ist er manchmal handgreiflich im Unrecht oder mißversteht diesen grob, oft ist man geneigt zu glauben in böswilliger Absicht; oder aber die Polemik betrifft Dinge, deren Belang wir vielleicht infolge des zu großen Zeitabstandes nicht mehr recht fassen können. So z. B. in der Frage der tartarischen Krankheiten, die HELMONT nicht anerkennen will, der Sache nach aber übernimmt. Dennoch ist die grundsätzliche Kluft zwischen beiden unverkennbar. Sie beginnt bei der Methode und endet in den Ergebnissen. Begründet scheint sie zu sein in der Gebundenheit HELMONTS an den Geist des 17. Jahrhunderts, die Zeit nüchterner Empirie und naturwissenschaftlicher Entdeckerfreude. Und man darf nicht vergessen, daß diese ihn in wesentlichen Punkten auch über PARACELSUS hinausführt.

So erklärt sich auch, daß HELMONT offenbar allegorisch Gemeintem bei anderen Autoren, besonders PARACELSUS mit dem handfesten Rüstzeug der Empirie zu Leibe geht — man denke nur an seine „Widerlegung" der PARACELSUSschen Lehre von den „Tria prima", dem Makro- und Mikrokosmos, dem Tartarus u. a. Indem er all das als empirisch nicht vorhanden nachweist und deshalb ablehnt, vermerkt er, dessen eigene Schriften voll von allegorischen Bezeichnungen tatsächlich nicht vorhandener Dinge sind, (natürlich *vom Standpunkt des heutigen Betrachters gesehen*) den Splitter im Auge des Nächsten.

Daß HELMONT ferner bei solchem Vorgehen oft genug zum Opfer einer engen Einstellung und eines doktrinären Eingeschworenseins auf die falsche Prämisse und Einzelheit wird, ist selbstverständlich.

Ein hierher gehöriges Beispiel ist die Polemik gegen die ganze Humoralpathologie, deren Hauptargument der fehlende Nachweis der vier Kardinalsäfte GALENS ist, ähnlich wie bei den drei paracelsischen Grundstoffen, ferner gegen GALENS Lehre von der Steinentstehung aus Schleim.

HELMONTS Einwand gegen sie ist die Unmöglichkeit, durch bloße Anwendung von Feuer aus Schleim einen Stein zu machen. Dies gelinge nur, wenn der Schleim ein steinbildendes, dynamisches Prinzip enthalte. HELMONT wußte dabei wohl, welche Rolle der Schleim

bei der Steinbildung spielt — bezeichnet er doch selbst die Stein-
bildner als Mucilaginosum und Lutosum[1].

In dieses Kapitel gehört auch die seelische Robustheit, mit der
HELMONT den PARACELSUS als Erfinder eines Langlebigkeit garan-
tierenden Elixiers wegen seines frühen Todes verspottet.

An Stelle des Seherischen, das bei PARACELSUS die Schau der
Natur in die allegorische Sprache des Mysten kleidet, tritt bei
HELMONT, dem Wissenschaftler, neben und mitten unter große
naturphilosophische, spekulative Gebäude die nüchterne Darlegung
rein physikalischer, chemischer oder medizinischer Feststellungen.
Sie gehen von der Einzelheit aus, gelangen zu weiteren Einzelheiten,
verlassen als solche allerdings niemals den Rahmen des großen
Systems. Während doch der gotische Mensch PARACELSUS, wo
er schon auf Einzelheiten eingeht, nur mehr ihre universale Gebundenheit und Bedingtheit erschaut. Sammlung naturgeschicht-
licher Daten und Fakten, Naturforschung im heutigen, induktiven
Sinne fällt aus dem Bereich seiner Persönlichkeit als Naturphilo-
soph. PARACELSUS und HELMONT — zwei andere Welten, zwei
andere Zeiten vor allem aber in ihrem ureigenen Gebiet, der
Heilkunde! Hier wird ihr Gegensatz zur Grenzscheide zweier
Weltbilder und Jahrhunderte. PARACELSUS' Streben zum Heilen
— ein unmittelbarer, aus Gemütstiefen hervorquellender Drang,
ein inneres Wissen, — HELMONTS Heilkunst — eine Wissenschaft,
aufgebaut auf der Diagnose, der Erkenntnis der Krankheitsursache,
deren Beseitigung erstes, wenn auch nicht erstes und letztes
Erfordernis ist. PARACELSUS Vorspruch zu jeder ärztlichen Be-
mühung: „. . . Und heben also an unser Arznei bei der Heilung
und nit bei den Ursachen, darum, daß uns die Heilung die Ursache
anzeigt[2]". HELMONTS stets bereite Mahnung: „Nescitae hactenus
causae peperere ignorantiam remedii". Die Unkenntnis der Ursache gebar die Verlegenheit um das Heilmittel.

Doch hat es seinen großen Reiz, sich mit HELMONT zu beschäftigen. Sein starker Glaube an das Außer- und Übermechanische,
an das Walten der besonderen vitalen, von der schaffenden Gottheit
emanierenden Kräfte bewahrt ihn vor einseitiger Überschätzung
oder etwa weltanschaulicher Bewertung der Ergebnisse seiner streng

---

[1] Im. tart. in morb. temer. 2.
[2] Volumen Paramirum. Libellus prologorum I. (Ausgabe Achelis,
S. 46. Jena 1928.)

„wissenschaftlichen" Einzelforschung. So ist zwar nicht der Naturwissenschaftler HELMONT vom Arzt, Philosophen, Mystiker oder Religionsmann HELMONT zu trennen, aber sehr wohl läßt sich jede Seite seines Schaffens bzw. HELMONTS Persönlichkeit von jeder Seite dieses seines Werkes aus gesondert betrachten und für die Geschichte der einzelnen Disziplinen nutzbar machen — was bei PARACELSUS schon größerer Schwierigkeit begegnen würde.

II. HELMONTs Katarrh- und Asthmaschriften als Einführung in seine medizinische Lehre und Leistung.

Die *vorliegende* Untersuchung greift mitten aus dem vielseitigen und beziehungsreichen HELMONTschen Lebenswerk als Einführung in dasselbe ein Kapitel heraus, dessen Bedeutung nicht ohne weiteres besticht, und dessen Auswahl daher der Begründung unterliegt. Es ist HELMONTS *Katarrhlehre* bzw. seine *Entdeckung der wahren Natur der Katarrhe*, die in einem Schriftenkomplex anscheinend aus seiner Reifezeit Niederschlag gefunden hat.

An sich erscheint diese Entdeckung als relativ bedeutungsarmes Detail seines reichen Schatzes naturwissenschaftlichmedizinischer Neuerwerbungen und wegen ihrer eng begrenzten, anscheinend nur speziell-pathologischen Belange durchaus ungeeignet, als Einführung in Wesen und Wirken eines VAN HELMONT zu dienen. Aber von einer ganz anderen Seite zeigt sich der Sachverhalt, wenn wir ihn vom Stande der damaligen Medizin aus und so wie ihn HELMONT selbst sah, beleuchten. Dann ergibt sich, daß wir eine Entdeckung vor uns haben, die größeren Um-, schwüngen, wie sie die Medizin im 16. und 17. Jahrhundert erfuhr, an richtunggebender Bedeutung kaum nachsteht. Führte sie doch zum Bruch mit einem weittragenden, seit dem Altertum eingewurzelten Vorurteil von ganz allgemeiner nosologischer Wertigkeit.

Ein überwiegender Teil, ja die *meisten der Krankheiten* verdankten nach dieser uralten Lehre dem *Herabfluß* einer vom Hirn bis in alle möglichen Körperteile, auf völlig undenkbaren anatomischen Wegen durch ganz unmögliche Kraftverteilung beförderten *Katarrhflüssigkeit* ihren Ursprung. Auf diesem Grundtheorem türmte sich ein deduktiv ausgeklügeltes Bauwerk völlig abstruser und wirklichkeitsferner Behauptungen auf, deren Konsequenz besonders in der Therapie zu verhängnisvoller Auswirkung kam. Es ist Helmonts Großtat, mit unerbittlicher Rücksichtslosigkeit den ganzen Bau niedergerissen und an seine Stelle eine neue Lehre gesetzt zu haben. Sie ist gewiß von den modernen Anschauungen entfernt und schießt weit über das eigentliche Ziel hinaus, eröffnet aber in ihrer grundlegenden nosologischen Konzeption neuartige Perspektiven. Sie sind mit Begriffen umrissen, wie: Lokalismus, örtliche Stoffwechselstörung, Exsudation von Blutserum, Metastase, vasomotorisch-trophische Organbeziehung, alles gesteuert durch bestimmte, mit der lebendigen Materie notwendig verknüpfte ursprüngliche Kräfte.

Helmont selbst stellt seine Bemühungen um die Katarrhlehre in den Vordergrund seines Lebenswerkes, wo er auf dieses zu sprechen kommt. Dazu veranlaßt ihn wohl vor allem der Widerspruch der alten Anschauungen vom Katarrh als materiell einheitlicher Ursache heterogenster Erkrankungen gegen seine nosologischen Grundlehren. Die Krankheit, nach Helmont einer Idea morbosa des lebendigen Prinzips, des Archeus, entspringend, einer Art Samen, der dem Lebensgeist seinen eigenen Willen aufzwingt und ihn in falsche Richtung lenkt, kann unmöglich auf die von der Schullehre zu Tode gehetzten „Importunitates decumbentium humorum", d. h. die Katarrhe zurückgehen. Daher die Widerlegung der alten Katarrhvorstellungen für ihn zu angelegentlichster Pflicht wird: „Ich habe bei meiner genaueren Forschung gefunden, daß alle Dinge in der Natur auf dem Wirken eines unsichtbaren Samens beruhen; daß sie entstehen, erhalten und gelenkt werden von einem ewig dauerhaften und mit der Einbildungs- und Schöpferkraft des Höchsten anhebenden Ens." („Ego vero propinquius investigando... comperi imprimis res omnes in natura constare semine invisibili. Oriri, inquam, sustentari atque regi ab ente, quod primum ab imaginante libidine vel traducta potentia magnus incepit ac stat deinde per totam sui esse durationem[1]".)

Neben ihrem Range als Verkünder einer medizinischen Entdeckung von weittragender Bedeutung verdienen Helmonts Katarrhschriften auch sonst trotz ihrer Längen, der ermüdenden

---

[1] Butler 10.

z. T. polemisch gehaltenen Argumentationen und oft mystischen Verstiegenheiten höchste Beachtung. Sie sind Marksteine in der Geschichte des Asthmas, der Tuberkulose, der Pleuritis, sie enthalten eine Fülle höchst interessanter und höchst anregend gedeuteter Beobachtungen am lebenden und toten Menschen, sie führen darüber hinaus mitten hinein in die HELMONTsche Gedankenwelt, so daß es eine reizvolle Aufgabe erschien, sie zu übertragen und zu erklären.

Wir werden den Versuch machen, ohne die Vorausschickung biographischer und problemgeschichtlicher Vorbemerkungen auszukommen und sofort in unseren Gegenstand eindringen, um von ihm aus HELMONTS Leben, Lehre, Leistung und Wirken — induktiv vom Einzelnen zum Allgemeinen schreitend — zu entwickeln und *damit in die für die Barockzeit typische philosophische Biologie und Medizin* einzuführen.

III. Die Katarrhschriften selbst.

Die der Katarrhlehre gewidmete Schriftenreihe HELMONTS umfaßt eine Anzahl von Traktaten seines „Ortus medicinae", die nicht nur inhaltlich, sondern auch stilistisch sowie gemäß ihrer Komposition und Anordnung im Gesamtwerke zusammengehören. In ihrer Mitte stehen die umfänglichen „*Catarrhi Deliramenta*" — Irrwitz der Katarrhlehre —. Ihnen reiht sich — inhaltlich am nächsten — an die Abhandlung über *Kurzatmigkeit (Asthma) und Husten.* Mehr äußerliche Beziehungen verbinden mit den genannten Schriften den allgemein-pathologisch besonders wichtigen Aufsatz: *Tobende Pleura* (Pleura furens), der HELMONTS vorwiegend chemiatrisch-lokalistische Entzündungslehre enthält. In viel engerer Beziehung zu den Katarrhschriften dagegen stehen die Traktate über den „*Irrenden Wächter*" und den „*Vernachlässigten Körpersaft Latex*". Doch haben wir wegen der großen allgemeinen Bedeutung des Pleuritistraktats vorgezogen, diesen wörtlich zu übersetzen und zu erklären, während die beiden letztgenannten Aufsätze wegen der vielfachen Wiederholungen aus den Katarrhschriften nur in ausführlichem Auszug gegeben werden sollen.

1. Die „Catarrhi Deliramenta".

a) Polemik gegen die übliche Therapie.

Bereits das *erste Kapitel der „Catarrhi Deliramenta"* gibt einen *lebendigen Einblick in die Werkstatt des ärztlichen Schriftstellers und Meisters* HELMONT. Es gilt, die Trägheit der Jahrhunderte an einem großen traurigen Kapitel zu geißeln und abzuschütteln. Der große Sammeltopf völlig heterogener, gewaltsam miteinander in Beziehung gebrachter Dinge, zu dem die Katarrhlehre inzwischen erstarrt war, soll nun dem Reformwerk einverleibt werden. Es erweist sich als nötig, die Lehre bis in ihre ersten Voraussetzungen und allgemeinen nosologischen Vorurteile zu verfolgen; hier steckt der Fehler, der eine Summe weiterer nach sich zieht und in der kopflosen Therapie zu groteskem Ausmaß vergrößert wird. Darauf bezieht sich die Bemerkung HELMONTS über die Hoffnungslosigkeit der Kauterien, die er wie Aderlaß, Vesicatorien und Purgierarznei, die gewöhnlichen Auskunftsmittel der damaligen verrotteten Therapie allerorts aufs schärfste bekämpft. Kein Wunder, daß Polemik gegen diese Therapie in der einleitenden Schrift seines Ortus, seiner großen Konfession: den Promissa autoris[1] gehörigen Raum findet. Hier bereits wird sie als Vampyrismus gegeißelt. Die Schule kenne kaum andere Therapie als den Aderlaß und das alte Gerümpel der Abführmittel. Ihr Streben gehe nur daraufhin, mit dem Blut, den Exkrementen, Bad, Brenneisen, Schweiß, die Körperkräfte zu vermindern. Man ist so vermessen, durch Verderbnis des Blutes — und als nichts anderes stellt sich HELMONT das Purgieren dar[2] — alle Krankheiten des Körpers beseitigen zu wollen. Daher der traurige Zustand der Schulmedizin: „So haben die Schulen — in Bewunderung zwergenhafter Erfolge — eine Legion unheilbarer Krankheiten aufgestellt; können über diese — wie verzweifelt — nur ganz beschämende Aussagen machen und haben die höchst unglückliche und unselige Palliativkur be-

---

[1] Promissa autor. 6 u. 7.

[2] Potest. med. 33, Pharmacop. 38, de febrib. V, 12; ib. VIII, 15 u. a. m. In Cempen, den Ardennen und Baskenlande, wo das Klistier unbekannt ist, werden die Leute sehr alt und bleiben bis ins hohe Alter sehr kräftig. De febrib. VII, 15; — die Purgantien können die wirklich faulen Stoffe gar nicht beeinflussen, da diese kein dynamisches Prinzip („Blas") haben und Medikamente nur durch ihr Blas auf ein anderes Blas wirken können. So greift das giftige Blas der Purgantien das Blut selbst an und macht aus ihm faulende Substanz. Potest. medic. 33.

gründet." („Hinc factum est, quod ipsaemet (die Schulen), evanidos effectus admirantes, copiosam erexerint incurabilium cohortem, velut desperatione adactae de illis morbis non nisi pudibundam mentionem faciant ac curam palliativam introduxerint calamitate atque desperatione plenam . . .") Ein öder Schematismus, eine flache Palliativbehandlung, wo man sich hütet, auch nur über die zu bekämpfenden Krankheitsursachen nachzudenken, damit ja nicht an den alten gedankenlosen, therapeutischen Schlendrian gerührt werde.

Auch in diesem Punkte läßt sich leicht die Verwandtschaft Helmonts mit Paracelsus, seine Abhängigkeit von ihm aufweisen. Ich erwähne nur Paracelsus' zum Teil leidenschaftliche Stellungnahme gegen die willkürliche Setzung von „Emunctorien" durch Kauterien sowie gegen die schematische Betrachtung der Purgationen nur nach ihrer Menge und nicht nach ihrer Art, die zu wahlloser Verordnung von Laxantien geführt hat[1].

Die ersten Absätze unserer Schrift enthalten also ein Programm. Und zwar eines, das dem Helmontschen Lebenswerk, wie es an anderen Stellen entwickelt wird, parallel läuft. Das wird noch deutlicher im zweiten Abschnitt des ersten Kapitels.

b) Helmont und Hippokrates.

Hier stellt Helmont im Anschluß an den alten Satz des Hippokrates von der Naturheilkraft die für ihn schicksalhafte

---

[1] Vgl. „Denn es sind Laxativa, die nehmen das Gute mit dem Bösen, sind auch die allein Gutes und kein Böses nehmen. Darum gehört ein gross Erkenntnis zu denselbigen, das recht und nit das unrecht zu nehmen. Denn nehmt ein Exempel von der roten Ruhr, wenn man sie purgiert. Ist die Purgation dermaassen, dass sie das rechte findet, so ist es der Kranken genesen von Stund an. Ist es aber nit also, nimmt nit das recht, so ist's des Kranken Tod. . . . Aber so gross ist der Unverstand bei den Ärzten . . . Ey, sagen sie, wie kann er nur krank sein und haben ihn doch so oft purgiert, klystiert auf viel Stuhlgäng u. s. w. Was ist das für ein Red? Nämlich euer eigen Schand berühmt ihr Euch, dass ihr es nit versteht. Lieget derweil in Stuhlgängen und nit in rechter Erkenntnis, von der herausgehet, wie Recht ist oder Unrecht . . ." Commentar zu Hippokrates' Aphorismen Huser. Appendix d. 5. Teils I, 23. Vgl. auch 24. und 25. Aphor. Ferner ib. 21 u. a. Helmonts therapeutische Richtung auf die von ihm meist erst zu eruierende Krankheitsursache und damit die Wiederaufrichtung des Archeus („Nescitae hactenus causae peperere ignorantiam remedii") verbietet ihm auch den Anschluß sowohl an das Contraria contrariis Galens wie an das Similia similibus Hohenheims. Vgl. Nat. contr. nesc. 11 und 41/42

und grundlegende Frage nach der Macht des Arztes über die Krankheit und ihre Beseitigung, beschränkt den Aktionsradius der Naturheilkraft, die für HIPPOKRATES unbegrenzt schien, und teilt dem echten, geborenen Arzt die Rolle des Interpreten, aber auch Lenkers und Herren der Natur zu.

Damit in engem Zusammenhange steht HELMONTS Verhältnis zu HIPPOKRATES überhaupt. Dieser bedeutet für ihn viel mehr jedenfalls als GALEN, dessen dauernde Bekämpfung er sich zur ersten Pflicht macht. An HIPPOKRATES hat er nicht viel zu bekämpfen. Er gilt ihm als großer Arzt, dessen Worte er hochhält, und von dessen Konzeptionen er ein gutes Teil in seinen eigenen wiederfindet. So identifiziert er gern seinen Archeus mit dem *Ἐνορμόν* des HIPPOKRATES[1]. Wie dieses, kann der Archeus nach außen, innen und im Kreise wirken, d. h. sich in verschiedenster Weise äußern[2]. Mehrfach unterstreicht er gegenüber dem GALENIschen Humorismus die Lehre des Corpus Hippocraticum, daß nicht im Warmen, Kalten, Feuchten oder Trockenen, sondern im Süßesten, Sauersten, Herbsten und Bittersten das Krankhafte beschlossen liege[3], eine Lehre, die der chemiatrischen, die Bedeutung der Säuerung betonenden Einstellung HELMONTS besonders in der Entzündungstheorie natürlich sehr entgegenkommt. Diese geht von der Eigenschaft alles Sauren aus, den spezifischen Nährstoff des Gewebes zur Gerinnung zu bringen und in Eiter umzuwandeln. Wir kommen später mehrfach auf diese Grundlehre HELMONTS zurück.

---

[1] „Der Archeus entspricht dem Impetum faciens des HIPPOKRATES, dem einzigen, was Bewegung, Empfindung und Veränderung beherrscht bei den beseelten Wesen." („Adeoque Archeum esse impetum facientem apud Hippocratem, extraque vel praeter quem nil moveri, sentiri vel alterari in animantatis.") De morb. arch. 4. Daß das Enhormon bei HIPPOKRATES nur vereinzelt (so sog. 6. Buch der Epidemien) vorkommt und ebenso wie das Pneuma keine eindeutige nosologische Bedeutung in der HIPPOKRATIschen Schriftensammlung hat, kümmert HELMONT wenig.

[2] De morb. archeal. 20.

[3] ... Acidi enim proprium est omne alimentarium, immediatum coagulare. Hinc pus. Rectius quam GALENUS, ergo HIPPOCRATES dixit: Non calidum aut frigidum etc. sunt morbi sed acidum, acre, amarum et ponticum. Blas humanum 52. „Denn es ist dem Saueren eigen, jeden zu assimilierenden Stoff zur Gerinnung zu bringen, daher die Eiterbildung. Richtiger als GALEN sagte also HIPPOKRATES: Nicht das Warme oder Kalte macht die Krankheit aus, sondern das Sauere, Scharfe, Bittere, Herbe."

Helmont sieht schließlich in Hippokrates überhaupt nicht so sehr den Vater der Qualitätenlehre. Er habe vielmehr die Unterscheidung der Krankheiten nach ihren Wohnstätten und den sinnlichen Wahrnehmungen, die sie bieten (Geruch, Geschmack) gelehrt und — wie ein Seher — weniger im Warm- oder Kaltsein, der Feuchtigkeit oder Schärfe oder Bitterkeit als im Bitteren, Scharfen, Salzigen oder Herben selbst das Wesen der Krankheit gesehen[1].

Auch die hippokratische Lehre von der allgemeinen „Durchblaslichkeit" des Organismus findet in Helmonts Theorem von der „Actio regiminis", d. h. der dynamischen Fernwirkung der Organe aufeinander — zum Teil unserer heutigen inneren Sekretion — verständnisvollste Resonanz[2]. Besonderer Einfluß kommt nach Helmont dem Magen, noch größerer diesem in seiner Vereinigung mit der Milz (dem „Jus duumviratus", „Archeus duumviratus"), beim Weibe eine ähnliche „Majestät" dem Uterus zu. Im Duumvirat von Magen und Milz befinde sich das Zentrum des organischen Lebens, von dem Hirn und Herz erst sekundär ihren Antrieb empfangen — er sagt dies auf Grund einer Reihe feinster Beobachtungen, die wir heute auf den Sympathicus bzw. das Sonnengeflecht beziehen würden. „Verum exin liquet manifesto stomachi principatus, quotque ut radix totam arborem huiusque digestionum comoediam tam in frontibus, fructibus et corticibus, quam in .ligno, medulla et ramulis gubernat: ita et idem in nobis pariter contingat vi duumviratus[3]." Wie groß die Macht dieses Magens ist, erhelle u. a. aus der Beobachtung dünner Fresser und dicker Faster. So ist die Magenverdauung gleichsam vorgesetzt dem Verdauungsprozeß, der sich in den übrigen Organen selbst abspielt (der „Sexta digestio" Helmonts) und zum Körperansatz führt. Dieser muß irgendwie zentral geregelt sein. Z. B. die Auflösung von Körperfett und ihre Ausscheidung durch

---

[1] Tract. de morbis. Introd. diagn. 10.

[2] Jus duumviratus 59.

[3] Die Helmontsche Lehre von der Bedeutung des Magenmundes fand später Wiederaufnahme bei A. Kaau Boerhaave, der sie mit weiteren Einzelbeobachtungen belegt und sehr lobt (Impetum faciens dictum Hippocrati per corpus consentiens philologice et physiologice illustrat. observationibus et experimentis passim firmatum Lugd. Batav. 1745). Ähnlich Helmont interpretiert auch Kaau seinen Hippokrates im Sinne des „Impetum faciens".

die Nieren auf dem Wege des Blutserums wäre ohne Annahme der Zentralisierung der das ganze lebendige Getriebe beherrschenden Kraft völlig unverständlich. Von dieser ist nach HIPPOKRATES die Durchatembarkeit des Körpers abhängig[1]. Es ist interessant, wie sich HELMONT „seinen" HIPPOKRATES als Pneumatiker zurechtmacht, obschon Pneuma und Enhormon in der hippokratischen Schriftensammlung eine bescheidene Rolle spielen[2].

Aus GALEN erfahren wir von der „Durchblaslichkeit", der $\delta\iota\alpha\pi\nuo\iota\eta$, difflatio und difflabilitas des Körpers, die eine doppelte ist, durch die — z. T. perkutane — Aushauchung verbrauchter Schlackenstoffe und die Aufnahme der die eingepflanzte Wärme kühlenden Luft. Die Wohldurchlüftbaren — $\varepsilon\dot{v}\delta\iota\acute{\alpha}\pi\nu\varepsilon\upsilon\sigma\tauo\iota$ — erwehren sich auch dann noch der Überhitzung durch Fäulniserreger, wenn ein Zunder, d. h. eine äußere Krankheitsursache bereits Fäulnis erweckt hat[3].

Entsprechend sieht HELMONT einen großen Vorwurf für die Schulmedizin darin, daß er ihr ein Abweichen von HIPPOKRATES nachweisen kann, so besonders in der Humorallehre, die über dem Warmen und Kalten, Feuchten und Trockenen das Saure, Bittere, Salzige und Herbe vernachlässige[4]. Auch in der Lehre von den zwei Ausscheidungen[5], der einen, die die Schlacken des eigenen Körpers betrifft und der anderen, die nach PARACELSUS-HELMONT

---

[1] l. c. „Quod sane totum in se est tenebrosum: nisi unius vitae a sede sua in universum corpus sit plena potestas, authoritas et facultas, qua HIPPOCRATES totum corpus $\ddot{\alpha}\pi\nuo\upsilon\nu$ $\varkappa\alpha\grave{\iota}$ $\ddot{\varepsilon}\varkappa\pi\nuo\upsilon\nu$ $\ddot{o}\lambdao\nu$ dictavit."

[2] Abgesehen von der anatomisch-physiologischen Feststellung des Pneumagehalts der Hohlorgane. So „$\pi\varepsilon\varrho\grave{\iota}$ $\tau\acute{\varepsilon}\chi\nu\eta\varsigma$" 10, Über das Fleisch 5, 6, 18 u. a. Pneuma als Krankheitsursache: De natura hom. 10. Vgl. auch: De morbo sacro 7. Pneumastillstand bewirkt Erstarrung, ferner Aphor. VIII, 18 „$\tauo$ $\pi\nu\varepsilon\tilde{v}\mu\alpha$ $\tauo\tilde{v}$ $\vartheta\varepsilon\varrho\muo\tilde{v}$, $\ddot{o}\vartheta\varepsilon\nu\pi\varepsilon\varrho$ $\xi\upsilon\nu\acute{\varepsilon}\sigma\tau\eta$ $\tau\grave{o}$ $\ddot{o}\lambdao\nu$ $\dot{\varepsilon}\varsigma$ $\tau\grave{o}$ $\ddot{o}\lambdao\nu$ . . . $\ddot{o}\vartheta\varepsilon\nu$ $\tau\grave{o}$ $\zeta\tilde{\eta}\nu$ $\varkappa\alpha\lambda\acute{\varepsilon}o\mu\varepsilon\nu$. Der Tod tritt endgültig ein, wenn nach Verlust der Feuchtigkeit Herz und Lunge das Pneuma der Wärme aushauchen, das das Ganze mit dem Ganzen zusammenhält. Der Kreislauf des Pneuma ist das Leben selbst.

[3] De differentiis febrium I, 3. Vgl. G. STICKER, Fieber und Entzündung bei den Hippokratikern. Sudhoffs Arch. **22**, S. 313, 1929.

[4] Ignotus hospes 52.

[5] „Est nempe duplex excrementum in nobis. Unum nostrum, quod putredini et foetori subiacet. Aliud autem rerum, quod hostili coagulatione suam proditor perfecit tragoediam, generali etymo tartarum dicitur." Suppl. de Spad. font. III, 11/12. Ignot. hosp. 52 und anderweit. PARACELSUSsches Lehrgut, das hier übernommen ist.

von den unverarbeitbaren Substanzen der in uns aufgenommenen animalischen Nahrung stammt (die übrigens durch Coagulatio zur Bildung des Tartarus Veranlassung gibt), werde HIPPOKRATES, der sie als Krankheitsursachen in bahnbrechender Weise kennen gelehrt habe, von den Schulen desavouiert. Sie haben auch die Lehre vom Enhormon („Impetum faciens") des HIPPOKRATES vergessen[1].

Doch in bezug auf die Stellung des Arztes zur Krankheit und zum Kranken geht HELMONT weiter als HIPPOKRATES. Zu dessen Zeiten waren der Krankheiten noch weniger, ihre Schärfe geringer. So erklärt sich, daß HIPPOKRATES noch alle Krankheiten auf die Winde beziehen und sein Enhormon unter die vorzüglichsten Krankheitsursachen rechnen konnte[2]. Bemerkenswert erscheint HELMONT daher, daß er das spirituelle Enhormon — HELMONTS „*Blas*" — mit dem makrokosmischen Winde verglich und der Einatmungsluft nahestellte. HIPPOKRATES blieb natürlich verborgen, daß Winde und Gase letzten Endes, wie HELMONT zeigen konnte, auf Wasser bzw. das andere HELMONTsche Element Luft zurückzubringen sind und sich deshalb grundlegend vom Archeus (Spiritus vitalis) unterscheiden.

Der Satz des HIPPOKRATES von der Alleinheilerin Physis ist irrig und mit der Primitivität der Heilkunde in der „guten alten Zeit" zu entschuldigen[3]. Schwindsucht, Stein, Aussatz erfordern

---

[1] „Omnem motum ad morbum, mortem atque sanitatem efficienter fieri ab impetu faciente spiritu." Ignot. hosp. 52. Anscheinend meint er HIPPOKRATES' Lehre von den krankhaften Ablagerungen mit der Kenntnis des zweierlei Exkrements. Anders ist die Stelle ib. nicht zu erklären, in der HELMONT in Beziehung auf HIPPOKRATES sagt: „Fortassis enim aetate Hippocratis nondum distincta erat causa occasionalis a vero morbo. Sciebat quidem in nobis duplex excrementum. Unum quidem naturale ac ordinarium, adeoque nostrum, alterum vero matre errore et propagine hostili, morbidum, quoque Christiani a peccati vigore provenisse scimus. Hoc enim cum senex per exoticos sapores distinxisset, ratus est, ut si non esset ipse morbus, saltem esset morborum adaequata occasio, tum nondum a morbo distincta. Cuius saltem ablatio utramque medendi valvam aperiret."

[2] Auch hier die Überschätzung der inhaltlich vereinzelt stehenden *pseudohippokratischen* (sophistischen) Schrift περὶ φυσῶν mit der Pneumalehre. Vgl. oben S. 18.

[3] „Seculi nempe ista fuit planities et candor, quibus utpote beatioribus nondum tanta morborum cognitio nec crudelitas nec frequentia. Non enim Hippocrati omnia sunt data. Complacuit sibi namque omnipotens post Hippocratem suos quoque creasse medicos."

aktiven Eingriff des Arztes, da sie nicht durch die natürliche Regenerationskraft „des Lebensbaums", die nur über der Erhaltung „des blühenden Lebens" wache, zu beheben sind. Es bedarf hier der erneuernden, kräftigen, PARACELSUSschen und eigenen Arzneien[1].

Allerdings enthält auch für HELMONT das „Natura sanat" ein richtiges Prinzip. Denn wenn nach ihm der Sitz der Krankheit, des „Ignotus hospes" im Zentrum des Organismus, dem Archeus des Duumvirats[2] zu suchen ist, kann auch Heilung nur durch einen Akt dieses Archeus erfolgen, der die Idea morbosa verblassen läßt, den Eindruck, den sie ihm aufprägte, verwischt. Wie ja auch die Heilmittel, die „Potestas medicaminum" nur durch Ausstrahlen ihrer besonderen Kräfte auf den Archeus wirken. Hier ist es die dem Archeus verbundene, ihm übergeordnete „Anima sensitiva", der Inbegriff der niederen, insbesondere empfindenden Seelenkräfte, der „animalischen Seele" im Gegensatz zum unsterblichen Geist (Mens, Substanz), die auch auf Abwehr der Krankheitsideen, ihre Abschüttelung bedacht ist bzw. dem Archeus die Richtung krankheitswidriger Tätigkeit gibt.

Aber der Arzt hat grundsätzlich einzugreifen und nicht nur beobachtend abzuwarten bzw. zu lindern, sondern wirklich zu heilen.

c) Lehre vom Archeus.

Enthielt der erste Abschnitt unserer Schrift ein ärztliches Programm, so führt uns der zweite mitten hinein in HELMONTS biologische Denkweise, indem er in gedrängtester Form die dynamischen Grundvoraussetzungen HELMONTS wiederholt.

Es handelt sich um seine Lehre vom Archeus. Dieser bedeutet bei HELMONT ganz allgemein das tätige wirkende Prinzip, das

---

[1] De causa mortis 2.

[2] Die *Verbindung von Magenmund und Milz* ergibt das *Zentrum des Organismus*, den Sitz des Archeus influus. Diese Bedeutung der Präkordien für die Ganzheit hat HELMONT an einer von ihm selbst durchgemachten und vorzüglich beschriebenen *Kohlenoxydvergiftung* (De iure duumviratus 19, de lithiasi 9, 54) sowie an den Folgen des *Eisenhut* (Napellus-)*genusses* erprobt (Idea demens 11—18). Die hierbei auftretende allgemeine Hellsichtigkeit und gesteigerte Schärfe der inneren und äußeren Wahrnehmung war mit eigenartigen Sensationen in den Präkordien verknüpft. Vgl. LEWIN, L.: Die Geschichte der CO-Vergiftung. SUDHOFFS Arch. **3**, 20.

sich notwendig mit Materie paart, das bewegende Etwas, das in der Materie beschlossen sein muß, damit diese in den Verband des Naturwesens treten kann. Nur in der Verbindung mit ihrem Archeus kann Materie bestimmte Formen eingehen. Mit ihr muß sich der Archeus als Causa efficiens, seminalis, als Principium dirigens oder dispositivum vereinen, damit Leben bestehen kann — und nach PARACELSUS-HELMONT ist ja die ganze Natur „belebt".

Archeus steht bei HELMONT in naher Beziehung zu den Begriffen *Semen* und *Fermentum*. Doch bedeuten sie bei naher Verwandtschaft keineswegs dasselbe. Vielmehr entspricht *Semen* einer *Substanz* mit einwohnendem Archeus („Substantia, in qua iam archeus inest, qui est gas spirituale"), im *Archeus* selbst ruht das *Fermentum* als eigentlicher „Urheber" („Archeus continens in se fermentum, imaginem rei atque insuper notitiam dispositivam rerum agendarum; Fermentum sit odor vel qualitas alicuius fracedinis dispositiva ad alteritatem et corruptionem massae"[1]). Der Archeus bedient sich des Ferments („Urhebers"), um auf die Materie zu wirken. Mit diesen Unterscheidungen zusammen hängt die Anschauung, nach der sich HELMONT den Archeus nicht ganz unkörperlich, sondern als feinsten, gasförmigen „Spiritus" vorstellte, während das Ferment als „Geruch" offenbar noch viel

---

[1] Imago ferm. impraegn. mass. sem. 13. Beachtenswert in dieser Stelle der Zusammenhang von Fäulnis und Neuzeugung — ein durchaus PARACELSUSscher Gedanke, auf die *aristotelische* Urzeugungslehre zurückgehend. Nach dieser (vgl. E. O. v. LIPPMANN: Chemisches und Alchemisches aus ARISTOTELES. Arch. Gesch. Naturwiss. 2, 281 ff. (1910) und Abh. u. Vortr. 2, 64 ff.) entstehen viele Pflanzen und Tiere nicht durch Samen und Zeugung, sondern durch Fäulnis und Verwesung erdiger, pflanzlicher und tierischer Stoffe. Es erhebt sich ein eigentümlicher, Wasser und Erde enthaltender Dunst, der bei Kälte gefrieren würde, bei Wärme aber zu Schimmel wird. Dieser ist infolge großen Luftgehalts rein weiß und setzt sich wie Reif an der Oberfläche des Schimmelherdes fest. So entstehen unter dem Zeugungsantrieb von Wärme und Luft Insekten aus Moder, Mist und Schlamm usf. (Zeugg u. Entw. d. Tiere I, 2; I, 30, 46, 104; III, 79; V, 31, 32, 60; Tierkd. V, 1, 15, 19, 31; VI, 15; Probl. I, 16 u. a. m.) Luft und Sonnenwärme bringen das Lebensprinzip mit sich. Letzteres bereitet aus Luft, Wasser, Erde das Material für die erste Anlage von Pflanze und Tier und verarbeitet es entsprechend einem Ausbrütungsvorgang, einem Garwerden, d. i. einem Ausscheiden des Ungeeigneten und einer Vereinigung des Geeigneten, also einem Sichten und Ordnen (Zeugg u. Entw. d. Tiere III, 107—116; IV, 35; Zool. VI, 2; V, 1 u. a.).

feiner und unkörperlicher ist. Entsprechend ist der Spiritus vitalis des durch alle Verdauungsphasen gegangenen Blutes der Träger der Beseelung des Körpers und aller lebendigen — archealischen — Impulse. In diesem Sinne ist der Archeus der Träger der Individualität, der Einheit der Person, des individuellen Lebens. Die gasförmige Natur des Archeus erhelle vor allem aus den Zeichen der Ohnmacht, bei der das Zurückweichen der Farbe aus der Haut, das Zusammenfallen und Runzligwerden des Gesichts auf Entfliehen des Spiritus vitalis und seine Unterjochung durch eine fremde „Aura" hindeutet. Als Gas sei der Archeus leicht durch ein anderes Gas zu vertreiben, verflüchtige sich durch die Poren („munium agendorum atque familiae oblitus"). Daraus erklärten sich auch die Ohnmachten in den gasérfüllten Sizilischen Grotten und die Möglichkeit, durch Räucherwerk Ohnmachten zu beheben, d. i. den Archeus zurückzurufen[1].

Bemerkenswert ist hier der Zusammenhang, der den HELMONTschen Archeus als „Anfang" ($\mathring{\alpha}\varrho\chi\epsilon\iota\nu$, $\mathring{\alpha}\varrho\chi\acute{\eta}$) oder „sämlichen Anfang" bzw. Regenten mit dem Begriff des Lichtes verbindet im Sinne der Überlieferung des *Pentateuch* bzw. der *Kabbalah*, denen HELMONT weitgehend verpflichtet ist. Im Moment der Entstehung neuen Lebens wird der Archeus im Samen des neuen Geschöpfes „luminosus". Der Archeus entspricht in seiner fast unkörperlichen feinsten Stofflichkeit dem „Lebenslicht" des betreffenden Wesens. Folgen wir der Pentateuchüberlieferung, wie sie in neuartiger Sinngebung und bestechender Begründung der Religionsphilosoph und Mythenforscher O. GOLDBERG herausgestellt hat, so ergibt sich: „Arar ist das althebräische Wort für anfangen. So ist der Infinitiv absolutus von arar sive ur: Or, der Anfang, dann das Licht, weil das Licht als der leichteste (weder wäg- noch anfaßbare) Stoff den *Beginn der Materienbildung* darstellt[2]." Archeus gehört in diesem Sinne zu „Or", „Origo", „Oriri", dem deutschen „Ur", den Urim und Tumim, den „Beginnenden und Beendenden" auf dem Brustschild des Hohenpriesters u. a. m.

Das Ferment dagegen ist das ursprüngliche überindividuelle und übermaterielle Prinzip, das an den Körper herantritt, nicht aber diesem wie der Archeus immanent ist. Es ist vor den Semina

---

[1] Compl. atque mist. element. figm. 41.
[2] GOLDBERG, O.: Die Wirklichkeit der Hebräer. Einleitung in das System des Pentateuch, I. S. 102. Berlin: David 1925.

vorhanden und dazu bestimmt, diese zu bilden. Das Ferment ist ein „Ens creatum formale" — weder Substanz noch Akzidens, erschaffen vom „Principium mundi", nach Art des Lichtes, Feuers, des Magnale[1], der Formen, das $\vartheta\varepsilon\tilde{\iota}o\nu$ des HIPPOKRATES[2]. Die Fermente sind mithin geschenkte Grundlagen, hingestellt von Gott Schöpfer für die Dauer der Jahrhunderte, sich selbst genügsam in ständiger Fortzeugung und Währung. („Sunt itaque fermenta dona ac radices a creatore domino stabilitae in saeculorum consummationem continua, propagatione sufficientes atque durabiles, quae ex aqua [d. h. der Materie] semina sibi propria excitent atque faciant".) Es besteht überdies eine von vornherein genau festgelegte topographische Ordnung der Samen, woraus sich die Verschiedenheit der Vegetation, Fauna und Minerale an den verschiedenen Zonen der Erde erklärt[3].

d) Entstehung des Lebens und der Formen.

Eigenartig dichterisch ist die Art, mit der sich HELMONT das Werden des Lebens in den „Samen" vorstellt. In diesen bilde sich der Archeus des Samens durch eine Art Reifungsfäulnis[4], mit Hilfe geeigneter Materie in eine „Aura vitalis"[5] um, die der Wärme und des Glanzes teilhaftig werde. Dieser Glanz ist noch nicht die Form oder Seele des betreffenden Dinges oder Wesens — denn sonst gäbe es keine individuellen Unterschiede — sondern in ihm liegt nur eine Vorbereitung und Prädestination zur Beseelung mit der

---

[1] Luftzwischenräume weder körperlicher noch unkörperlicher Natur, ein Vakuum, durch das sich die Luft ausdehnen und verdichten kann. Zuweilen auch als unsichtbares ansteckendes Luftvirus figurierend.

[2] Ignot. hospes II, 66.

[3] Caus. et init. nat. 24—27.

[4] Vgl. Anm. 1 auf S. 21. [5] Wir begegnen hier dem Begriff der *Aura seminalis*, deren *aristotelisches* Vorbild vor allem von E. O. v. LIPPMANN gewürdigt worden ist. Es geht zurück auf die Annahme einer Luftkraft, ohne die nichts in die Ferne gespritzt werden kann. Auch die Emission des Samens ist mit einem Luftstrom verbunden (Tierkd. VII, 6). Weibliche Steinhühner sollen ferner schon durch den vom Männchen herstreichenden Wind befruchtet werden (Zool. V, 2; VI, 2), weibliche Rebhühner durch die bloße Witterung des Männchens (Zeugg u. Entw. d. Tiere III, 18). Der *Same* ganz allgemein enthält als Bestandteil *Pneuma*, das lebenserregend, sonnenhaft und ätherisch ihm die eigentliche Aktivität verleiht (Zool. II, 3; II, 37; II, 22; Zeugg u. Entw. d. Tiere II, 39; I, 96; II, 61 u. 69 u. a. m.).

spezifischen Lebensform, eine Erleuchtung der materiellen Aura. Die lebendige Einheit — quidditas vitalis — entsteht erst durch Verschmelzung mit, durch Teilhaftigwerden an der spezifischen, lichthaften Lebensform, ohne die zwar tote, rasch der Fäulnis anheimfallende Körper (wie die Molen und faultoten Früchte), niemals aber Leben selbst bestehen kann — trotz Vorhandensein von „Aura vitalis" und „Splendor". Deren Vereinigung mit dem „Lumen formale et vitale" vollzieht sich als selbständiger, unteilbarer Akt des Schöpfers, als Anziehung der materiellen Aura durch die Lebensform, die unkörperliche Lebensidee, die in der Anima sensitiva sich für die Dauer des individuellen Lebens realisiert. Diese Anziehung ist aber auch gegenseitig, indem der Archeus des Samens „noch nicht zufrieden mit der erreichten niederen Lebensreife seiner Gattung weiter strebt und zum Lichte kommt, das dem ihm zugehörigen Samen verheißen ist, dann stillsteht und ruht, weiter aufzusteigen nicht fähig" („nondum contentus acquisita vegetatrice suae speciei ulterius anhelat progrediturque ad compromissum suo semini lumen, sistitque et quiescit in anima sensitiva, ultra scandere non valens[1]"). Der Archeus wird „luminosus"; das Leben erscheint als Licht, als Form und nicht als Materie, als „förmlicher Anfang, dadurch ein Ding verrichtet, was ihm zu verrichten befohlen ist. Es ist nicht feurig, noch verbrennbar, noch Feuchtigkeit verzehrend, weder selbständig noch zufällig, ebenso wie die Formen, das Feuer, das Licht, was im Magnale (den Zwischenräumen der Luft) ist". Damit verbietet sich von selbst eine Erklärung des Lebens durch Wärme, Feuchtigkeit, Luft u. dgl.[2].

So finden die vier Formen der Geschöpfe ihre materielle Ver-

---

[1] Man vergleiche die HELMONTsche Entwickelungsgeschichte z. B. mit der von DANTE (Purgat. 25, 37 ff.). Der Same, ein besonderes Blut, erhält vom Herzen Bildungskraft, nach Vereinigung des männlichen und weiblichen Blutes entwickelt sich der Embryo. Aus dem Halbtier aber wird der Mensch erst, wenn der Schöpfer nach Bildung des Hirns seinen Geist der Anima einhaucht. Im Gegensatz zu dem von ihm gefeierten ARISTOTELES gibt es für DANTE nur *eine*, auch die Vernunft umfassende Seele, an der allerdings eine körperliche Beziehung haftet. Wie bei den HIPPOKRATIKERN und ARISTOTELES ist der Samen das Bewirkende, der weibliche Anteil das Leidende, Stoffgebende.

[2] Vom Leben. 1 ff. Nach Auffgang der Arzneykunst zitiert. Vgl. ferner humidum radic. 11 ff.

wirklichung, die *Forma essentialis* in den *Mineralen*, Metallen, dem Himmelsgewölbe, Dinge, die kaum schon ein Lebenszeichen von sich geben, die *Forma vitalis* in den *Pflanzen*, die in Stoffwechsel und Wachstum erste Lebensphänomene und die Andeutung von Psychischem darbieten, die *Forma substantialis* in den *Tieren*, die durch Motilität und Sensibilität ihren Anteil an der spirituellen Substanz verraten, endlich die *Substantia formalis* in den *Menschen*, die sich durch die „Mens", die höchste überanimalische geistige Potenz (im Gegensatz zur niederen, auch den Tieren zukommenden Anima sensitiva), als Teil der wahren unsterblichen und in der Zeiten Unendlichkeit beständigen *Substanz* kundgeben („vere substantia, nunquam interitura durationis infinitudine[1]").

Die Beziehung von Fäulnis zu Samenreifung und Neuzeugung — auf ARISTOTELische Lehren von der Urzeugung zurückgehend — spielt bei PARACELSUS bereits eine bedeutende Rolle und wird von HELMONT hier übernommen, obschon er an anderen Stellen eifrig gegen die ARISTOTELische Lehre von der jeder Generatio vorausgehenden Corruptio kämpft. Nach ARISTOTELES betrifft Entstehen und Vergehen als fortdauernder Wechsel nur die Anordnung des Stoffs, nicht den Stoff des Alls selbst. Das Entstehen der einen bedeute so ein Vergehen des anderen[2], wobei der Stoff der nämliche und in gewissem Sinne auch wieder nicht der nämliche bleibt. Nach unseren obigen Ausführungen über HELMONTS Dualismus und Determinismus ist seine Polemik gegen diese Lehre wohl verständlich. So sei auch das Wesen der Krankheiten unerkannt geblieben, da man in ihnen die Folge einer Corruptio, ein bloßes Negativum sah, während sie doch wie alles andere einem eigenen Samen ihre Entstehung verdanke. Verursacher und Produkt aber sind nach HELMONT nicht trennbar.

Durch den Zusammentritt von Archeus und Materie sind die Naturdinge eindeutig bestimmt: „Es gibt nur zwei und nicht mehr Grundelemente der Körper und Körperbeweger: das Element des Wassers als materiellen und das Ferment oder Samenhafte als dynamischen Urgrund[3]".

---

[1] Formarum ortus 65—68.

[2] Entstehen und Vergehen I, 3; Himmel I, 10 u. a.

[3] „Duo igitur nec plura sunt corporum et causarum corporalium prima initia. Elementum aquae (nach HELMONT läßt sich die ge-

Es bedarf kaum des Hinweises auf die neu-platonischen Wurzeln und das paracelsische Vorbild dieser Archeuslehre. Die Beziehung zu PLATONS Lehre von der Methexis der irdischen Dinge an den Ideen leuchtet ebenfalls ohne weiteres ein. Der Archeus wird in diesem Sinne ganz allgemein zum Mittler zwischen Ideen- und Sinnenwelt.

e) Polemik gegen ARISTOTELES und das antike Weltbild.

HELMONT wendet sich gegen die alte Elementen- und Stofflehre, vor allem aber auch gegen die aristotelische, nach der eine irgendwie primäre, bereits vorher vorhandene Materie die Zielvorstellung und Entelechie, den Funktionsplan enthält. Allerdings stoßen wir hier auf große Schwierigkeiten für das Begreifen dessen, was HELMONT gewollt hat. Ja, man wird zu der Annahme gedrängt, als sei HELMONT eigentlich aristotelischer als ARISTOTELES selbst. Das Hauptstreben des *Aristotelismus* liegt ja in der Herausstellung des *immanent* bewirkenden und bedingenden Verhältnisses der „Ideen", des Typus, der Gattung, zum Stoff — statt des Vorbildlichen und der Sonderstellung, die sie in der *platonischen* Lehre beanspruchen und andererseits an Stelle der bloß quantitativen Teilchenverschiebung, außer der die *Atomistik* nichts kannte[1]. Dieser, eine enge gegenseitig ermöglichende Verbindung von Form und Stoff aussagenden dynamischen Lehre kann

---

samte Materie auf das eine Element Wasser zurückführen) nimirum sive initium *ex quo* et fermentum sive initium seminale, *per quod."* Caus. et init. nat. 23. Vgl. auch die folgenden Stellen, die die erkenntnistheoretische Konsequenz des in Rede stehenden PARACELSUS-HELMONTschen Grundtheorems beleuchten und den Unterschied gegenüber der antiken Lehre bezeichnen. — „Porro, cum materia, simul et efficiens sufficiant ad omne productum, sequitur omnem definitionem naturalem non ex genere et differentia (mortalibus plerumque incognita),petendam sed ex ambarum causarum connexione, ex quod ambae simul totam sui essentiam concludant." — Sublunaria vulgo dividuntur, in elementa et elementata: ego vero divido in Elementa (Materia), et producta seminalia (ARCHEUS), haec rursus in vegetabilia, animalia atque mineralia. Sic ut singula peculiarem claudant monarchiam ab aliis duobus secretam. Caus. et init. natur. 14 u. 16. — „Subiectum vero quod Scholae patiens dixere, ego coagens voco. In relatione vero amborum terminorum sive in habitudine motus agentis ad coagens resultat actio. Ib. 15 u. 16.

[1] Vgl. SIEBECK, H.: ARISTOTELES. 4. Aufl. S. 33. Stuttgart: FROMMANN 1922.

HELMONT nichts vorzuwerfen haben. Stellt doch die Aristotelische Qualitätenlehre auf die inneren Triebkräfte ab und läßt den Kausalzusammenhang zwar als Erkenntnisgrund, als Realgrund jedoch Ganzheit und Zweck gelten.

Wogegen HELMONT vorzüglich auftritt und auftreten *muß*, ist dagegen die Stellung, die die antike Lehre dem Urgrund der Welt, ihrem *Beweger* zuweist. Einen *Schöpfer* kennt ARISTOTELES nicht! An seiner Stelle steht der an sich selbst unbewegte ewige Grund der Bewegung, dessen Wesen reines Denken ist. In ihm erscheint der Unterschied von Denkendem und Gedachtem aufgehoben, während das menschliche Denken ein Regulativ durch die gegebene Wirklichkeit erfährt. Die Gottesfrage, das Bewußtsein des lebendigen Gottes, des die Welt schaffenden göttlichen Willens, von dem HELMONT ausgeht, steht bei ARISTOTELES diesseits einer Problemstellung und -lösung. Eine hierin liegende Schwierigkeit des aristotelischen Weltbildes dürfte HELMONT empfunden haben. Die Einheitlichkeit des ersten Bewegers und der bewegten Welt erscheint bei ARISTOTELES „mehr behauptet als bewiesen, sofern der immaterielle erste Beweger, also der göttliche Geist, doch als von Ewigkeit her ‚an sich‘ bestehend und auf die ebenfalls von Ewigkeit mit der Materie bestehende Welt wirkend zu denken ist" (SIEBECK[1]). In HELMONTs christlich-kabbalistischem Weltbild wird Stoff und Form als Novum erschaffen. Der gebildete Stoff erhält durch den Akt des Schöpfers sein „Ferment", sein dynamisches Prinzip, das ihm Leben, das ihm die gehörige Stelle in der Schöpfung verleiht. An den Platz von ARISTOTELES' erstem Stoff und dem in ihm liegenden Ausgleich von Form und Stoff tritt so bei HELMONT die mit dem Schöpfungsakt verwirklichte neuartige, einmalige Vereinigung von Form und Stoff bei ihrer Erschaffung — unbeschadet des entschiedenen Dualismus, den HELMONT für Idee und Stoff, Bedingtes und Unbedingtes, Teilbares und Unteilbares, Sein und Werden, Ewiges und Zeitliches gründet. So bleibt kein Raum für die archaische Elementenlehre mit ihrer Mischung und Entmischung, Anziehung und Abstoßung, Vereinigung des Gleichartigen und Trennung des Ungleichartigen, auch nicht für die aristotelische Natur, die das Prinzip der Bewegung und des Still-

---

[1] a. a. O. S. 55.

standes von vornherein in sich hat[1]. Der Stoff hat im Moment seiner Schöpfung auch das dynamische Prinzip in sich. Das Werden, die Bewegung setzt nach HELMONT ein vorgängiges Sein, d. i. Erschaffensein, voraus, nicht aber kann ein Sein wie bei ARISTOTELES durch das Prinzip der von ihm ausgehenden Bewegung bestimmt sein[2]. Es gibt also keine träge Masse, die zu den Formen strebt, sondern frei fortzeugende Schöpfung, die autonome Handlung Gottes, ein unstarrer unfertiger Prozeß, immer einmalig und einzig, unreproduzierbar und nicht abzusehen, bezeichnet die Welt HELMONTs, die dem „modernen" im Gegensatz zu dem „antiken" Weltbild angehört[3]. Letzteres ist Statik

---

[1] ARISTOTELES, Physik ed. PRANTL. I—II, 9. Leipzig 1854. „Τὰ μὲν γὰρ φύσει ὄντα πάντα φαίνεται ἔχοντα ἐν ἑαυτοῖς ἀρχὴν κινήσεως καὶ στάσεως, τὰ μὲν κατὰ τόπον τὰ δὲ κατ' αὔξησιν καὶ φθίσιν, τὰ δὲ κατ' ἀλλοίωσιν." Vgl. ARISTOT., Phys. II, 8. Φύσει γὰρ, ὅσα ἀπό τινος ἐν αὑτοῖς ἀρχῆς συνεχῶς κινούμενα ἀφικνεῖται εἴς τι τέλος. Denn von Natur aus seiend ist dasjenige, was von einem in ihm selbst liegenden Anfange an kontinuierlich in Bewegung gesetzt zu einem gewissen Endzwecke gelangt. II, 8.

[2] Adeoque principium essendi praecedit initium movendi aut quiescendi: non potest tamen natura esse ante sui existentiam . . ." Phys. ARISTOT. et GALENI ignara 2/3 auf die weiteren z. T. spitzfindigen und echt scholastischen Widerlegungen der *aristotelischen* Naturlehre, erübrigt es sich einzugehen.

[3] Man vergleiche im einzelnen: ARISTOTELES' Lehre von den Verwandlungen des Stoffes, die teils durch Anziehung von Verwandten, teils durch Abgabe von Substanz vor sich gehen, wobei sich niemals die Menge, oft aber das Volumen der Substanz ändert (Physik I, 4; Himmel III, 7). Die Möglichkeit solcher Umwandlungen weist auf das Vorhandensein der πρώτη ὕλη als gemeinsamen Substrates hin. Diese ist jedoch kein körperlicher, von den Qualitäten („Formen") trennbarer Stoff (Entstehen und Vergehen I, 6; Himmel IV, 5; Phys. II, 1). Stoff ohne Form existiert nur in der Abstraktion. Hier setzt HELMONTS Polemik bereits ein. In der christlichen Schöpfungstradition wurzelnd — zweifellos auch von der *Kabbalah* beeinflußt —, ist sie aber nicht bis ins Letzte durchgeführt. HELMONT kann sich dem Aristotelismus niemals ganz entziehen. Bedeutet doch auch ihm letzten Endes die Materie die bloße Möglichkeit, die durch formende Einflüsse (Fermente) Gestalt, „Leben" und Bestimmung erhält. Auch sonst drängen in HELMONTS allgemeiner Naturlehre *aristotelische* Grundzüge unverkennbar ans Licht: So in der Bedeutung, die er der Vereinigung von Materie und Ferment (causa efficiens) für das Zustandekommen der Naturwesen beimißt. Das Wesen ist erst vorhanden, wenn die stoffliche Möglichkeit (δύναμις potentia) die Vollendung und Erfüllung (bei ARISTOTELES' ἐντελέχεια, ἐνέργεια) durch die Form erhielt. Der Übergang von der Möglichkeit zur Erfüllung erfolgt bei ARISTOTELES durch den bewegenden Akt der vom Stoff trennbaren ewigen Form (Gottheit), was im

und Summe von Momentbildern (BERGSON). Das Gesagte erhellt auch aus HELMONTS Lehre vom *Tode* der *Naturwesen*. Dieser bedeutet für das dynamische Prinzip Vergehen und Verschwinden, für den stofflichen Teil aber Verderbnis (Corruptio). Die Materie als solche bleibt auch bei HELMONT bestehen, an ihr findet keine Privatio, keine Minderung statt. Andererseits gibt es an die allgemeine Materie gebundene dynamische Prinzipe, grundlegende Emanationen Gottes, ähnlich den Sephiroth der Kabbalah, die ewig bleiben. Endlich bedeutet HELMONT im Gegensatz zur antiken Lehre niemals der Untergang des einen die Neubildung eines anderen, ist nicht die Generatio Folge einer Corruptio. Zu jener ist vielmehr stets die Tätigkeit des neuen Archeus erforderlich. Die Natur umfaßt in HELMONTS Lehre alle Geschöpfe Gottes, Körper und Akzidenzien sowohl wie das Prinzip der Bewegung. Diese Natur, in der alles als besonderer Samen erschaffen ist, verträgt deshalb auch nicht die Zerlegung in Elemente. Auch unterscheiden sich nicht etwa die Körper durch eine Verschiedenheit der Seelen oder gar umgekehrt die Seelen durch die Verschiedenheit der Körper. Das einzige vielmehr, worin die Natur in allen ihren Produkten übereinkommt, ist die Erschaffung aller Dinge aus Materie oder Produkt und Agens oder Dispositio. Durch dieses letztere haben sie Anteil an der ewigen Substanz.

Eine solche Lehre, die dem dauernden Entstehen und Vergehen innerhalb ein und desselben Substrats, die Präformation der zahlreichen Geschöpfe, die mit der Existenz des Schöpfers gewährleistete Mannigfaltigkeit der verschiedenen Kreaturen entgegenstellte, zieht den grundsätzlichen, wenn auch im einzelnen nicht scharf durchgeführten Trennungsstrich von der antiken Weltanschauung, die vor ARISTOTELES fertig vorliegt. So etwa in Fragmenten des EMPEDOKLES, wie: „Nicht gibt es Geburt der sterblichen Wesen noch ein Ende im vernichtenden Tode,

---

letzten sachlichen Gehalt der ganzen HELMONTschen Begriffs- und Anschauungswelt durchaus adäquat ist. Das trifft auch für die *Seelenlehre des* ARISTOTELES zu, in der der Nous (HELMONTS Mens, vgl. S. 31) als unsterblicher, göttlicher und präexistierender Anteil von außen her ($\vartheta\acute{v}\varrho\alpha\vartheta\varepsilon\nu$) in den Leib eingeht, die Psyche (anima sensitiva) dagegen der Entelechie des Leibes, der „Lebenskraft" entspricht. Im leidenschaftlichen Kampf gegen ARISTOTELES ist HELMONT offenbar blind gegen die *aristotelische* Wurzel mancher seiner Grundlehren.

sondern nur Mischung und Veränderung des Gemischten, was Geburt bei den Menschen bedeutet[1]." „Die Toren ... sie behaupten, ein vorher nicht Seiendes könne entstehen und dann auch wieder sterben und völlig vergehen[2]." „So wie nun aus Mehreren das Eine erwuchs und wieder aus dem Auseinander des Einen das Mehrfache sich bildet, besteht hier Werden, und nicht starr bleiben sie stehen[3]. Und nur in der Dauer ihres Wechsels ruhen sie im Kreislauf[4]." Ähnlich, wenn es bei MELISSOS heißt: „Immer war, was da war, und immer wird es sein. Denn wäre es entstanden, so müßte es vor dem Entstehen nichts sein. Wenn es nun also nichts war, so kann nichts aus nichts entstehen[5]." Das gleiche bei ANAXAGORAS: „Das sog. Entstehen und Vergehen beruht auf einem falschen Sprachgebrauch der Hellenen. Denn kein Ding entsteht oder vergeht; vielmehr mischt und entmischt es sich mit den bereits vorhandenen Dingen. Und so würde man richtig das Entstehen als Mischung, das Vergehen aber als Entmischung bezeichnen[6]." Hierhergehörig auch der Satz desselben Philosophen: „Wie sollte aus Nichthaar Haar und aus Fleisch Nichtfleisch entstehen[7]? ^{7}Hv ὁμοῦ τὰ πάντα[8]. Gleichartiges bringt die *indische* Philosophie zum Ausdruck im *Bhagavad-Gita*: „Des Nichtseienden ist nicht Sein; Nichtsein ist nicht des Seienden. Die Scheidung beider durchschaut wird von den Wahrheiterkennenden[9]", oder: „In keiner Zeit ich nicht da war, Du, diese Völkerfürsten, nicht, Und niemals werd ich nicht da sein, von jetzt fortan wir alle sind[10]".

Hier und in ähnlichen Sätzen tritt die Grundlehre der indischen Philosophie zutage: die Unmöglichkeit eines Überganges vom Sein zum Nichtsein und umgekehrt. „Kein Grund ist eigentlich ein hervorbringender, in jedem ist die Wirkung, gleich ewig mit ihm selbst vorhanden[11]".

---

[1] DIELS, Vorsokrat. 21. Empedokles 175, 1, S. 226. — [2] Ib. 176, S. 227. — [3] Ib. 181, S. 233. — [4] Ib. 183, S. 236. — [5] 143, S. 185. — [6] 321, S. 407. — [7] 317, S. 403.

[8] ARISTOT. Phys. B 1 mit Bezug auf die Lehre des ANAXAGORAS. Vgl. auch HIPPOKRATES, De diaeta I, 5 u. 4: „Γενέσθαι καὶ ἀπολέσθαι ταυτό." Entstehen und Vergehen ist dasselbe. Mischung und Trennung dasselbe. Entstehung und Mischung dasselbe. Untergang, Minderung, Absonderung dasselbe. Das einzelne vom Allgemeinen aus und das Allgemeine vom Einzelnen aus betrachtet.

[9] II, 16. — [10] II, 12.

[11] HUMBOLDT, W. v.: Über die unter dem Namen Bhagavad-

Ferner: ähnlich wie noch HUMBOLDT unter Lebenskraft diejenige verstand, die die chemischen Grundstoffe hindert, sich nach ihren natürlichen Affinitäten zu verbinden, läßt ARISTOTELES die Lebewesen aus Elementen bestehen, die sich nicht an ihrem natürlichen Orte befinden, woraus sich Vergänglichkeit, Altern und Tod herleite (Himmel II, 6). Es ist nur konsequent, wenn sich HELMONT gegen derartiges wendet.

HELMONTS Lehre steht und fällt mit der Schöpfung und dem Untergang, mit Geburt und Tod der Dinge. Allein die Formen sind es, die nicht verderben, sondern nur vergehen[1], während der Stoff verdirbt.

f) Staffelung im Reich des Geistigen.

Noch mehr an *platonische* oder auch die *neuplatonischen* Emanationsgedanken erinnert die — ARISTOTELES keineswegs fremde — Staffelung, die HELMONT im Reiche des Geistigen vollzieht. Hier steht an oberster Stelle die *Mens*, die ewige, unsterbliche Substanz, an der von allen Naturwesen nur der Mensch in Momenten der Versenkung ins Göttliche teilnimmt[2], und über die er vor dem Sündenfall ganz gebot. Sie würde der geistigen, wirklich seienden, weil nicht entstehenden Welt, den Ideen PLATOS, dem Nous des ARISTOTELES und PLOTINS, soweit der Mensch an ihm teilhat, dem $\lambda o\gamma\iota\sigma\tau\iota\varkappa\acute{o}\nu$ ($\nu o\eta\tau\iota\varkappa\acute{o}\nu$) entsprechen[3]. Sie ist die Neschamah der Kabbalah. Ihre Funktionen sind bei HELMONT: Intellectus, d. h. das auf die letztgültige Wahrheit gerichtete Schauen, Amor (intellectualis) und Voluntas, durch die der Geist liebt und begehrt, was er schaut. Der Intellectus erfaßt die wahre Realität, die Dinge, wie sie an sich sind, das Ens reale — durch Angleichung (adaequatio) an die Dinge selbst. In diesem Schauen gibt sich die göttliche Gnade — das Donum pure gratuitum — zu erkennen, die auch

---

Gita bekannte Episode des MAHA BHARATA. Abh. Akad. d. Wiss. Berlin 1825.

[1] Magn. oportet 17.

[2] Auch HELMONT unterscheidet ausdrücklich von der Mens noch den über ihr stehenden göttlichen Schöpfer, PLOTINS ʽEv.

[3] Der „*Binschika*" der *Rabbinen*, kraft deren es nach kabbalistischer Lehre dem Menschen gelingt, über die Grenzen seiner Welt, der vierten in die erste Welt, die des EN SOPH, des Höchsten und Absoluten, vorzudringen.

bei der auf Erden naturgemäß unvollkommenen Schau Gottes der sich mit dem göttlichen Licht zu homogener Einheit verbindenden Mens zuteil wird. Seinen Sitz hat er in den Präkordien. Ihm unterstellt ist die tierische *Anima sensitiva*, der kabbalistische Ruach, in die seit dem Sündenfall die göttliche Mens gehüllt ist. Die Anima sensitiva enthält das Lebensprinzip des Individuums, ist die Lebenskraft, Entelechie ($\psi v \chi \acute{\eta}$) des Leibes im Sinne des ARISTOTELES[1], hat ebenfalls ihren Sitz in den Präkordien und umfaßt die niederen, den drei höheren entsprechenden seelischen Funktionen: Sensus et objecti cognitio: die empirische Erkenntnis, valor (s. energia) das nicht intellegible Wollen, sowie den Actus jubili et aversionis, das niedere Fühlen und Empfinden. Im Gegensatz zu den in Harmonie vereinten Funktionen der Mens sind die der Anima sensitiva oft genug getrennt und in Hader begriffen. Die Anima sensitiva entspricht mithin dem neuplatonischen Reich des Seelischen, das zwischen dem Geistigen und der sinnlichen Materie steht, dem $\vartheta v \mu o \varepsilon \iota \delta \acute{\varepsilon} \varsigma$ PLATOS[2]. Die Unterscheidung von geistigem Schauen und empirischer Erkenntnis findet ihr Urbild in PLATONS Dreiteilung der Erkenntnisgrade[3]. In dieser nimmt die Schau der Ideen selbst, die Noetik, die höchste Stelle ein, sie würde unserer Mens entsprechen, ihr folgt die Dianoetik, das wissenschaftliche Denken, das rein Empirisches mit der Ideenschau verknüpft. Sie wie die untersten Stufen der Erkenntnis, die reine Sinneswahrnehmung und die Wahrnehmung von Abbildern sinnlicher Gegenstände („Eikasie") würden den Funktionen der Anima sensitiva bzw. der lebenden, beseelten Materie angehören.

Für Archeus und Semen HELMONTS selbst erkennen wir unschwer eine Wurzel in den $\lambda \acute{o} \gamma o \iota$ $\sigma \pi \varepsilon \varrho \mu \alpha \tau \iota \varkappa o \acute{\iota}$, den vernunftgemäßen, allem Seienden zugrunde liegenden Keimformen der Stoiker, den Bindegliedern zwischen dem trägen empfangenden Stoff und dem aktiven, wirkenden Logos, dem Zusammenhaltenden, durch dessen Vermittlung sich das Schicksal auf die Dinge — Idee und Individualität einpflanzend — auswirkt[4]. Im Organismus spielt der

---

[1] De anima II, 1.

[2] Als solches ist die anima sensitiva auch z. B. auf Abwehr von Krankheiten bedacht und „zornmütig".

[3] Vgl. HOFFMANN, E.: Die griechische Philosophie von THALES bis PLATON. S. 106ff. Leipzig: Teubner 1921.

[4] Vgl. DIOGENES LAERTIUS VII, 149 und 157.

Archeus ungefähr die Rolle der dritten, vegetativen Seele, des Nephesch der *Kabbalah*. Die *Nephesch* ist im *Pentateuch* „der unteilbare Träger der organischen Lebensfunktionen, in welchem die Ganzheit des empirischen Organismus beschlossen liegt" (O. GOLDBERG[1]). Sie hat ihren Sitz im Blute. Daher werden Blut, Fett und Salz, die für die Erhaltung des Organismus unerläßlichen Bestandteile, geopfert, um so dem Gotte gleichsam die Ganzheit des Volkes zur Einkörperung darzubieten. In diesem Sinne ist auch HELMONTS Archeus zu verstehen, und der Spiritus vitalis des Blutes sein Träger. Entsprechend bedeutet (nach GOLDBERG) das Analagon der HELMONTschen Anima sensitiva: Ruach „raumschaffendes Prinzip" oder als „Reach" (Opferduft) die Repräsentation eines Körperlichen.

g) HELMONTs allgemeines Weltbild und Archeuslehre im Verhältnis zur Paracelsischen.

Der Ausdruck Archeus ist ebenso wie sein eigentlicher Sinn von HOHENHEIM übernommen. Auch bei ihm bezeichnet ja Archeus die an jedem Ding in Erscheinung tretende, mit ihm unablöslich verknüpfte Tätigkeit und ist synonym mit Geist, Spiritus vitae, Astrum, vernünftigem, oft auch als Elementardämon personifiziertem Naturgeist. Der Alchemist, der im Menschen das Reine vom Unreinen, die heilsame „Essenz" der Nährstoffe von ihrem schädlichen „Venenum" scheidet, das eigentliche Lebensprinzip, das in Vorwegnahme der HELMONTschen Duumviratslehre bereits bei PARACELSUS im Magen residiert. Was MICH. BENED. LESSING[2] von dieser Archeuslehre und ihrem Fortschritt über ARISTOTELES' Entelechie und STAHLS Anima sagt, trifft auch auf HELMONTS Archeuskonzeptionen zu, denen trotz ihrer Gründung auf dem *Neoplatonisch-Paracelsischen* Grundgedanken die Originalität in dem eigentlichen Ausbau und der weitgehenden Vollendung dieser Lehre nicht zu versagen ist. „Im Gegensatz zu Entelechie und Anima ist der Archeus nichts Fertiges, sondern der Generations- und Entwicklungsprozeß, die Zeugung der Entelechia. ARISTOTELES erklärte das Entstehende

---

[1] GOLDBERG, O.: Wirklichkeit der Hebräer a. a. O. S. 162.
[2] PARACELSUS, sein Leben und Denken. S. 97. Berlin: Reimer 1839.

aus der vorhandenen fertigen Idee; PARACELSUS erklärte die
fertige Idee durch die Generation, durch das Entstehen der
Mannigfaltigkeit organischer Gliederung aus der ideellen Einheit
seines Archeus. In diesem, obgleich sehr verdunkelten Sinne, ist
auch die Polemik des PARACELSUS gegen ARISTOTELES, und es ist
nicht zu verkennen, daß der paracelsische Begriff des Archeus
sowohl über die *Aristotelische* Entelechie wie über den STAHL-
schen Begriff der Seele weit hinausragt" (LESSING). Mit diesem
Gedanken ist bezeichnet, was BERGSON als Gegensatz der „kine-
matographischen", d. h. Momentbilder eines im Ganzen Fertigen,
zusammenfügenden Methode und der Einfühlung in das unzerlegbare,
da „dauernde", unstatische Fließen des organischen Geschehens, den
Lebenstrom, in so geistvoller Weise gesehen hat (vgl. oben S. 28).
In der Vollendung und der entschiedenen Klarheit, mit der
HELMONT die Archeuslehre, den Primat der Kraft über den Stoff,
vor allem *die* Grundstoffe, den der Entwicklung und Dauer über
das Abgeschlossene und Fertige, vertritt, wächst er noch über PARA-
CELSUS hinaus. Bei diesem hat sich die Archeuskonzeption noch
nicht zu der Ausschließlichkeit und Eindeutigkeit durchgerungen,
mit der sie HELMONT als Instrument verwendet. Vor allem vermeidet HELMONT auch nur den Anschein eines Rückfalles in die
alte Elementen- und Krasenlehre, wie er PARACELSUS mit dem
veränderten Vorzeichen der Tria prima: Sal, Sulphur und Mercur
immer wieder vor allem von HELMONT selbst vorgeworfen wird.
Dabei ist festzuhalten, daß die drei Grundstoffe von PARA-
CELSUS selbstverständlich nicht grob körperlich verstanden sein
wollen[1]. Bilden sie auch nur eine vormaterielle Stufe, nach
deren Mischungsverhältnis die Materie ausfällt, Schwefel also nur

---

[1] Über den eigentlich aristotelischen Ursprung des Sulfur und
Mercur als Repräsentanten zweier Elementenpaare und symbolischen
Träger allgemeiner Kräfte und Eigenschaften vgl. vor allem LIPP-
MANN, E. O. v.: Chem. u. Alchem. aus ARISTOTELES, Abhandlg. u.
Vortr. Bd 2. Später werden sie — wahrscheinlich schon in alexandri-
nischer Zeit — zu den Müttern der Metalle. Der Schwefel entspricht
der Vereinigung von Luft und Feuer (Logos, Pneuma), das Queck-
silber der von Wasser und Erde. So durchschreiten alle Stoffe das
Schwefel- und Quecksilberstadium. Nach Entdeckung der Destil-
lation des Quecksilbers (4. nachchristl. Jahrhdt.) geht es der Hyle-
eigenschaften verlustig, wird dem Pneuma zugeordnet und Mercur
(= Hermes = Logos) genannt, das Zinn, der alte Mercur, dem Jupiter beigegeben und das Elektron (Gold-Silberlegierung) aus der
Reihe der planetaren Metalle gestrichen.

ein sehr angenäherter Repräsentant desselben ist, dem es an Sal und Mercur nicht fehlt (E. Schlegel), oder sind sie nur „Symbole astralischer Einflüsse und bloß durch ihre Reaktion sich an der Materie manifestierende Potenzen" (M. B. Lessing), oder endlich bezeichnet Sal das zu körperlicher Substanz Erstarrte, Festgefahrene, Mercurius das Bewegliche und Dynamische, Sulfur das im Wechselspiel von Erstarrung und Bewegung Gebildete, das Wachsen und Werden eines Wesens (Achelis[1]), so lassen sich doch Reste der Krasenlehre und gewisse Schwankungen der Grundeinstellung in Paracelsus' Schriften wohl nicht hinwegleugnen.

Helmont huldigt unbeschadet seines frei schöpferischen Weltprinzips — auch hierin dem Paracelsus folgend — entschiedenem Determinismus, wie es bei dem zu ihrer Zeit beliebten Panentheismus nicht anders zu erwarten ist. Alles auf der Erde ist von Anfang an genau verteilt, jeder Ort hat seine Bestimmung. Eine vernünftige Ordnung und unverrückbare Wurzel für die Entwicklung ganz bestimmter Vorgänge. („Ratio quaedam et radix immutabilis producendi statutos quosdam effectus . . ."[2]). Kosmos, d. h. determinierte Welt und göttliche Freiheit sind gleichbedeutend. Das samenhafte wirkende Prinzip enthält in sich „Urbild, Form, Bewegung, Stunde, Wechselwirkungen, Tendenzen, Eigenschaften, Anpassungen, Verhältnisse, Veränderungen, Untergang", kurz, alles, was sich überhaupt mit den ihm zugehörigen Dingen im Laufe der Zeit ereignen kann. Mit dem Beschlossensein der Endausgänge im wirkenden Prinzip und ihrer Determinierung durch dieses fällt aber jene äußere künstliche Causa finalis der Scholastik bzw. läßt sich wenigstens nicht von der Causa efficiens abtrennen. Es handelt sich hier um eine künstliche Konstruktion, nicht jedoch etwas von der Wertigkeit einer realen Naturkraft.

Damit eng zusammen hängt Helmonts Polemik gegen die ganze sonstige Naturlehre des Aristoteles (s. oben S. 26 ff.). Er bekämpft Aristoteles' Lehre von der $\pi\varrho\acute{\omega}\tau\eta$ $\mathring{v}\lambda\eta$, dem die Begierde nach den Formen (appetitus formarum) innewohne und die daran vorüber-

---

[1] Achelis, Joh. Dan.: Paracelsus Volumen Paramirum (Von Krankheit und gesundem Leben). S. 142 ff. Jena 1928.

[2] Ähnliches lehrt Aristoteles (Phys. 4, 1 u. 4): Jeder Körper hat im Weltgebäude seinen festen Ort, den er nicht ohne Grund verläßt, der ihm zukommt, und nachdem er sich stets zurückbewegt, wenn er nicht daran gehindert wird. Stets bewegt sich Gleiches zu Gleichem (Himmel 4, 2—4).

geht, daß die Umwandlungen nicht auf ein Streben der Materie, sondern auf spezifische Einrichtung von Samen zurückgehen („nesciens imprimis vicissitudinem non appetitu materiae, sed instructione seminum provenire"). „Apage ARISTOTELES cum meretricio appetitu tuo materiae impossibilis[1]!" ARISTOTELES widerspreche hier seiner eigenen Lehre von der Entelechia, wonach ein Ding, fortlaufend bis zu dem ihm in sich bestimmten Ende entwickelt, die Materie danach also niemals der Formen teilhaftig werden könne und stets in Finsternis verharren müsse. An Stelle einer Forma essentialis, eines Ens physicum, ohne die sich HELMONT Natur nicht denken kann, habe ARISTOTELES mathematische Körperformen erdichtet, mit deren Hilfe er die Natur habe erfassen wollen. Doch könne diese starre mathematische Körperform keine Begierden entfalten, überhaupt nicht nach neuen Vollendungen über die alten Grenzen hinaus streben — Vollendungen, die doch durch die Samen und Fermente von vornherein festgelegt sind. „Semen autem non adspirat, nisi ad determinationem in archei dispositione adumbratam[2]".

h) Archeus des Organs („Insitus") und Archeus des Organismus („Influus"). Krankheitsbegriff.

Auf körperliche Akte gerichtet, umgibt sich der Archeus, „Generationis faber ac rector", mit körperlichem Gewande. So durchsucht er den ihm zugehörigen Samen in allen Schlupfwinkeln und Verstecken und beginnt die Materie gemäß der Zielvorstellung, dem Bauplan seines Bildes (Entelechie) zu formen. Hier setzt er das Herz hin, dort bestimmt er das Hirn, überall setzt er den ortsgebundenen Regenten nach den Erfordernissen der Bestimmung des Ortes ein. *Dieser Regent (Archeus insitus) wacht, ein Grenzhüter, drinnen über sein Gebiet bis zum Tode. Der andere (Archeus influus) schweift überall umher, an kein Glied gebunden, hat die Oberaufsicht über die einzelnen Fergen — des Lichtes teilhaftig und nimmer ruhend[3].*

---

[1] De morbis archealibus 3.
[2] Magn. oportet 11—12.
[3] „In animantatis enim perambulat sui seminis latebras omnes et secessus incipitque materiam transformare juxta imaginis suae entelechiam. Hic enim cor locat, ibi vero cerebrum designat atque ubique immobilem habitatorem praesidem ex universali sui monarchia

In unserem Kapitel ist es die Bedeutung des Organarcheus — des Spiritus (Archeus) insitus — für den Eigenstoffwechsel dieses Organs, die herausgestellt werden soll. *Es verlangt also die Störung des materiellen Stoffzusammenhanges eines Organes vorgängig eine solche seines dynamischen, den Stoffwechsel leitenden Prinzips als Voraussetzung.* Damit verbindet sich die HELMONTsche Grundlehre, daß Einwirkungen von außen wie innen, vom Makro- wie Mikrokosmos unmöglich unmittelbar auf die Materie selbst wirken. Vielmehr machen sie ihren Einfluß stets auf dem Umweg über das dynamische Prinzip geltend, sei es den Archeus, sei es die in ihm geborgene Anima sensitiva.

Das von HELMONT öfter[1] gebrauchte Bibelwort: „Mein Odem ist schwach und meine Tage sind abgekürzet", soll auch hier die Abhängigkeit des Körpers vom Geiste, vom Hauch und „Odem" illustrieren.

Dem Austausch eines Organs mit dem organismischen Nahrungs- und Saftstrom, eben dem Stoffwechsel dieses Organs, steht vor der Archeus insitus, sinngemäß auch der Wächter des Organs genannt. Das feinste Zeichen seiner Beeinträchtigung ist die Ablagerung und Bildung von Abfallstoffen, die im normalen Organ nicht sichtbar werden. *Ganz allgemein wird so organische Krankheit zur Stoffwechselstörung,* zur Läsion der sechsten und letzten Verdauung, d. h. der im Organ selbst stattfindenden[2], bedingt durch Störung des Archeus insitus, erfaßbar an der Bildung und Ablagerung eines organeigenen Exkrements.

Allerdings ist hiermit das Wesen der Krankheit keineswegs gegeben. Denn sie bedeutet HELMONT durchaus etwas Wesenhaftes für sich, wenn auch nicht Körperliches; jedenfalls keine

---

determinat juxta exigentiae, partium, destinationum fines. Praeses demum ille manet curator rectorque internus finium in obitum usque. Alter vero fluctuans nulli assignatus membro intuitum servat super particulares membrorum naucleros, lucidus, at ferians nunquam." Archeus faber 6/7.

[1] Hiob 17, 1. Z. B. De febribus 4, 30; de lithiasi 9, 35 u. a.

[2] Gegenüber der antiken, bis in seine Zeit gültigen Lehre von den drei Verdauungen (der im Magen- und Darmkanal, der in der Leber mit dem Ergebnis der Blut-, Urin- und Gallenbildung und der in den einzelnen Organen) unterschied HELMONT deren sechs: 1. die saure Magenverdauung, 2. die alkalische im Zwölffingerdarm, 3. die Cruor bereitende in der Leber, 4. die hellrotes Blut bereitende im Herzen, 5. die Lebensgeist (spiritus vitalis Archei) bereitende, 6. die Ernährung der einzelnen Organe, in deren eigenen „Küchen" stattfindend.

Negation oder Privation, sondern ein „Ens vere subsistens in corpore[1]", einen unbekannten Gast, der genau wie alles andere in der Natur seinen eigenen, spezifischen, von Gott selbst erschaffenen Samen habe, der seine Idee dem Archeus imprägniert und hiernach die Bewegungen der Materie richtet.

Wie der Tod[2] hat auch die Krankheit ganz allgemeinen Charakter. Um dem Leben gefährlich zu werden, muß sie sich eines Stückes Leben selbst bemächtigen[3] und bedient sich dazu des Archeus, des Mittlers von Leben und Leib. Wie dieser auf die Materie des Körpers mit Hilfe einer Idea sigillaris wirkt, so drückt auch die Krankheit dem Archeus ein Siegel ein, durch das sie ihn verzehrt. So ist Krankheit bei HELMONT nicht anders als der Archeus, ein dynamisches, an Materie sich koppelndes Prinzip, ein Ferment in seinem Sinne (d. h. nicht ein gärungsbefördernder Stoff), ein Bild[4] — nicht aber eine Dyskrasie der vier Grundhumores, die es ebensowenig wie die vier Elemente gibt. Wie man sieht, ist HELMONTs Polemik gegen die antike *Pathologie* ganz äquivalent der gegen die alte *Naturlehre* überhaupt. Krankheit ist zwar ein Ens, aber nicht ein grob körperliches, kein Stück Materie. So werde auch die ewig schwankende Unsicherheit der Schulen in bezug auf den Krankheitsbegriff vermieden, die so oft die Krankheit selbst mit den Krankheitsfolgen zusammengeworfen haben.

Die HELMONTsche Krankheit, Qualität nicht, auch nicht Beraubung, ist ferner nicht Diathesis oder Affectus. Bezeichnen doch solche Bestimmungen ein hermaphroditisches Etwas, das Krankheit ist und auch wieder nicht Krankheit und kümmern sich um die anfallsfreien Perioden einer Krankheit nicht[5], in

---

[1] Ignot. hosp. 44, 40 u. a.

[2] Krankheit und Tod sind aber auch bei HELMONT toto genere verschiedene Dinge, da dieser privativen Charakter hat. Vgl. PARACELSUS' Wort: „Tod bringt kein Krankheit, auch kein Krankheit den Tod. Und so sie schon nahe beisammen wären, stehen sie doch wie Feuer und Wasser."

[3] Ignot. hosp. 28.

[4] „ . . . Anxietates ac molestiae ideam sibi consimilem imaginemque imaginando debitam excitant. Promte scilicet ita imago cuditur, exprimitur sigillaturque in Archeo, eoque vestita mox morbus in scenam intrat corpore scilicet archeali et efficiente idea constructus.." Ortus imaginis morbosae 2.

[5] Ignot. hosp. 27.

denen sie, wenn auch nicht offen, besteht. Ist doch auch ein Fallsüchtiger, Tobsüchtiger, Malaria- und Gichtkranker außerhalb der Anfälle an diesen Leiden wirklich krank. Dispositio oder Diathesis gehen am wirklichen *Kranksein* vorüber! Auch eine Wunde oder ein die Harnwege verlegender Stein ist keine Diathesis[1]. Die allein auf das Außen sehende Ursachenlehre der Schulen habe eine Korrektur zugunsten der inneren, im Archeus liegenden Ursachen zu erfahren[2]. Wie der zeugende Same nicht vom Erzeugten zu trennen ist, so auch die Krankheit nicht von der bewirkenden — archealischen — Ursache[3]. Die Ursache bleibt im Gezeugten beschlossen und erhalten. Nicht Künstliches, nach den Regeln der Mathematik zu Berechnendes — sie hat in der Natur überhaupt nichts zu suchen — nicht etwas Zufälliges und von äußeren Kräften *Gemachtes*, sondern etwas selbständig *Gewachsenes* ist die Krankheit. Sie ist nicht Zurichtung oder Zustand oder Zufall, auch nicht Funktionsstörung als Folge eines Kampfes von Krankheitsursache und Körperkräften. Als Wesenhaftes zeigt die Krankheit alle Prädikamente, ohne doch eins von diesen zu sein.

Wir haben hier eine auf die Spitze getriebene ontologische Krankheitsauffassung vor uns, die in dieser Beziehung die *Paracelsische* übertrifft, wenn sie auch von ihr die grundlegende Anregung empfangen haben muß. Auch PARACELSUS spricht ja von der Wesenhaftigkeit der Krankheit. „Humor macht keine Krankheit. Was die Krankheit macht, ist ein Ens substantiae. Nur muß alles das, so die Krankheit macht, männisch sein, d. i. astralisch aus dem ganzen Limbo[4]". Darum ist sie auch kein mit Händen greifbarer Körper: „Der ist ein Artzt, der dz unsichtbare weiss, das kein nammen hat, dz kein matery hat und hat doch sein wirckung. Wer will dann sagen, dz solch kranckheiten kommen aus den humoribus, die dann sichtig sind, und nit unsichtig." — „So dann die kranckheiten nichts greiffliches sind, sondern dem Wind gleich, wie kan mans dann purgiren oder mit demselbigen hinwegthun? Die kranckheiten sind nit Corpora, drumb Geist gegen Geist gebraucht soll werden[5]." So erscheint bereits hier die Krankheit als „Idea morbosa", die sich dem un-

---

[1] Ib. 31. — [2] Ib. 36. — [3] Ib. 38. — [4] HUSER I, 28; LESSING S. 116. — [5] De podagricis I.

körperlichen Zentrum des Organismus aufprägt. Wie der Mensch und die Gesundheit, so hat auch die Krankheit ihren Werkmeister[1], die Bergkrankheit ist nicht „Qualitas" und „Complexio", sondern „Elementum"[2]. Die Krankheit entspricht danach einem Organismus, einem Parasiten, bestehend aus Krankheitskörper und Krankheitsaktion. „So ist eine jegliche Krankheit von einem Samen da, und eine jegliche Krankheit wächst und ist, ehe sie stirbt mit dem Menschen und so sie erwachsen ist, so ist sie ein Baum und hat ihre Früchte." Anderweit spricht PARACELSUS auch von der „Prima materia" der Krankheit, die mit dem Samen vererbt werde. Ferner: „Und so wisst denn am ersten, dass eine jegliche Krankheit einen unsichtigen Leib hat, und ist ein Glied des Makrokosmos, und ist auch selbst Mikrokosmos und ein ganzer Mensch. Also ist der Mensch selbander in solcher Krankheit und hat zwei Leiber in solcher Weise, und hat zwei Leiber zu gleicher Weise ineinander verschlossen und ist Ein Mensch[3]".

Auch bei PARACELSUS ist Krankheit positiv und nicht privativ oder negativ, ein selbständiges Naturprodukt, nicht nur mangelnde Gesundheit. In diesem Sinne wird bei PARACELSUS die Krankheit *geboren*[4]. Der Vorwurf der Verwechslung von Krankheit und Krankheitsprodukten endlich, den HELMONT der humoralpathologischen Scholastik macht, ist von HOHENHEIM übernommen.

Aber in zwei Punkten möchten wir doch eine Abweichung von dessen Krankheitslehre feststellen. Das ist einmal in der unverrückbaren Konsequenz, mit der HELMONT den ontologischen Charakter der Krankheit durchführt und festhält. Während bei PARACELSUS noch Platz ist für rein dynamisch-funktionelle Fassung des Krankheitsbegriffes, die ihn sogar zu archaisch formulierter Vorwegnahme des VIRCHOWschen Satzes von der grundsätzlichen Identität der physiologischen und pathischen Vorgänge führt[5].

---

[1] De morbis metall. 2, 4, 1.

[2] Paragran. alt. tr. II.

[3] LESSING S. 118.

[4] „Eine jegliche Krankheit, die geboren wird, vergleicht sich der Geburt des Mondes . . ." 5. Buch von Ursprung und Herkunft der Franzosen.

[5] So ib.: „Darum die Aerzte irren, die da sagen, das Corpus und Materia sei ein Ding und wollen also das Corpus hinwegtreiben, auf dass die Krankheit auch hinweggang, welches nicht geschehen mag.

Zwar kennt auch HELMONT das hierin zum Ausdruck gebrachte Prinzip, mit Bezug auf die *einzelnen* Funktionen als solche, wenn er den Kernsatz prägt: ,,Quidquid in sanis edit actiones sanas, id ipsum in morbis edit actiones vitiatas" (De febrib. I, 27), aber die schärfere Fassung des Archeusbegriffs ermöglicht ihm die entschiedenere Herausstellung des ontologischen Krankheitscharakters. Dieser ist auch PARACELSUS keineswegs fremd, er kommt ja gerade in der eben angeführten Stelle zum Ausdruck.

Die zweite Abweichung sehen wir in HELMONTs entschiedenem Bruch mit allen Elementen-, Mischungs- und mechanischen Theorien der Krankheit. Während doch in PARACELSUS' Krankheitslehre derartige Vorstellungen — wenn auch in höchst sublimierter Form und als Niederschlag intuitiver Ganzheitsschau — Ausdruck gefunden haben. So wenn er die Krankheit als Disharmonie der Tria prima sieht. ,,Denn so die drei einig sind und nicht getrennt, so stehet die Gesundheit wohl, wo aber sie sich festrennen, d. i. zertheilen und sondern, das eine fault, das andere brennt, das dritte zeucht einen andern Weg, das sind die Anfänge der Krankheiten. Dieweil das einig Corpus bleibt, dieweil ist keine Krankheit da; wo aber nicht, sondern es spaltet sich, jetzo geht an das, so der Arzt wissen soll, das ist Zerstörung des ganzen Reichs, der Anfang des Todes[1]". So setzt er — wie HELMONT ihm in Verkennung seiner außer- und überempirischen Grundeinstellung vorwirft[2] — an Stelle der vier Elemente seine drei Grundstoffe: ,,Darumb so soll der Arzt wissen, dass alle Krankheiten in den dreyen Substanzen liegen und nit in den vier Elementen; die

---

Als wenig der Mond mag aus dem Himmel genommen werden, also wenig auch mag der Same der Krankheit aus dem Leib genommen werden, nur ihr Regiment. Das ist im Beschluss so viel, dass im Leib liegen alle Partes, die die Sphära innehat, gross und klein. Nun liegen im Leib alle Gesundheit, alle Krankheiten mit ihrem Samen . . . Nun wird *das* prädominieren und den anderen allem fürgehen, das am höchsten exaltiert wird und am gewaltigsten tingiert, es sei Gesundheit oder Krankheit. Solches ist nun Ursprung der Krankheit, auch Ursprung der Gesundheit, denn wie die Krankheit wächst, so wächst auch die Gesundheit." Vgl. hierzu die treffenden Ausführungen von E. SCHLEGEL a. a. O. S. 80/81.

[1] HUSER I, 28.

[2] ,,Imprimis namque qui humoristis bellum indixit, tam iterum humores agnoscit" Potest medic. 35 mit Bezug auf PARACELSUS' Lehre von der pharmakologischen Wirkungsweise der sich mit den Säften mischenden Abführmittel. Und an vielen anderen Stellen.

drey Ding allein der Arzt wissen soll und erkennen; denn da liegen die Ursprüng aller Krankheiten[1]".

Hiermit in Zusammenhang steht, daß PARACELSUS auch die alte Vorstellung vom Kampf des Organismus gegen die Krankheit bzw. umgekehrt übernimmt, gegen die HELMONT beständig kämpft. So spricht PARACELSUS von dem bellum omnium contra omnes zwischen Menschen und Außenwelt.

„Darauf merket, dass alle Dinge, die geschaffen sind, wider den Menschen sind und der Mensch wider sie." Die Hoffart der einzelnen, sich aus der Harmonie des lebendigen Verbandes loslösenden Grundstoffe wird durch den Krankheitsvorgang bekämpft[2]. Und ferner: „So eine Krankheit im Leibe ist, so müssen alle gesunden Glieder gegen sie fechten, nicht eines allein, sondern alle; denn die Krankheit ist ihr aller Tod. Das merkt die Natur, drum so ficht sie gegen die Krankheit mit aller Macht, so sie vermag . . ."

i) Gegen die Contraria und Similia.

HELMONT dagegen widmet sogar einen ganzen Traktat — „Natura contrariorum nescia" — der Ablehnung der Kampfvorstellung im gesunden und krankhaften Leben. Auch sonst kommt er oft darauf zurück. Die Krankheit bzw. die krankhaften Reaktionen dienen also nicht unmittelbar der Beseitigung der Krankheitsursache. Diese erfolgt erst durch Umstimmung des „Werkmeisters" (Archeus), sei es nach und durch Fortfall des schädigenden Agens, sei es durch selbständiges Überhandnehmen der gesunden „Idee", der physiologischen Zielvorstellung. Vorzüglich dazu helfen die besonderen „Balsame", die erneuernden kräftigen Arzneien des PARACELSUS. Ein „Contrarium" kann nach HELMONTS Grundlehre schon deswegen nicht als Heilmittel in Betracht kommen, da es sich ja in seiner Wirksamkeit gegen den Archeus — und nur dieser ist der Träger von Krankheit und Heilung[3] — richten müßte. Ein Medikament wirkt erst, wenn es der Botmäßigkeit des Archeus unterworfen ist, sich kräftig mit ihm verbindet, ihn zur Heilung stärkt, nicht aber ihm widerstreitet. „Und ist demnach das keine Heylung, die durch einen Streit zwischen widerwärtigen Dingen verursacht werden solle . . .

―――――――

[1] Ib. I, 27. — [2] HUSER I, 27.
[3] Entsprechend dem *Hippokratischen* „Νούσων φύσιες ἰατροί".

Und weil dasjenige, was gegenstreitig ist, nicht eingelassen wird, sich auch nicht einverleibet in den sämlichen Geist, so kann ich diese Regel keinswegs für gut heissen, die da lehret, dass alle Krankheiten geheilt werden müssen durch streitende und widerwärtige Dinge[1]“. Die eigentlichen, höchsten, geheimen, der Erneuerung der Naturkräfte dienenden Heilmittel haben ihre Kraft gerade vom tiefen Eindringen in den Archeus, mit dem sie sich durch Bewahrung eines ursprünglichen, anpassungsfähigen Zustandes, ihres „Mittellebens[2]“, besonders weitgehend vereinigen können. Aus den gleichen Gründen kommt auch das Similia similibus für ihn nicht in Frage. Es ist weder ein Pro noch ein Contra, durch das der Archeus die krankhafte Idee nach Art der Aufnahme eines Geruchs[3] empfängt, die Krankheit durch abnorme Bewegungen der Materie „wachsen“ läßt und schließlich durch Übermächtigwerden der Gesundheitsidee — mit oder ohne Hilfe der Heilmittel — wieder loswird. Die Arznei HELMONTS ist „Führungsmittel“ im Sinne HOHENHEIMS. Sie steht zu Krankheit und Krankheitsursache nicht im Mengen-, sondern im dynamischen Verhältnis[4].

In unserer Schrift, die wesentlich speziell pathologischen Inhalts ist, tritt das so ganz allgemein für den Organismus gekennzeichnete Wesen der Krankheit zurück hinter der Betrachtung der Störung des *Einzelorgans*. Ist Krankheit als solche stets nur Allgemeinerkrankung, so betrifft doch ihre den Arzt allererst interessierende Auswirkung den Archeus der einzelnen Organe. Die Erkrankungen des allgemeinen Archeus, des Spiritus influus, stehen in HELMONTS Krankheitslehre durchaus im Hintergrunde des Interesses — wie ja auch der diffuse Archeus influus nach

---

[1] Aufgang der Arzneykunst. Holländischer Zusatz. S. 195. Vgl. auch Magnum oportet 10 und Natura contrar nesc. 11 (gegen GALENS Lehre vom Krieg der Elemente).

[2] Das *Mittelleben* HELMONTS erinnert an die „Mitteldinge“ der alten *Naturphilosophen* und bei ARISTOTELES (Physik I,4; Himmel I, 8 u. III, 5; Entstehen und Vergehen II, 1 u. 5; I, 10; Metaphys. IV,5). Noch BACON spricht von ihnen. Ihnen liegt die Erkenntnis zugrunde, daß alle Verwandlungen nicht plötzlich, sondern allmählich und stufenweise sich vollziehen, indem das Alte etwas von seinen Eigenschaften verliert und dafür von den neuen des Werdenden annimmt, was am deutlichsten an den Flüssigkeiten zu demonstrieren ist.

[3] Imago fermenti impraegnat massam semine 20.

[4] Aphorismenkommentar: 7. Aphor. Vgl. die trefflichen Ausführungen von SCHLEGEL, PARACELSUS. 2. Aufl. Tübingen 1922. S.18ff.

dem zweiten Kapitel unserer Schrift erst dann seine Kräfte als Wecker und Ermunterer des Organarcheus entfalten, mithin für das Individuum nutzbar gemacht, richtig verteilt, determiniert und disponiert werden kann, wenn er sich den Erfordernissen des Insitus anpaßt.

k) Lokalismus.

In diesem Sinne geht es im dritten Abschnitt weiter, in dem ein Kernsatz kurz und bestimmt die *Organgebundenheit,* den *örtlichen Charakter* der Krankheit hervorhebt und die *Irrlehre von der metastatischen Natur der meisten Krankheiten* — abhängig von einem im Hirn entstandenen Fluß (Katarrh) — zurückweist. *Auch dieser Abschnitt noch ein Programm — aber nicht nur für die engen Grenzen des speziell-pathologischen Traktats, vielmehr Wahrzeichen einer neuen — lokalistischen — Richtung, in ihrer Abkehr vom uralten humoralpathologischen Prinzip von allgemeinster zeitloser nosologischer Bedeutung.*

Auch aus der Tatsache des Rezidivs sowie der schlagartig einsetzenden schädigenden Wirkung kalter Nachtluft, der Ausdünstungen von Sümpfen oder Bergwerken besonders auf Hirn und Lungen ergibt sich der lokale Charakter derartiger Erkrankungen.

PARACELSUS hatte sich ja in der Schrift von der Bergsucht und auch anderweit ausführlich über die Bergkrankheit als Folge der Einatmung schädlicher Dünste verbreitet und die lokalistische Auffassung solcher Erkrankungen begründet. Nach PARACELSUS gelangt die Atmungsluft nicht nur zur Lunge, sondern auch in feinsten Teilen zum Hirn, das ebenso luftbedürftig sei wie die Lunge[1]. Und bereits bei ihm werden die dadurch entstehenden Störungen als Läsionen der *örtlichen* Verdauungstätigkeit gewertet, des *örtlichen* „Magens" mit seiner spezifischen Kraft, Schädliches (Venenum) vom Nährmaterial (Essentia) zu trennen und auszuscheiden. PARACELSUS verdanken wir in der Tat die erste ausführliche Darstellung der Bergsucht und metallischen Krankheiten[2]. Hatte auch schon GALEN[3]

---

[1] Vgl. später Anm. 3, GALEN als Autor dieser Lehre.

[2] Vgl. u. a. KOELSCH, F.: THEOPHRASTUS VON HOHENHEIM gen. PARACELSUS: Von der Bergsucht und anderen Bergkrankheiten. Berlin: Julius Springer 1925 (Schriften a. d. Ges.geb. d. Gewerbehygiene H. 12) für das alte Schrifttum (AGRICOLA 1556, PANSA 1614, KIRCHER 1665, URSINUS 1652 u. a. m.), für die neuere Literatur: ROSTOSKI, SAUPE und SCHMORL: Die Bergkrankheit der Erzbergleute in Schneeberg in Sachsen (Schneeberger Lungenkrebs). Z. Krebsforschg 23, 360 (1926). — [3] De sanitate tuenda I, 11 u. a.

die Wichtigkeit reiner Luft für die Wahrung der Gesundheit betont und vor der stagnierenden Atmosphäre von Sumpfgegenden, Bergeshöhlen, wie bei Sardes und Hierapolis und in der Nähe von Abfallgruben großer Städte oder Heereslager gewarnt, war auch die Rolle der Einatmungsluft als Träger epidemischer Krankheitsursachen bereits in der *Hippokratischen* Schriftensammlung[1] zur Genüge herausgestellt und später immer wieder berücksichtigt, so blieb doch die systematische Kenntlichmachung und theoretische Verarbeitung der Luftschädigungen besonders in Bergwerken PARACELSUS und der späteren Zeit vorbehalten.

HELMONT legt diesen, mit der Luft aufgenommenen Schädlichkeiten („Inspirata", „Endemica") vorzügliches Gewicht bei und widmet ihnen einen eigenen Abschnitt seiner speziellen Krankheitslehre, auf den noch zurückzukommen sein wird. Allerdings hat HELMONT hier weniger Lungenkrankheiten im Auge als solche des Duumvirats, des vegetativen Zentrums in Magen und Milz. Die Lunge sei als der physiologische Behälter der Luft gegen diese abgehärtet und genau so wenig empfindlich wie etwa die Harn- oder Gallenblase gegen den scharfen Urin oder die Galle. Die Lunge leite vielmehr nur die Luft mit den in ihr suspendierten Schädlichkeiten direkt durch das Zwerchfell zum Magen, wo sie ihre schädliche Wirkung entfaltet — eine eigenartige Vorstellung HELMONTS, der wir noch mehrfach begegnen werden[2].

1) Anwendung auf die Lungenkrankheiten.

Als weiteres Argument für die örtliche Natur der Lungenerkrankung tritt uns im 6. Abschnitt unserer Schrift die *konstitutionelle Schwäche des Lungengewebes* entgegen. Ebenfalls eine Lehre, deren Spuren weit ins Altertum zurückgehen. Das Schaumig-Schwammige der Lunge, ihre Konsistenz, liegt wohl

---

[1] So besonders De natura hominis 10: Die Krankheiten entstehen teils durch unsere Lebensgewohnheiten, teils durch das eingeatmete Pneuma, das als Lebensbedingung uns allen gemeinsam ist. Wenn viele Menschen zu gleicher Zeit von ein und derselben Krankheit heimgesucht werden, dann muß man demjenigen die Schuld beimessen, was im weitesten Sinne allen gemeinsam ist, und was alle am meisten gebrauchen, das ist die Atmungsluft (Pneuma). Man vergleiche auch die „Epidemiologie" der *Hippokratiker* bei TEMKIN, O.: Studien zum „Sinn"-Begriff in der Medizin. Kyklos. Jahrb. Gesch. d. Med. **2**, 87 (1929).

[2] Über die schwindsuchterregende Wirkung arsenikalischer Hüttengifte, Merkurialismus durch Einatmung u. dgl. Vgl. bei HELMONT, Endemica 13.

dieser Anschauung von ihrer konstitutionellen Minderwertigkeit zugrunde.

Nach der *Hippokratischen* Schriftensammlung bildet das Herz durch rasche Erwärmung der klebrigen Teile des Feuchten das Schaumgebilde der Lunge[1]. Aus der Wabenstruktur erklärt sich die Ὁλϰή (vis attractiva) der Lunge, besonders gegenüber allen Säften und Feuchtigkeiten[2]. So wird die Lunge zum Organ, das der Verteilung aufgenommener Feuchtigkeiten dient. Auch die archaische, schon vom Verfasser einer hippokratischen Schrift bekämpfte Lehre[3] vom Hineingelangen der Getränke in die Lunge[4] gehört hierher. Die Lunge bedarf kräftigerer Ernährung als alle anderen Organe teils wegen ihrer dauernden Bewegung, teils des Übermaßes an Wärme wegen der Nähe des Herzens und ihrer rastlosen Tätigkeit, ihrer Substanzarmut und gleichsam schaumigen Beschaffenheit (GALEN[5]). Daher sei auch die Lunge zu Krankheiten geneigt, die z. B. das Herz wegen seiner festen, derben Beschaffenheit nicht leicht erleidet[6]. Purganzen würden, in die Lunge gebracht, heftige Geschwürbildung veranlassen, während sie den Magen intakt lassen[7]. Auch PARACELSUS spricht von der Notwendigkeit, die Lunge zu stärken, damit sie zu reichlichen Säftezufluß abwehren kann und nicht infolge ihrer dauernden Bewegung leide[8]. Aus der Luft schöpft sie die Krankheitserreger[9] wie überhaupt ihre Nahrung.

Daß — wie HELMONT fortfährt — die alten Leute oft Lungenerscheinungen darbieten, von denen sie sich nicht mehr erholen

---

[1] De carnibus 7. Vgl. PLATO: „ . . . σήραγγας ἐντὸς ἔχουσαν οἷον σπόγγου κατατετρημένας“ Timäus III, 70, CD.

[2] De natura ossium 13. Vgl. ARETAIOS: „Πνεύμονι γὰρ τέγξις ϰαϰόν, οὕνεϰεν πνεύμων ἀπο στομάχου ἕλϰει ϰαὶ ϰοιλίης.“ Morb. acut. II, 1.

[3] De morbis IV, Kap. 25.

[4] Vgl. hierzu PLATO, TIMAIOS III, 70 („τὸ δὲ πνεῦμα ϰαὶ τὸ πῶμα δεχομένη“) GALEN de Hippocr. et Plat. decr. VIII, 9 u. ROB. FUCHS, Hippokratesübers., Anmerkung zu Kap. 25 der Schrift Über die Krankheiten IV. Die von PLATO vorgetragene Ansicht der Aufnahme eines *Teils* der Flüssigkeiten durch die Lunge muß sich zu seiner Zeit weiter Verbreitung erfreut haben. Es ist daher nicht ausgemacht, daß PLATO die Ansicht der hippokratischen Schrift De ossium natura entlehnt hat, wie PLUTARCH (Sympos. VII, 1) versichert. ARISTOTELES hat sich *gegen* die Flüssigkeitsaufnahme durch die Lunge ausgesprochen. (Histor. animal. I, 16). Vgl. im übrigen: POSCHENRIEDER, FR.: Die platonischen Dialoge in ihrem Verhältnisse zu den hippokratischen Schriften. Progr. Studienanstalt Metten 1881/82. Landshut 1882.

[5] De usu part. 6, 10.

[6] HIPPOKRATES Krankheiten IV, 9.

[7] HIPPOKRATES, Krankheiten IV, 25.

[8] PARACELSUS, De viribus membror. II, 13.

[9] Von der Bergsucht I, 1, 2, ed. SUDHOFF, S. 464.

und so dieses Organ als Primum moriens kennzeichnen, läßt sich auch mit Stellen aus HIPPOKRATES belegen. So heißt es in den Aphorismen[1]:

Katarrhe und Heiserkeit gelangen bei sehr alten Leuten nicht mehr ins Stadium der Kochung. Ferner[2]: Wenn im Winter viel Regen, Südwind und heiteres Wetter ist, das Frühjahr trocken und reich an Nordwinden, dann erkranken die alten Leute an Katarrhen, die sie rasch dahinraffen. Typische Greisenkrankheit endlich ist bei HIPPOKRATES[3] Atemnot, Katarrh, Hüsteln. ARETAIOS spricht von dem für Greise leicht tödlichen Lungenleiden, von dem bei ihnen stets tödlichen Lungenabsceß u. a. m.[4]

Entsprechend HELMONTs Lehren von der Luftschädlichkeit ist die Lunge deswegen und als dauernd dienstbarer Geist des überlasteten Herzens ständiger Gefahr und besonderer Abnutzung ausgesetzt[5].

HELMONT spricht dann (im 8. Abschnitt) von einem Circulus vitiosus in der Lunge alter Leute, eingeleitet durch die Ablagerung von Abfallstoff in den äußersten Ästen der Luftröhre. Dadurch, daß er nicht herausbefördert wird, irritiert er den lokalen Archeus und gibt zu neuer Stoffwechselstörung und weiterer Ablagerung von Organexkrement und damit neuem Husten Veranlassung.

m) Therapeutische Maximen.

Es ist klar, daß Abführmittel hier nicht fruchten können bzw. durch den schweren Wasserverlust, den sie erzeugen, allenfalls flüchtige Scheinwirkungen hervorrufen und letzten Endes durch die damit verbundene allgemeine Schwächung mehr schaden als nützen.

---

[1] II, 40. Vgl. z. B. SENNERT: „Catarrhi natura sua frigidi diuturni sunt difficulterque coquuntur propter magnum cerebri dyscrasiam frigidam. Catarrhi vero calidi et a causa calida orti citius finiuntur." Opera Lugd. 1676. Tom III, S. 185.

[2] Ib. III, 12. Vgl. besonders hierzu GALENS Kommentar, in dem er als Katarrh im Sinne von HIPPOKRATES nicht nur die auf dem Wege der Luftröhre herabgelangenden Flüssigkeiten, sondern auch die auf dem Venenwege fließenden verstanden wissen will.

[3] Ib. III, 31.

[4] Morb. Diut. I, 12; Morb. acut. II, 1.

[5] Vgl. anderwärts die *Lunge als „Kaufmann"* — *Merkur* — des Körpers, die den Austausch mit der Außenwelt durch Atmung und Sprache vermittelt, durch die Luft Nahrung und Leben überallhin verteilt („verbläst", De vita brevi 10).

Die Therapie der Schulmedizin richtet sich aus Unkenntnis der eigentlichen Krankheitsursache gegen Sekundäres, nicht aber die Wurzel der Krankheit. Nicht einmal nach dem verwerflichen Grundsatz: „Ex iuvantibus et nocentibus" zu kurieren, richte man sich noch. Denn sonst wäre die Phalanx all der zwecklosen Schulmittel, von den Kauterien bis zur Diät, längst hinweggefegt. Wie wenig die Diät in der Lage ist, eine aktive Therapie zu ersetzen, hat ja PARACELSUS z. B. in seinem Kommentar zu HIPPOKRATES' Aphorismen herausgestellt: „So will HIPPOCRATES, dass die Kranken nit sollen streng Diät halten oder dergleichen viel acht auf dieselbe haben. So sie es aber nit thun, sondern wollen mit dem Diät viel ausrichten, desto mehr verderben sie sich. Nun merket die Ursach, warum: Eine Krankheit, so durch eine solche Diät vertrieben wird, ist nit vertrieben; sondern so das Diät verlassen wird, so fällt die Krankheit wieder herein und nimmt wieder zu, denn die Arznei soll heilen, nicht das Diät. — Verderbnis, so durch Diät geschieht, wird viel mehr sein, so der Kranke an ihm selber subtil ist, dann so er an ihm selbst grob wär. Darum merket, dass grob mehr Nutz ist, denn subtil: in der Gröbe ist mehr Kraft, denn im Subtilen; darinn nun die Kraft liegt, in selbigem soll fürgefahren werden und soll nit entzogen werden . . .[1]

n) Bisherige Katarrhlehre.

Die hier gekennzeichnete therapeutische Einstellung ist auch die HELMONTs, die er umständlich vorbringt, um (im zweiten Teil des 12. Abschnittes) *endlich zum eigentlichen Thema: der Darstellung der scholastischen Katarrhlehre und ihrer Widerlegung* zu gelangen. Erstere umfaßt 6 Abschnitte und gibt die Katarrhlehre so wieder, wie sie in der Tat den damaligen herrschenden Lehrbüchern und Monographien zu entnehmen ist.

Verfolgt man die *geschichtliche Entwicklung der Katarrhlehre*, so bemerkt man eindeutig den für die Geschichte medizinischer Theoreme so ungemein typischen Dogmatisierungsprozeß.

Die alte Katarrhlehre läßt sich bis auf das Corpus *Hippocraticum*, PLATO und ARISTOTELES unschwer verfolgen. Weiter zurück verlieren sich ihre Spuren. Alte indische und ägyptische Quellen, wie der Ayur-Veda des SUSRUTAS oder der *Papyrus* EBERS geben über sie — soweit ich sehe — kaum Auskunft.

---

[1] Zu Aphoris. I, 5.

Gewiß stehen an der Wiege der Katarrhlehre alte naturphilosophische Anschauungen und Beobachtungen, wie sie in den Fragmenten der Vorsokratiker anklingen, z. B. des EMPEDOKLES[1] über die Atmung durch die Poren und ihren rhythmischen Wechsel mit dem Blutkreislauf — vergleichbar der Wasseruhr, in der das zurückweichende Wasser das Einströmen der Luft und umgekehrt deren Verdrängung das Eindringen des Wassers hervorruft —, dem Herabtropfen von Wasser in Höhlen (XENOPHANES)[2], dem Ursprung von Wasser und Wind aus dem Meere (ANAXAGORAS), dem Ansichreißen der Flüssigkeiten durch die Sonne, ihrer polar entgegengesetzten Anziehung durch die dürstende Erde (DIOGENES VON APOLLONIA)[3], makrokosmischen Vergleichen mit den Flüssigkeiten des Körpers, dem Vergleich des Wassers mit dem Regen, der Atmungsluft mit dem Winde u. a. m.

Derartige Vorstellungen sind wohl recht populär gewesen. ARISTOTELES[4] vergleicht den Katarrh mit dem durch Verdichtung von Wasserdampf entstandenen Regen. Für die Entstehung des Schlafes[5] nimmt er den zum Hirn emporsteigenden warmen Dampf der aufgenommenen Nahrung in Anspruch. Dieser Dampf ist dem Wasser einer Meerenge vergleichbar, das sich bis zu einem gewissen Punkte treiben läßt, dann aber wieder zurückkehrt. Die tierische Wärme aber hat eine Tendenz nach oben: Das nach oben getriebene Feuchte der Speisen macht, wenn es oben still steht, den Kopf schwer und bewirkt das Einschlafen. Neigt es sich nach unten und stößt im Umkehren das Warme fort, dann entsteht der Schlaf — sowohl der gesunde, besonders des Kindes, wie der krankhafte bei Fieberhaften und Schlafsüchtigen, und der epileptische Anfall, der gern bei Schlafenden einsetzt. Die heftig aufwärts getriebene Luft bringt beim Herabsteigen die Adern zur Schwellung, die ihrerseits die Luftröhre komprimieren. Man beachte die mechanische Erklärung des Zusammenhanges von Atemnot und Hirnzuständen (vgl. S. 116). Auch der Verfasser der *Hippokratischen* Schrift „Von den Winden"[6] spricht von der Verdrängung des Blutes durch die Überfüllung der Adern mit Luft. Auch bei Trunkenen wird nach ARISTOTELES viel Wasserdampf nach oben getrieben. Zwerge und Großköpfige neigen zu viel Schlaf, da ihre Adern eng sind und nicht viel Feuchtigkeit durchlassen, der Andrang nach oben und die Aus-

---

[1] Fragm. B. 100 DIELS, Fragm. d. Vorsokrat. 4. Aufl. Berlin 1922, S. 258.

[2] Fragm. 37, l. c. S. 67.

[3] DIELS, A. 330, S. 419. Vgl. HIPPOKRATES: Luft, Wasser, Erde, wo des Aufwärtsziehens von Wasser durch die Sonne gedacht wird. Dabei haben die dünnen leichten, nicht salzartigen Teile den Vorrang. Auch aus dem menschlichen Körper findet so Wasserabgabe statt.

[4] De part. animal. 2, 7. Vgl. auch PLATO, De re publica 3.

[5] De somno et vigilia 3.

[6] De flatibus 10.

dämpfung aber stark ist — die Aderreichen dagegen sind nicht schlaf-
süchtig. Auch die Melancholischen nicht, wegen ihrer inneren Kälte,
die Entstehung von Dämpfen nicht begünstigt. *Jedenfalls wird die
Wärme des Magens zur Ursache der Verdampfung und des Aufsteigens
von Wasserdampf nach oben. Das Gehirn dagegen ist von allen Organen
das kälteste, und bei Tieren, die kein solches besitzen, der diesem
analoge Teil.* Wie also das bei Sonnenwärme ausdünstende Feuchte
durch die Kälte der Atmosphäre verdichtet als Wasser wieder herunter-
fällt, so kondensiert sich der zum Hirn aufsteigende Wasserdampf
zu Schleim, der Ursache der dem Kopf entspringenden Katarrhe.
Soweit der im Hirn verdichtete Wasserdampf das normale Maß nicht
überschreitet, dient er herabfallend zur Abkühlung des Herzens, des
Behälters der Wärme und Zentrums des Organismus. Der Schlaf
hört auf, wenn die Verdauung mit dem Kreislauf des Feuchten beendet ist, d. h. das Warme den Sieg über das Kalte davongetragen hat.

Hiermit ist eigentlich bereits die ganze Katarrhlehre gegeben,
wie sie die medizinischen Lehr- und Schulbücher bis auf HELMONT
beherrscht hat. Selbst im *Corpus Hippocraticum* wird sie nicht
in der Form vorgetragen, wie sie sich in den kurzen Andeutungen
bei ARISTOTELES vorfindet, bei GALEN durchgesetzt und Jahrhunderte hindurch erhalten hat.

Was im Laufe der Zeit hinzukam, ist unwesentliches Ranken-
werk. Wir werden es betrachten, wenn wir einen kurzen Blick
auf die Katarrhlehre der *Hippokratischen* Schriftensammlung
geworfen haben.

Für uns einschlägige Quellen enthalten die hippokratischen
Schriften: ,,De locis in homine", ,,De flatibus" und ,,De glandulis".

Der Traktat ,,De locis in homine" ist in der Hauptsache den
Katarrhen und Flüssen gewidmet. Der Katarrh entspringt über-
flüssiger, vom Leibe aus den Speisen abgesonderter Flüssigkeit, die
zu Kopf steigt und nach sieben verschiedenen Orten herabströmt[1].
Sie kommt durch abnorme Hitze (z. B. Entzündung) bzw. abnorme
Kälte in Fluß (Kap. 9). Strömt sie nach der Brust, so entsteht
Empyem und Schwindsucht (Kap. 10). Auch die Lungenentzündung
ist auf Katarrhüberschwemmung der Lungen zu beziehen[2]. Sie ent-

---

[1] Kap. 1 und 10. Entsprechend der Bedeutung der Zahl 7 in der
Hippokratischen Schriftensammlung, nimmt auch ,,De glandulis"
7 Flüsse an (10). Es ist m. E. möglich, daß ein Zusammenhang besteht
mit der Siebenzahl der Öffnungen im Gesicht, die in der altägyptischen Literatur von Bedeutung ist. Vgl. EBERS, G.: Die Körperteile,
ihre Bedeutung und Namen im Altägyptischen. Abh. bayr. Akad.
Wiss. München 1897/98.
[2] Vgl. De passionibus 2. Galle und Schleim figurieren hier als
die Ursache aller Leiden, auch des Kopfes.

steht in einer von Hause aus feuchteren Lunge, ist die Lunge von vornherein mehr trocken, der Katarrh flüssigkeitsärmer, zu Eindickung und Vertrocknung geneigt, so entsteht Schwindsucht. Die durch sie gesetzten Geschwürbildungen sind wohl zu unterscheiden vom postpneumonischen Absceß (14).

In der Schrift „De flatibus[1]" entstehen die Flüsse durch das Pneuma, die Atmungsluft. Diese füllt die Adern übermäßig an und bildet dadurch ein Hemmnis des Blutflusses. Das Blut drängt sich zusammen. Es kommt zur Auspressung von Blutwasser. Dieses strömt als Katarrhflüssigkeit zu Augen, Ohren, Nase, Brust. Begegnet nun die Einatmungsluft der in die Atemwege ausgeschwitzten bzw. herabgeflossenen Katarrhmaterie, so entstehen Husten und Rauheit. Der Schleim ätzt die Gefäßwände; das Blut, das stagniert, wandelt sich zu Eiter; das wie ein Wind stürmisch bewegte Pneuma lockert schließlich die allenthalben befindlichen Poren[2], dadurch kann sich der Körper mit Flüssigkeit vollsaugen. Es entsteht Hydrops.

In der Schrift „Über die Drüsen" endlich figuriert die Katarrhflüssigkeit als physiologische Ausscheidung des Hirns, deren Zurückhaltung Ulceration verursachen würde — wie dies ja an anderen Teilen sichtbar wird.

„Über das Fleisch"[3] nennt das Hirn Quelle und Mutterstadt des Klebrigen und Kalten, in der „Alten Medizin"[4] dienen die Flüsse als Argument, daß nicht das Warme, Kalte, Feuchte und Trockene, sondern das Süßeste, Bitterste, Sauerste und Herbste Krankheiten erzeugen.

Die einschlägigen Stellen ließen sich vermehren[5]. Es erübrigt sich jedoch, diese einzeln wiederzugeben. Sie bringen nichts Neues gegenüber dem Genannten.

Von einer lehrbuchmäßigen systematischen Katarrhlehre kann in den *Hippokratischen* Schriften mithin nicht die Rede sein. Das hat die Katarrhlehre mit allen übrigen nosologischen Theorienbildungen gemein, ja, man kann in der mehr flüchtigen und undogmatischen Skizzierung von pathischen Zusammenhängen das Kenn-

---

[1] Kap. 10.
[2] Nach EMPEDOKLES. Vgl. unsere Ausführungen S. 49.
[3] 4. ʽΗ κεφάλη πηγὴ καὶ μητρόπολις τῷ φλέγματι καὶ τοῦ ψυχροῦ καὶ τοῦ κολλώδεως".
[4] 19.
[5] Z. B. Heilige Krankheit 9, ferner: de diaeta in acut. spur. 10 Verschwärung — Phthise — durch Herabfluß warmer, salziger Flüsse u. a. vor allem in den Epidemien; vgl. GALENS Epidemienkommentar und diesen: De plac. Hippocratis et Platonis 8, 5: wo als gemeinsame Ansicht des HIPPOKRATES und PLATO das humoralpathologische Grundtheorem von der krankmachenden Wirkung des Schleims bei allen „Katarrhkrankheiten" wiedergegeben wird.

zeichen des Hippokratismus überhaupt erblicken (SIGERIST)[1]. Was man aus ihnen, einschließlich den sog. unechten Traktaten, herauslesen kann, ist die Erzeugung der Flüsse im Hirn, ihre wichtige Rolle bei der Entstehung von Lungenkrankheiten und sonstigen Verschwärungen. Auch das Pneuma bzw. Aufsteigen überschüssiger Flüssigkeiten[2] spielen mit.

Viel deutlicher fixiert und ausgebaut ist die Katarrhlehre, wie auch nicht anders zu erwarten, bei GALEN. Wir übergehen hier die Notizen über die Behandlung des Katarrhs in der Zwischenzeit bis GALEN — so die Nachrichten von den zum Kopf aufsteigenden Nahrungsüberschüssen bei ALKAMENES von Abydos, den salzigen vom Kopf in die Luftröhre fließenden Katarrhen bei THIMOTHEUS von Metapont, der Methode des ERASISTRATOS, den Katarrh durch Aufsetzen eines mit heißem Wein getränkten Hutes zu heilen, die Inanspruchnahme der Kommunitäten für den Katarrh durch die *Methodiker* u. a. m.[3].

GALEN erwähnt den Katarrh — den Herabfluß flüssiger Hirnexkremente an zahlreichen Stellen[4].

---

[1] SIGERIST, H. E.: Antike Heilkunde. München: Ernst Heimeran. 1927.

[2] Dieses erinnert an die Plethora des ERASISTRATUS.

[3] Vgl. FUCHS, ROB.: Heilkunde bei den Griechen in NEUBURGER-PAGELS Handb. d. Geschichte d. Med. Bd 1, S. 270, 304, 337, 342. Die Stellung der Methodiker schildert CAELIUS AURELIANUS wie folgt: „Veterum igitur methodicorum alii stricturam hanc passionem vocaverunt, velut expressis humoribus atque coactis in alia venire loca eam fieri asserentes. Alii solutionem, ut Thessalus manifestat, atque eius decessores ut Themison. Mnaseas vero et Soranus, cuius etiam nos amamus judicium, complexam inquiunt esse passionem, nunc strictura superante, nunc solutione. Etenim constrictio atque dolor accidentia sunt stricturae, quae Graeci symptomata vocant. Multorum vero liquidorum egestio solutionis est signum." Morb. chron. II, 7 ed. J. C. Aman. Amstelodami 1709, S. 379 ff.

[4] Ich führe nur an: De locis affectis IV, 9, wo von Atemnot infolge Verstopfung der capillaren Bronchen durch sich eindickende Flüssigkeit aus der Hirngegend die Rede ist, ferner im gleichen Kapitel die Schärfe dieser Flüsse und ihr Vorausgehen vor dem Bluthusten geschildert wird. Deswegen die Knorpelringe der Luftröhre, um sie vor der Schärfe der Katarrhflüssigkeit, übrigens auch vor dem nach GALEN physiologisch in die Luftröhre gelangenden Teil des Getränkes, endlich auch den Staub- und Kohleteilen der Luft zu schützen (De usu part VII, 7). Abnorme Wärme des Magens figuriert als Ursache von Ausdämpfungen in den Kommentaren zu HIPPOKRATES Epidemien IV, 24. Blutbildung, Speiseverdauung und damit die ganze Ernährung des Körpers haben schwer unter der abnormen Wärme des Magens zu leiden. Die Schwierigkeit einer Therapie zu großer Hitze des Magens bei zu großer Kälte des Kopfes spielt in „De sanitate tuenda" VI, 10 eine Rolle. Der Schleimherab-

Aber darüber hinaus gibt er der Katarrhlehre die „exakte‟ anatomische Grundlage. Hatte der Hauptgedanke dieser Katarrhlehre bei den *Hippokratikern* die erste Skizzierung, bei ARISTOTELES literarische Gestalt gewonnen, so erhält er bei GALEN die lehrbuchmäßige Fixierung und den dogmatischen Anspruch, mit dem er nunmehr die Schullehre einer Reihe medizinischer Epochen beherrscht.

Und das vor allem dadurch, daß GALEN auf die Einzelheiten der anatomischen Voraussetzungen der Katarrhlehre eingeht, indem er Wege und Ursprung der Katarrhflüssigkeit herausstellt.

Der Kopf ist nach GALEN dem Körper wie ein kühles Dach einem warmen Hause aufgesetzt. So nimmt er allen aus dem Körper abdunstenden Wasserdampf auf — in den Hirnkammern sammelt sich dampfversetzter „Spiritus‟[1] — und bedarf deswegen ausgedehnter Drainierung. Würde diese fehlen, so hätten die Menschen viel häufiger an Apoplexien zu leiden. Daher schuf die weise Natur an der Basis des Hirns soviel abschüssige Wege.

GALEN unterscheidet[2] zwei Arten des Hirnexkrements: den dampfförmigen, rauchigen und den wässerig schlammigen Anteil und dementsprechend zwei Wege, auf denen sie zur Abräumung gelangen. Erstere dampfen durch feine Poren nach oben zu aus, letztere streben nach unten auf abschüssigen breiten Bahnen. All das hat die Weisheit des Schöpfers und der Vorsehung zweckmäßig eingerichtet: die Abfuhr der luftförmigen Bestandteile durch enge unsichtbare, über Kopf und Körper verteilte Emunc-

---

fluß verlangt wärmeerregende Mittel, wie Pfeffer, gegen die aber der Magenmund besonders empfindlich ist. Über „Phthisis ex fluxionibus s. I, 17 des Epidemienkommentars. Es kommt zu Fäulnis der vorzüglich in die Lungen gelangenden Destillate des Kopfes. Die Neigung zu Katarrhen, Angefülltsein des Kopfes mit Dämpfen hat auch konstitutionellen Beigeschmack (z. B. I, 17 u. 18). Selbstverständlich hat die örtlich klimatische Konstellation (Thasos) das Hauptwort zu sprechen (HIPPOKRATES Epidem. GALEN comm. I, 27, III, 66, III, 70 u. a.). — Die in der Lunge herrschende Wärme bestimmt Aussehen, Art und Konsistenz der Sputa (ib. VI, 3). Die „Intemperies‟ der Atmungsorgane, Auswurf heischende, vor allem vom Kopf stammende Flüssigkeit verursachen trockenen Husten (ib. I, 12). Ein Teil der Katarrhflüssigkeit gelangt nach dem Consensus partium zu den Hoden (I, 13). Vgl. auch De symptom causis III, 2. Katarrh bei Knaben und Jünglingen mit langsamer Reifung wegen ihres kalten Temperaments. Aphorismenkomm. 2, 40 u. 3, 26.

[1] De usu part. 8, 6.
[2] De usu part. 9, 1; 9, 3; 8, 14.

torien[1], die der festen, schleimig-dicklichen Substanzen auf breiten, abwärts geneigten Bahnen[2]. Und zwar verlaufen diese durch das Os palatinum zur Mund- und durch die Siebbeinplatte zur Nasenhöhle.

Die Wege zum Os palatinum zerfallen wiederum in einen vorderen und einen hinteren Gang. Ersterer geht direkt vom Boden der dritten Hirnkammer nach unten, letzterer hat schrägen Verlauf

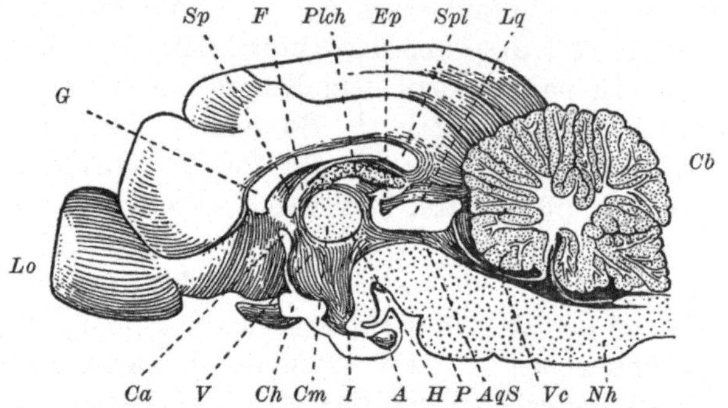

Abb. 1.   Medianschnitt des Hirns von *Felis catus* nach WILDER bei GEGENBAUR. *V* und *H* an der Unterseite bezeichnen den vorderen und hinteren Ausfuhrweg des Hirnexkrements. *Lo* Lobus opticus. *Cm* Commissura media. *Ca* Commissura antica. *G* Genu. *Spl* Splenium. *F* Fornix. *Plch* Plexus chorioideus *Ep* Epiphyse. *Lq* Lamina quadrigemina. *Ch* Chiasma. *I* Infundibulum. *A* Hirnanhang. *P* Pons. *AqS* Aquaductus Sylvii. *Vc* Valvula cerebelli. *Nh* Nachhirn. *Sp* Septum pellucidum. *Cb* Cerebellum.

nach unten und zweigt sich vom Aquädukt ab. Er vereinigt sich mit dem ersteren. Die Vereinigungsstelle bildet einen abschüssigen und hohlen Raum, der auf dem kranialen Durchschnitt das Aussehen einer Kreisfläche hat; nach unten zu wird er mehr halbkreisförmig und senkt sich in den Hirnanhang ein. Er heißt Pelvis ($\pi\tau\acute{v}\epsilon\lambda o\nu$), auch $\chi o\acute{a}\nu\eta$ oder infundibulum. Er läuft aus in das Os palatinum, offenbar die Gegend des Sattelraumes, die an dieser Stelle ebenfalls wie eine Siebplatte zum Nasenrachenraum zu durchlöchert sei. Dies also der Weg der konsistenteren Hirnéxkremente[3].

---

[1] Für die konsistenteren Teile der Dämpfe werden die Nähte in Anspruch genommen.

[2] Ib. 9, 3.

[3] Vgl. auch ib. 8, 6.

Was GALEN damit gemeint hat, geht schon aus der namentlichen Bezeichnung: Infundibulum hervor, die sich mit der heutigen deckt. Ganz klar wird es, wenn wir einen Medianschnitt des Gehirns etwa von einer Katze betrachten[1]. Hier sehen wir die zwei Wege, die GALEN im Auge hat. Wir bezeichnen sie mit V und H (Abb. 1). V führt gerade hinter der vorderen Schlußplatte der dritten Kammer (etwa der heutigen Lamina cinerea terminalis) und der vorderen Commissur nach unten zur Hypophyse, H zweigt sich hinter der mittleren Commissur von der Sylvischen Wasserleitung ab, kreuzt offenbar den Sulcus subthalamicus und die Brachia pontis, vereinigt sich mit V zum eigentlichen Infundibulum. Nahm man nun nach den Erfahrungen von den GALENschen Tiersektionen her auch für den Menschen eine Trennung der medianen Stücke des zwischen „Basisphenoid" und „Alisphenoid" gelegenen „Präsphenoid", also der Türkensattelgegend an, wie sie bei Säugern besteht, so war damit der Weg für die Katarrhe gegeben.

Kein Zweifel, daß die GALENsche Tieranatomie auf diese Weise zur „exakten" Grundlage der Katarrhlehre geworden ist. Nächst HELMONT hat WILLIS[2], dann CONR. VICTOR SCHNEIDER diesen schwächsten Punkt der Lehre erkannt, worauf später noch einzugehen sein wird.

---

[1] Vgl. GEGENBAUR: Vergleichende Anatomie. Bd 1, S. 755 (1898) und HYRTL: Topographische Anatomie. 6. Aufl. Bd 1, S. 91 (1871).

[2] ... „Attamen, si in partium harum structuram paulo accuratius inquiratur, statim e contra nemo est, qui non facile putaverit, neutra harum via cuiusvis humoris excretionem fieri; neque enim a glandula pituitaria per os cuneiforme nec a processibus mamillaribus per foramina ossis cribriformis apertura quaevis manifesta percipitur." Zwar entleeren auch nach WILLIS die Hirnkammern ihre Flüssigkeit in das Infundibulum, daß aber die Flüssigkeit entsprechend der landläufigen Ansicht durch Löcher des Türkensattels in den Nasenrachenraum gelange, kann zwar bei gewissen Tieren mit stark durchlöchertem Keilbein der Fall sein, beim Menschen jedoch fehlt es an solchen Löchern bzw. wo vorhanden, sind sie mit Gefäßen ausgefüllt; daraus könne man schließen, daß die Flüssigkeiten, die zur Hypophyse gelangen, auf direktem Wege bzw. durch den die Hypophyse umgebenden Gefäßkranz ins Blut abgegeben werden. Auch die Lamina cribrosa hat durch die Dura mater festen Abschluß. Cerebri anatome XII. Opera med. et phys. Lugduni 1676, S. 301 ff. Auf WILLIS sonstige Einwände gegen die Katarrhlehre (Opus posthum. Pharmaceutice rationalis s. Diatriba de medicamentorum operationibus in humano corpore. Lugduni 1676) kommen wir weiter unten zurück.

In dieser von GALEN diktierten Form hat sich die Katarrhlehre
— abgesehen von unwesentlichen Änderungen — das ganze Mittelalter hindurch bis hinein ins 17. Jahrhundert hier mehr, dort
weniger betont erhalten.

Im Kanon AVICENNAS ist sie ein Artikel des medizinischen Kate-
chismus! Hier spielt besonders das Zusammenspiel der Teile eine
Rolle. Das Organ, das einem anderen „unterlegen" („subest") oder
funktionell verknüpft ist, nimmt bei eintretender Indisposition dessen
„Superfluitates" auf[1]. Das Hirn ist von Natur aus kalt und feucht.
Es erzeugt Schleim und dickliche Flüssigkeit. Gegen Katarrhstö-
rungen helfen Kopfmassage, Kauterien, entzündungserregende Mittel[2].
Hirn, Magen, Gebärmutter zeigen innigen außernervösen Consensus[3].
Die Lunge nimmt aller Art Flüssigkeit aus dem Kopfe auf[4].

Von mittelalterlichen Quellen greifen wir ferner nur die kürzlich
durch SUDHOFF erschlossene Vierte Salernitaner Anatomie[5] heraus.
Hier erzeugt entsprechend der üblichen galenisch-arabischen Lehre zu
starke Kompression oder Ausdehnung durch Kälte oder Hitze Herabfluß der Säfte in die Lunge und somit Husten, Entzündung, Asthma,
Atemnot, Phthise. Überzähligen Schleim entleert das Hirn in den
Nasenrachenraum und die Nase[6]. In HEINRICH VON MONDEVILLES
Chirurgie[7] wird z. B. ferner als Grund der schweren Heilbarkeit von
Lungenwunden, abgesehen von der dauernden Bewegung, angeführt
die Neigung der Lunge, Flüssigkeiten aufzusaugen: „Quia recte
suppositus (pulmo) est cerebro, a quo continue recipit humidi-
tates catarrhosas descendentes, quae curam vulnerum ipsius impe-
diunt . . ."

---

[1] Membra autem fortia superfluitates suas ad membra debilia
sibi vicina expellunt: sicut cor ad ascellas et cerebrum ad loca, quae
sunt post auriculas et hepar ad inguina. I, Fen.1 doctr. 3 Cap.1 Venetiis Junta 1608 S. 32. Omne enim membrum, quod alteris associatur
et proprie, quum unum eorum alteri vicinum debile fuerit, socii sui
recipit superfluitates sicut ascellae cordis. Aut quia unum est principium et radix operationis alterius, sicut diaphragma pulmonis in
attrahendo aerem. Lib. 1 Fen. 2 Doctr. 2, S. 94.

[2] De cura fluxus cerebralis 3, Fen 16, Fr. 2, Cap. 9, S. 827. Ferner
de cura ulcerum pectoris et phthiseos 3, 10, 5, Cap. 16, S. 667 und
3, 10, 3, Cap. 6, S. 644.

[3] Cerebrum et uterus et stomachus consentiunt in morbis praeter
continuitatem nervorum intra ea . . . sicut cerebrum et stomachus
propter continuitatem nervorum inter ea aut matrix et mamillae
propter continuitatem venarum inter illa. Lib. II, Tr. 2, Cap. 128,
S. 289.

[4] Pulmo quodcunque humorum genus ex capite prompte ex-
cipit etc. Ib. S. 623. Annot. zu III, Fen. 10, Tract 1.

[5] SUDHOFFS Arch. 20, 33 (1928).

[6] S. 41, vgl. a. S. 43.

[7] Ed. JUL. PAGEL, Tract. II. Doctr. 1, cap. 9; S. 249.

Den Stand der Dinge in der Katarrhlehre unmittelbar vor der
Zeit HELMONTS geben die fast lehrbuchmäßigen Darstellungen
FERNELS, LEONHARD FUCHSENS, CARDANOS und SCHEUNERS
wieder.

Entsprechend GALEN gibt FERNEL[1] die anatomische Beschreibung des Infundibulums als Sammelstätte der „Rivi ventriculo-
rum". Sie werden von den Plexus chorioidei abgegeben und fließen
vom Infundibulum in die Hypophyse, die die Schnelligkeit ihres
Laufes hemmt, dann durch die spongiöse Masse des Keilbein-
körpers in den Nasenrachenraum. Ein anderer Teil fließt direkt
in die Nase ab. Die Hirnkammern enthalten die konsistenteren
Hirnabfallstoffe, die feineren verflüchtigen sich auf dem Weg der
Nähte. Unter Katarrh[2] ist der Herabfluß überschüssiger Flüssigkeit vom Kopf in tiefer gelegene Teile zu verstehen. Das reichliche
Vorhandensein derartiger Flüssigkeit beruht auf dem Reichtum
des Hirns an Exkrement. Bedarf dieses wegen der Masse seiner
Substanz reichlicher Ernährung, so scheidet es auch reichlich
Abfallstoffe aus, besonders dann, wenn es krankhafterweise einen
höheren Grad von Kälte und Feuchtigkeit hat oder sonst geschädigt ist. Die gehörige Menge Gehirnexkrements hat in den Hirnkammern gut Platz. Überschreitet sie aber das Normale, dann
überschwemmt sie das Hirn und seine Häute. An sich sind die
Abfallstoffe des Hirns, der Natur ihres Mutterbodens entsprechend,
schleimig, dünnwässerig und süß. Bleiben sie zu lange in den Hirnkammern haften, dann nehmen sie salzig-scharfe Beschaffenheit
an. Daneben sammelt sich unter der Kopfhaut, vor allem in der
Gegend des Kopfwirbels, wo die Gesichts- und Schläfenvenen sich
aufspalten, ein weiteres Exkrement an und erzeugt eine teigige
Anschwellung, die dichte Kopfhaut emporhebend. Hier liegt die
Quelle für den „äußeren Katarrh", die FERNEL als eigene Entdeckung bucht[3]. Nach den Augen, Kiefern, Zähnen, Hals,
Schultern, Armen, Hüften, Lenden, Seiten, Rücken, Schenkeln,
kurz in alle Gelenke entsendet sie die krankmachende Katarrh-

---

[1] JOH. FERNELII Ambiani Universa medicina. Francofurti 1581.
S. 50.

[2] Ib. De part. morb. et symptom. V, 4, S. 528: „Excrementorum
cerebri symptomata."

[3] Hic certe fons, hic fomes est omnis externae destillationis, „quem
miror neminem omnium veterum animadvertisse."

flüssigkeit und wird so zur Ursache jeder Gelenkentzündung und eines Großteiles aller Gelenkschmerzhaftigkeit. Die Flüssigkeit aus den Hirnkammern dagegen erzeugt, in die Nervenwurzeln gelangt, Apoplexie, Lähmung, Stupor, Zittern, in den Sinnesorganen Blindheit, Taubheit, Ohrensausen, Geruchsverlust, in der Nase Schnupfen, in Rachen und Luftröhre Rauheit, in den Lungen Husten, Kurzatmigkeit, Schwindsucht, im Magen Störung der Verdauung, im Darm Durchfall, bei Eindringen in die Lebervenen Verstopfung und Störung der Organfunktion. So wird der Katarrhfluß zur Hauptquelle der Krankheiten. Der Mensch vor allen anderen Wesen verfällt daher auch wegen der besonderen Ausbildung seines — katarrhspendenden — Hirns so vielen Krankheiten. („Sic destillatio quam plurimorum est morborum procreatrix. Unus autem homo prae ceteris animantibus his malis idcirco obnoxius est, quod amplo sit cerebro eoque sublimi, e quo excrementum in omne fere corpus facile delabi potest idque perfundere et quasi irrigare.")

Gerinnt die herabgeflossene Katarrhmaterie allmählich durch die Organwärme, so entstehen schließlich ganz harte, gipsartige Substanzen.

Die allgemeine, wesentlich auf *Avicenna* zurückgehende Ansicht von der erhöhten Leberwärme als Erzeugerin starker Dämpfe zum Kopf, die dort zu Wasser verdichtet, wieder herabtropfen und damit zur Katarrhursache werden, weist FERNEL zurück: Auch Leute mit richtig temperierter oder gar zu kalter Leber verfielen dem Katarrh, der vorzüglich durch abnorm kalte „Temperies" oder sonstige Indisposition des Hirns entstehe.

Bei LEONHARD FUCHS finden wir ähnliche, wenn auch kürzere Angaben wie bei FERNEL, vor allem aber eine genaue Darstellung der Wege, die das Hirnexkrement nimmt[1]. Sie gehen von der dritten Hirnkammer ab, der eine führt gerade abwärts zum Infundibulum und der Hypophyse, der andere entspricht unserem Aquaeductus Sylvii.

CARDANO[2] stellt wie FERNEL die kalt-feuchte „Intemperies" des Kopfes in den Vordergrund, die zur Absonderung geschmacklosen, auch süßen Sekrets führe. Salziger Schleim entspräche abnormer

---

[1] Institutiones medicinae ad Hippocratis, Galeni etc. scripta Lugduni 1555, S. 152, ferner III, 1, S. 414 u. a.

[2] CARDANI, Hier. Opera. Lugduni 1663. Tom. 9, S. 89. Consil. med. ad var. morb. Cons. XVII.

Hitze des Kopfes, Fäulnis des Auswurfs in der Brust oder Beimischung salziger Flüssigkeit zum Sekret. Je wasserärmer, desto salziger pflegt es zu sein[1]. Daher ist am meisten die Produktion großer Mengen salziger Sekrete zu fürchten. Der Katarrh selbst ist noch nicht Krankheit, sondern nur Anzeichen krankhafter Disposition. In der Lunge wirkt der dünnwässerige Fluß trotz seiner ätzenden Eigenschaften als solcher weniger schädlich als durch Arrosion einer Blutader. Auch dickflüssige Katarrhmaterie kann bei Versuchen forcierter Expektoration und durch festes Anhaften und gleichzeitiges Ausstoßen von Lungengewebe zum Platzen einer Ader Veranlassung geben. Hängt die Produktion salziger Flüssigkeit mit entsprechender Beschaffenheit des Blutes zusammen, so droht Jauchigwerden des Blutes (Ichorrhämie). — Nicht die gesamte Katarrhflüssigkeit stammt vom Kopfe, sondern auch aus dem Magen — wie man am Fehlen von Hunger und Durst bei solchen Patienten sowie daran sehe, daß sie vornübergebeugt und bei Zusammendrücken der Magengegend massenhaft Flüssigkeit entleeren. Auch muß ja ein Teil der Kopfflüssigkeit in den Magen gelangen, da der Schlund nicht wie die Kehle mit einem Deckel versehen ist. Bei alledem entsteht die Katarrhflüssigkeit im Hirn nicht autochthon, sondern durch Verdichtung aufgestiegener Dämpfe. Ihr abnorm reichlicher Aufstieg erfolgt teils auf Grund ungenügender Magenverdauung, teils infolge abnormer Wärme[2] von Magen und Leber. So kann aber auch das Hirn infolge seiner eigenen feuchtkalten Intemperies, also sowohl abnorme feuchte Kälte, wie die Überproduktion von Dämpfen aus Magen und Leber, also abnorme Wärme zum Ursprung des Katarrhs werden. Ersteres besteht „per essentiam", wie u. a. die Kontinuität der Krankheit zeige, letzteres „per consensum" auf Grund ungünstiger Konstitution des ganzen Körpers, erkennbar an Magenbeschwerden und Schwindel. Auf die spitzfindigen und langatmigen Darlegungen, mit denen CARDANO die gleichzeitige Kälte und ätzende Schärfe der Katarrhflüssigkeit auf Grund der abnormen Organwärme beweist, und seine diesbezügliche Polemik gegen GALEN, der die Wärme der scharfen Säfte behauptete, erübrigt sich, einzugehen.

Auch die Erörterungen[3] über die Frage: Wärme oder Kälte des Hirns, in denen PLATO, ARISTOTELES, GALEN gegenüber und die durch die Tätigkeit der Kommentatoren (AVICENNA, ISAACUS JUDAEUS) entstandenen Widersprüche in den Ansichten der Klassiker herausgestellt werden, sind zu übergehen. Nur eine Probe: Weil sich seine Oberfläche warm anfühlt, und als Prinzip der Bewegung müsse das Hirn eigentlich warm sein, ARISTOTELES selbst habe es aber ausdrücklich für kalt und feucht erklärt. CARDANO kommt zum Schluß, daß das Hirn zwar außen warm als Prinzip der Bewegung, innen aber, wo es mit der Körperwärme nicht in Berührung kommt,

---

[1] Ib. S. 81, Cons. XIV.
[2] l. c. S. 107, Cons. XX.
[3] Contradicent. medicin. II, 1; Contrad. 5, l. c. Bd. 6, S. 446.

kalt sein müsse, da es ja zur Temperierung der Herzwärme und Trockenheit diene. Eine ähnliche, von CARDANO „entschiedene" Streitfrage beschäftigt sich damit, ob die Abfallstoffe der Ohren und Augen in diesen Organen selbst entstehen oder dem Hirn entstammen[1]. Nach ihm werden sie, soweit die normale Menge nicht überschreitend, in den Organen selbst gebildet, sonst diesen aus dem Hirn zugeführt.

Die *Phthise*, die aus den Katarrhen durch Fehler der Konstitution, Giftigkeit der Flüsse, Gemütsbewegungen, Aderruptur u. dgl. entsteht, verdankt nach CARDANO ihren Ursprung auch abnormer Wärme bei Austrocknung der Leber[2]. Der Consensus von Magen, Leber und Hirn spiele hierbei eine ähnliche Rolle wie beim Katarrh.

Auch sonst bleibt CARDANOS Lehre — z. B. bezüglich der Katarrhwege vom Hirn aus — ganz im Rahmen des *Galenischen*. Von Abweichung oder Fortschritt kann in keiner Weise die Rede sein.

Die kürzeste Fassung dieser alten Katarrhlehre gibt das Titelblatt des SCHEUNERschen, bis auf ein paar neue Rezepte, völlig subalternen Machwerkes[3], das an der Schwelle des 16. Jahrhunderts steht. Wir geben es deshalb zum Teil wörtlich, wie folgt:

„De catarrhis. Von allerley Flössen und Catarrhen / so beydes intra calvam, aus dem Gehirn und seinen Capaciteten entspringen / und dem Menschen in die inwendigen Gliedmassen / viel Beschwerungen darinnen anrichtende / einfallen: Und auch extra calvam, außer dem Gehirn / aus den Venis sub cute verticis desinentibus, herquellen / und von dannen herabwärts sub cute in alle ausswendige glieder und articulos, ihnen verdriessliche Wehetagen und Gliedsuchten darinnen erregende / einsincken."

Wie sonst finden wir hier den „hitzigen Kopf" (nach GALEN-AVICENNA) als Ursache des Katarrhs, ferner zu feuchte und ungeeignete Speisen, die viel Dämpfe zum Hirn schicken, kalte Luft, die das Hirn wie einen Schwamm auspreßt, aber auch abnorme Hitze, die die Katarrhmaterie zur Lösung und Abschmelzung bringt, Sternbewegungen, Jahreszeit, Störung der zweiten und dritten Verdauung u. a. m. Die vorderen Hirnkammern entledigen sich physiologisch ihres Exkrementes in den Nasenrachenraum, überschreitet dessen Menge das Übliche, so werden noch Ohren, Nasen, Augen zur Drainage herangezogen. Füllt sich auch die hintere Kammer noch mit Flüssigkeit, so fließt sie am Nacken herunter und erzeugt Lähmungen, Schlagfluß, Zittern, sensorische Störungen. Die FERNELsche Lehre vom Herabfluß „extra calvam" und der Erzeugung von Arthritis[4]

---

[1] l. c. Contradict. XV.
[2] l. c. IX, S. 84.
[3] Eisleben 1605 (Verfaßt 1594).
[4] Tophi der Gelenke entstehen dadurch, daß die Flüssigkeit durch Verflüchtigung eines „Pars tenuis humoris" und Zurückbleiben einer „Fex quaedam terrena" erstarrt.

ist in die SCHEUNERschen Ausführungen übergegangen. Rachen, Lungen, Magen, Darm, Leber erkranken durch den Fluß aus dem vorderen und dem mittleren Ventrikel.

Entsprechend SCHEUNERS Therapie! Vermeidung von übermäßigem Trinken nach dem Sprichwort: ,,Wir thun grosse Güsse / derhalben bekommen wir auch viel Flüsse / Liessen wir aber die Güsse / so verliessen uns auch die Flüsse'', gegen die hitzige Leber Bier, gegen Erkältung des Magens Wein, wenig baden, keine Kopfwaschung, abführen und schwitzen sowie eine Legion von Rezepten — hauptsächlich mit Sarsaparill, Sassafras, Sandelholz, Primelblüten, Rosen, Anis, Zimt, Veilchensirup u. a. — je nach der festgestellten Dyskrasie.

Von besonderem Interesse sind schließlich noch die Ausführungen über den Katarrh von DANIEL SENNERT (1572—1637), dem berühmten unmittelbaren Zeitgenossen HELMONTS. Von der chemiatrischen Strömung des Jahrhunderts ergriffen, im Bestreben, paracelsisches Reformwerk in das alte System einzufügen, weiß der berühmte ,,Conciliator'' in der Katarrhlehre gar nichts Neues zu sagen, sondern bringt getreu die alte Überlieferung in besonders ausführlicher Gestalt, um am Schluß zum Ergebnis zu kommen, daß die neue chemische Lehre nichts Besseres an die Stelle der alten Katarrhdoktrin zu setzen habe. Mit der Reinigung und Herausarbeitung des eigentlichen antiken Katarrhtheorems und der Abtrennung des Katarrhs von Angina, Pleuritis und Peripneumonie, die AVICENNA mit ihm zusammengeworfen habe, gibt er sich zufrieden. ,,Specialissime vero catarrhus est defluxio humoris e cerebro in palatum, os ac pulmones[1]''. Auch die alte Galenische Rede vom Hirn als Dach eines schwadenerfüllten Hauses findet bei ihm Platz[2].

Den Katarrh auf den Mercur im Sinne der Chemiatrie zu beziehen, ist höchst unfruchtbar, solange man nicht weiß, was dieser Mercur eigentlich ist. Das Sal als Ursache genügt auch nicht, da zwar viele Katarrhe salzig und scharf, manche aber auch gänzlich geschmacklos sind. Die aber den Katarrh eine tartarische Krankheit nennen, unterscheiden sich nur dem Wortlaut nach von der *Galenischen* Lehre. Verstehen sie doch unter Tartarus alle Unreinheiten und ,,Superfluitates'', die den nützlichen Nährstoffen beigemengt sind. Allerdings kann dem uneingeschränkt auch nicht zugestimmt werden, da häufig der Katarrh nicht durch Schädigungen der Nahrung, sondern

---

[1] SENNERT, DAN.: Opera Lugduni 1676, Tom. III, Pract. I, 2; Cap. 34: De catarrho et cerebri excrementis retentis. S. 176 ff.
[2] ,,Cerebrum velum tectum fumosae domui impositum assidue excipere halitus et vapores ex imis . . . elevatos tum per patentes vias venarum, arteriarum, ventriculi, gulae, tracheae, tum per occulta spiracula, quae in viventibus semper hiant, a spiritu et calore reserata . . . . ibique condensari et in liquorem coacti inde delabantur — propemodum ut nubes et pluviae ex terrae halitibus reciproco motu generari solent . . .'' Ib. S. 176.

primäre Schwäche des Hirns und daraus entspringende Ansammlung überschüssigen Exkrements bei Nichtverwertung der zugeführten Nährstoffe entsteht[1]. SENNERT kennt überdies vom Uterus aufsteigende Dämpfe, die bei gewissen Asthmaformen eine Rolle spielen sollen[2], und nimmt an, daß aufgenommene Flüssigkeiten mindestens zum Teil direkt zur Lunge gelangen, da ja sonst Sirupe und Lecksäfte gar nicht ihr Ziel erreichten[3]. Dabei bestände ebensowenig die Gefahr der Erstickung wie — umgekehrt — bei der Herausbeförderung von Sputum oder Blut durch die Luftröhre. Nur darf der Einfluß durch die nicht hermetisch schließende Glottis nicht plötzlich und in zu großer Menge erfolgen.

o) HELMONTS Widerlegung. Lehre vom Gas.

So sah die Katarrhlehre aus, die an den Hochschulen gelehrt, HELMONT vorfand und die in den medizinischen Kanon übergegangen war, wie ihn besonders die Araber geschaffen hatten — HELMONT nennt ausdrücklich RHAZES' neuntes Buch des Almansor, über das ja bis weit in die Neuzeit regelmäßig akademische Vorlesungen gehalten wurden. Es ist kein Wunder, daß diese Doktrin für ihn einen Imperativ enthält, und er in ihr die ganze damalige Schulmedizin treffen will.

Bis zum 18. Kapitel stellt er die allgemeinen, schon ohne weiteres zutage liegenden Schwächen der alten Katarrhlehre, ihre zahlreichen Widersprüche bis in die widersinnige Therapie heraus, um vom 19. Abschnitt an in die eigentliche Aufgabe des Traktats, ihre exakte Widerlegung im einzelnen und Ersetzung durch eine neuere, den Tatsachen und seiner allgemein biologischen Grundanschauung angemessene Lehre einzutreten.

HELMONT macht sich hierbei die Disputiermethode der Schulen zu eigen und schickt seinen Ausführungen eine Reihe von Thesen voran.

Diese richten sich vor allem gegen die Grundvoraussetzung der alten Lehre: das Aufsteigen von Dämpfen aus dem Magen ins Gehirn. Ihre Unmöglichkeit wird durch eine Reihe von Argumenten dargetan. Solange kein Inhalt durch die Speiseröhre fließt, ist sie als feuchter, leerer Raum dauernd geschlossen. Denn wäre sie ‹ ffen, so müßte jeder Bissen soviel Luft nach unten

---

[1] Ib. S. 184.
[2] S. 335 ib.
[3] S. 348 ib.

schieben, als er selbst Volumen hat und dauerndes Aufstoßen dieser verdrängten Luft hervorrufen. Im Magen gebildeter Wasserdampf ist nun und nimmer in der Lage, die Wände der geschlossenen Speiseröhre zu entfalten und so z. B. Aufstoßen zu erzeugen. Solches geht vielmehr auf Luft bzw. *Gas* oder *Spiritus sylvester*[1] zurück.

Hier begegnen wir der für HELMONTS ganzes Lehrgebäude grundlegenden *Unterscheidung von Wasserdampf (Vapor)* und „*Gas sylvestre*", d. h. abgedunsteter, gasförmiger spezifischer Materie eines Körpers, die vor HELMONT mit Wasserdampf, also reinem Wasser in Dampfform, zusammengeworfen wurde. Hier setzt HELMONTS Auffindung der Gase ein — die durch den *Paracelsischen* Begriff „Chaos" (= Gas) in skizzenhaftem Umriß der Konzeption sachlich wohl zum guten Teil vorweggenommen ist[2].

---

[1] Dieser gibt den Typus Gas in reinster Form. Sylvester heißt wild, incoercibel, da nicht zu Substanz zu verdichten. Andere Gase sind Gas pingue, siccum, fuliginosum, sulfureum, uvae, vini, cerevisiae, aethereum u. a. m.

[2] Vgl. SCHLEGEL a. a. O. S. 1 u. a., STRUNZ, Chemiker Ztg 1909, S. 1181, sowie vor allem JOH. BAPT. VAN HELMONT, Wien 1907. Ferner die wichtige Studie von E. O. v. LIPPMANN, Abhdlgn u. Vortr. z. Gesch. d. Naturwiss. Leipzig 1913. Bd 2, S. 361. Zur Geschichte des Namens Gas I und II. Hier findet sich die ausführliche Wiedergabe aller einschlägigen Stellen, besonders aus PARACELSUS und die Abwägung seiner Verdienste gegenüber denen von HELMONT, die durchaus zugunsten des ersteren ausfällt. — Selbstverständlich ist HELMONT wie im meisten andern so auch in der Auffindung der „Quidditas Gas" nicht ohne die unentbehrlichen Vorläufer und Anreger. Aber der Geist seiner Zeit und HELMONTS Arbeitsrichtung ermöglichen ihm das Weiterkommen im rein Empirischen, einen Fortschritt, der aber bei HELMONT dank seiner idealistisch-dualistischen Grundeinstellung nicht im Empirischen steckenbleibt, sondern darüber hinausführt. — Daß VAN HELMONT weder zu seiner Zeit noch heute Popularität oder allgemeines Interesse — etwa wie HOHENHEIM — erreichte, wie aus den von LIPPMANN angezogenen Zeugnissen BECHERS, KUNCKELS u. a. zur Genüge hervorgeht, spricht nicht ohne weiteres gegen ihn. Genau so wenig wie HELMONTS höchst subjektive Polemik gegen alle Welt, von ARISTOTELES bis zu seinen Zeitgenossen gegen diese berechtigen die gegen ihn gerichteten, im groben Ton der Zeit gehaltenen Angriffe zu weiteren Schlüssen. — In der Lehre von den Gasen bleibt bestehen, daß HELMONT die Trennung von Gas und Wasserdampf ausdrücklich und scharf durchführt, was nach LIPPMANN bereits ARISTOTELES angestrebt hat, ohne es zu erreichen. Eine bewußte Trennung, wie sie HELMONT vollzieht, liegt kaum bereits bei PARACELSUS vor, bei dem doch Chaos-Gas in der Hauptsache etwas Luft- und Windartiges bedeutet, das nicht besonders vom Wasserdampf getrennt zu sein scheint. Hier scheint doch HELMONT

Es steht fest, führt HELMONT aus, daß Wasser durch die Gewalt der Wärme in Dampfform emporgehoben wird, aber dieser Dampf ist nichts anderes als verflüchtigtes Wasser — „qui vapor nihilominus nil nisi aqua extenuata est et permanet ut ante, ideoque per alembicum recussus redit in pristinum aquae pondus —[1]." Wasserdampf ist also auch völlig verschieden von Luft. Es kann sich weder Wasser in Luft noch Luft in Wasser verwandeln. Denn es handelt sich hier um einfachste Körper, die nicht einmal der Liquor Alkahest, das universale Lösungsmittel des PARACELSUS, in den höchsten subtilen Zustand und damit zur Verwandlung in einen anderen Körper bringen könne. Wasser selbst (als Gas) ist die höchste und letzte Sublimierungsstufe aller komplizierten Körper, die sie in der Luft mit Hilfe der Luftkälte erreichen können[2].

HELMONT nimmt die Entdeckung der „Quidditas Gas" jedenfalls für sich in Anspruch und streitet ausdrücklich PARACELSUS ihre Kenntnis ab[3].

PARACELSUS' schwerer Irrtum über die Natur des Wasserdampfes sei einem so bedeutenden Chemiker kaum zu verzeihen. Habe er doch angenommen, daß durch Verdampfen Wasser völlig zum Verschwinden zu bringen sei[4]. Weil sich aber das durch Kälte erzeugte Wassergas von dem durch Wärme verflüchtigten Wasserdampf weitgehend unterscheide, habe HELMONT in Verlegenheit um einen Namen jenes Gas genannt[5]. Dieses Gas (aquae) ist keineswegs der Vapor (aquae), der durch Wärme erzeugte Wasserdampf bzw. der aufschwebende Mercur des Wassers. Es bildet

---

für die weitere Entwicklung des Begriffes bestimmend geworden zu sein — unbeschadet der offen zutage liegenden, Ungereimtheiten seiner Lehre, auf die u. a. LIPPMANN hinweist (Gasentstehung auf der einen Seite durch größte Luftkälte, auf der anderen durch Feuer, Aufwärtssteigen der schweren, Absinken der leichten Gase, Ursprung der Gase allein aus dem Wasser u. a. m.).

[1] Vgl. auch Terra 14—15 und Suppl. de Spad. font. II, 9.
[2] Progymnasma meteori 1—7.
[3] Ib. 26—30.
[4] Vgl. Terra 14—19, Progymn. meteori 27 u. a.
[5] „Verum quia aqua in vaporem per frigus delata alterius sortis, quam vapor per calorem suscitatus: ideo paradoxi licentia in nominis egestate halitum illum Gas vocavi, non longe a Chao veterum secretum. Sat mihi interim sciri quod Gas vapore, fuligine et stillatis oleositatibus longe sit subtilius, quamquam multoties aere adhuc densius. Materialiter vero ipsum gas aquam esse fermento concretorum larvatum adhuc." Progymn. meteori 29.

sich Gas aus Wasser bei großer Kälte in den obersten Himmelsregionen. Dann verliert der „Mercur" des Vapor — der Vapor besteht aus dem flüssigen Mercur, dem einfachen Sal und dem von beiden zusammengehaltenen Sulfur —, die Fähigkeit, das Sal zu lösen, da er vereist[1]. Der Schwefel wird herausgekehrt, doch ist die Ausdünstung nicht rein ölig und trocken, sondern enthält noch einen Rest Wässeriges, der die Witterungsvorgänge ermöglicht. Das Blas der Sterne führt das feinst verteilte Wassergas wieder in mittlere Regionen und wandelt es zu Wasser zurück. Doch neigt der Vapor eher zur Wasserkondensation als zum Übergang in Gas.

Alle übrigen Körper — so z. B. Kohle —, die sich nicht unmittelbar in Wasser umbilden und doch nicht ganz stabil fixiert sind, entsenden mit Notwendigkeit einen „Spiritus sylvester". Auf 62 Teile Kohle entfällt ein Teil Asche, folglich sind 61 Teile dieser Spiritus sylvester. „Hunc spiritum incognitum hactenus novo nomine Gas voco, qui nec vasis cogi nec in corpus visibile reduci, nisi extincto prius semine potest. Corpora vero continent hunc spiritum et quandoque tota in eiusmodi spiritum abscedunt". Die Körper lösen sich in diesen Spiritus nicht stets und notwendig, weil sie ihn besitzen, auf — denn dann müßten sie alle zugleich verfliegen, sondern er kommt auf Grund fermentativer Einwirkung zur Abscheidung, wie im Wein, im Saft aus unreifen Trauben, Brot, Honigwasser oder auf Grund des Hinzutrittes von etwas Fremdem oder auf irgendeine veränderte Einwirkung hin. Die Gärung des Weins bewirkt die Entstehung von Gas. Dieses Gas gärenden Weins ruft auch schwere Krankheitsphänomene hervor, wenn es sich der Verdauung entzieht, gewaltsam dem Lebensgeist verbindet und statt ausgeschwitzt zu werden infolge der starken Säure des Gases gerinnt und nun zu ruhrartigen Koliken, auch Durchfällen führt[2].

Man — auch PARACELSUS — hat diese gasartigen Bestandteile für eingeschlossene Luft gehalten, doch ist Gas keine Luft, sondern höchstens wie alle anderen Körper letzten Endes auf Wasser zurückführbar[3].

---

[1] Gas aquae 6—10.
[2] Complex. atque mist. elem. figm. 14.
[3] Compl. atque mist. figm. 19.

Mit diesen Einwänden entfällt aber der Wasserdampf als präsumptive Grundlage der Katarrhflüssigkeit. Alle möglichen Paradoxien ergeben sich, wenn man die Annahmen der Schullehre einmal bis zu Ende denkt. Dann müßte die in den Blutadern herrschende Wärme ja auch hier katarrhalische Ausdämpfung des Blutwassers erzeugen; ein gesunder, warmer Magen größere und reichlichere Katarrhe hervorrufen als ein kranker, kälterer; alle Menschen mit Katarrh behaftet sein; jeder Mensch dem Schweine gleich dauernd aufstoßen u. v. a. m. Ferner: Wenn schon das beim Aufstoßen abgegebene Gas sylvestre durch Mund und Nase verfliegt und nicht auf den möglichen, komplizierten, noch dazu dauernd verschlossenen Wegen das Hirn angeht, wie sollte das der viel gröbere Wasserdampf fertigbringen? Aber könnte selbst der Dampf zum Hirn aufsteigen, so böte das dauernd mit Schleim erfüllte Infundibulum kaum Platz zur Verdichtung von Wasserdampf, und selbst dies vorausgesetzt, wie könnte der Vapor noch mehr Schaden anrichten als der Schleim, der dort — gehöriges Exkrement des Hirns — in Überfluß vorrätig ist. Endlich läßt sich aus Speisendampf niemals jene scharfe und saure Katarrhflüssigkeit darstellen. Und wie die Blase reizender und entzündender Urin unmöglich als Katarrh bezeichnet werden kann, da es sich um das gehörige Exkrement des Organs handelt, genau so wenig erfüllt zum Rachen fließender Schleim den Sinn des Begriffes „Katarrh".

Gänzlich ungereimt und widerspruchsvoll aber die Annahme nach der der Dampf an der Hirnbasis verdichtet, dort sich nicht aufhält, sondern — als fester wässeriger Körper und nicht etwa als Dampf — durch die Substanz des Hirns, die Hirnhäute, den Schädelknochen bis unter die Kopfhaut vordringe und von hier herabfließt.

Diese Annahme würde zu ganz phantastischen Hypothesen führen. Man müßte eine treibende Kraft — etwa die Kälte — und darüber hinaus einen Führer voraussetzen — Kräfte, die mächtiger wären als HELMONTS „*Blas*", von dem er jede Bewegung und Veränderung, insbesondere Fernwirkungen von einem auf andere Organe[1] im Körper ableitet.

---

[1] Vgl. vor allem den Blas des Uterus in hysterischen Leiden. De conceptis 14. 18. Die *aristotelischen* Quellen der Blaslehre sind unverkennbar. ARISTOTELES nennt die ewig sich gleichbleibende oberste

p) Das Blas.

Wir begegnen hier einem der grundlegenden biologischen Begriffe HELMONTS, dem *Blas*. Es bezeichnet zunächst den Inbegriff aller astralen Beziehungen zu irdischen, sublunarischen Dingen. Die Sterne sind uns nach HELMONT in erster Linie Zeitsignale. Sie bestimmen Zeit, Tage und Jahre, bewirken den Wechsel der Jahreszeiten, von Tag und Nacht, und die Stürme. Ihre Aktion umfaßt zwei Arten von Bewegung, eine, die sich auf ihren Standort bezieht, und eine zweite, die die Beeinflussung und Veränderung von Objekten betrifft — also ein *Motivum* und *Alterativum*. „Utrumque autem novo nomine *Blas* significo[1]."

So wie im Menschen Zorn und Furcht Hitze- und Kältegefühl erregen, so ist vom Blas *motivum* der Sterne abhängig Wind, Unwetter, Luftbewegung überhaupt, Überschwemmung u. a. m. Hat doch der Schöpfer, da nichts sich selbst bewegt, außer dem Archeus in den Samen, in die Gestirne eine „Vis enormontica motiva" gelegt, in der Wirkung ähnlich dem Befehl unseres Mundes. Sie zeigt uns sichtbar die unendliche Güte Gottes, der Elemente und Gestirne nach den menschlichen Bedürfnissen geschaffen und abgesteckt hat. „Blas ergo ut masculum in stellis, est motus initium generale; non minus terram quam aerem atque aquam spectare videtur."

Das *Blas alterativum* schafft — vorwiegend durch Windveränderung — Wärme und Kälte. Diese sind „Qualitates magis abstractae a corpore" — im Gegensatz etwa zu Feuchtigkeit oder Trockenheit, die keine von den Sternen gesandten Qualitäten

---

Kreisbewegung der Fixsterne das erhaltende, die schiefgehende Bewegung der Ekliptik und der Planeten, des gegenüber dem Fixsternhimmel Unvollkommeneren, Irdischen, Materiellen, vom ersteren Bewegten und Abhängigen, das verändernde Moment. Es sind das die Bewegungen, aus denen sich Grundkräfte und Wirksamkeiten als das Wesen der Elemente bestimmen (vgl. Himmel I, 8; III, 8; Metaphys. X, 8); vgl. auch DANTE, Parad. 7, 136 ff.: Den Sternen ist Bildungskraft erschaffen, durch die uns Licht und *Regung* zufließt. v. LIPPMANN hat die Stellen zusammengetragen, die die *paracelsischen* Vorgänger des HELMONTschen Blas enthalten: so u. a. „Blast von dem Eingeweyd brennt und ist ein Dunst" (HUSER I, 646), so nun dieser Blost geschehen ist, brennt der Dunst" (2, 103), Emission von Samen kommt von einem dichten Blost (2, 148), Wetterleuchten ist Blust des Wetters (2, 96), solch ein Wind ist ein Gebloß aus einem Stern (2, 102).

[1] Blas meteoron 1 ff.

sind (wie PARACELSUS noch irrig angenommen habe), sondern vom Körper untrennbar erscheinen. So stammt alle Feuchtigkeit notwendig vom Wässerigen ab, das älter ist als alles Gestirn. — Wetter, Regen und Schnee richten sich nach der Beschaffenheit des Blas, das über die verschiedenen Luftfächer Wärme oder Kälte verteilt. Grund und Art des Naturgeschehens erscheinen damit weiterhin geklärt, durch den Begriff Gas hinsichtlich der Dinge selbst, durch den Begriff Blas bezüglich ihrer Wirkungsart. „Per Gas itaque materialiter, per Blas operative et motive causas et modum clarius constare iam confido quam antehac. Unde Astrologi atque medentes solidiori fundamento aliqua praesagire poterunt[1]." Jedenfalls ist der Wind nicht, wie ARISTOTELES lehrte, Folge warmer Ausdünstung der Erde, die, durch die Wolken am Aufstieg gehindert, zur Seite abweicht und deshalb als Wind in Erscheinung tritt. Medizinische Folge habe diese Lehre in GALENS Ansicht von den Blähungen gehabt, die dieser mit Fehlen der inneren Wärme bei Vorherrschen der Kälte im Alter in Verbindung gebracht habe[2].

Das *Blas humanum* untersteht nicht der Direktion der Sterne, wenn es auch nach deren Vorbilde arbeitet[3]. Den „Samen" wohnt ein eigenes Blas inne, das sich aus dem Willen des Fleisches zur Zeugung herleitet. Es dient der Verwirklichung der eigenen Ziele der Körperentstehung, die aus den Anfängen ihres Seins, der „Voluntas carnis" und der „Libido voluntatis virilis" fließen[4]. Man muß mithin zwei Blas im Menschen unterscheiden, das eine, das in der natürlichen Bewegung, und das andere, das im inneren Wollen sein Prinzip hat — das Blas motivum und alterativum.

q) Actio regiminis (Vegetatives System, innere Sekretion).

Dieses letztere entspricht im wesentlichen der *Actio radialis* oder *regiminis*, der Fernwirkung, die nicht materiellen Dämpfen — eine

---

[1] Blas meteoron 12.

[2] Vacuum naturae 5.

[3] „Stellae quippe erant ante sensitivorum creationem; ideo opportunum fuit, quod hominum Blas non quidem sequeretur ductum stellarum, at saltem imitetur motum illarum non ut motricem verum; non secus atque motu libero sequimur vestigia veredarii. Sic nempe viscera forte suos delegerunt praecursores Planetas. Unumquodque enim viscus ad typum suum astri intus proprium sibi Blas format, quod et hinc astrale dicitur, eo quod imitetur coeli vestigia . . . Blas hum. 5. Über das Verhältnis zur Astrologie vgl. S. 89.

[4] Ib. 7 ff.

solche gibt es ebenso wie die durch den Blutstrom auf den Kanälen des Körpers vermittelte — ihren Ursprung verdankt. Als klassisches Beispiel dient HELMONT der Bartwuchs durch Keimdrüseneinfluß, also unsere heutige Inkretwirkung, ferner die körperliche Umsetzung von Affekten (die „Conversion"), auch die Tollwut u. a.[1]. *Die Actio regiminis ist nicht an anatomische, sondern rein funktionelle, anatomisch nicht faßbare Verknüpfungen gebunden*[2]. Ihre Kräfte ähneln aber den lichthaften und daher überall schrankenlos durchdringenden Giftkräften, sei es, daß sie exogenen, pflanzlichen oder metallischen, oder endogenen durch Irrtum der Lebenskraft geweckten Giften entstammen[3]. Es entsprechen mithin solche Inkrete etwa dem inneren „Apotheker" HOHENHEIMS. Laut Definition, wie sie HELMONT gibt[4], vollzieht sich die Actio regiminis nicht als Reaktion. Sie arbeitet ohne körperlichen Kontakt, aber als Wirkung auf ein besonderes Objekt. Sie wird auch, wo sie Fernwirkung auf fremde, entfernte Körper erzielt, als magnetische oder sympathetische Kraft bezeichnet und von der Schulmedizin gern bespöttelt. Sie wirkt auf ihren Gegenstand ein wie der Vormund auf das minderjährige Mündel. Ihr ähnlich ist die Wirkung der Gestirne, aufeinander wie auf die Dinge unter der Sonne. Dem Anatomen bleiben diese Kräfte verborgen, wie überhaupt die einseitige Betonung der Anatomie zur Kenntnis des lebendigen Getriebes das Letzte nicht beisteuern kann. Wo die Anatomie die Zusammenhänge nicht klärt, hat man seine Zuflucht zur Wirkung ganz unmöglicher Dämpfe auf Kopf und Herz und dergleichen genommen.

Besonders fruchtbar erweist sich die Conception der Actio regiminis bei der Aufklärung hysterischer Anfälle, plötzlicher Stimmlosigkeit, von Krämpfen, von Atemnot, Globus u. a. m. Sie gehen auf das Monarchat der Actio regiminis in der Gebärmutter zurück. Eine Herrschaft, höher und mächtiger als die bei rein örtlichen Krankheiten wirkende. Nicht regiert sie mit Hilfe von Ausdämpfungen, die sie verschickt oder wohin dirigiert.

---

[1] Ignota Actio regim. 38/42.

[2] Ib. 31. Der „Consensus partium" GALENS — nur ohne die materielle Auffassung dieses Rapports, also in das rein dynamische Gewand gekleidet.

[3] Ib. 29.

[4] Potest. medicam. 48.

Durch bloßes Anschauen bringt sie die Lunge zu Krampf und Atemlosigkeit. „... A sublimiore monarchatu originem trahunt ... tamquam si morbus topicus esset: cum interim nulla exhalatio ad istum nervum vel locum mittatur, dirigatur vel recipiatur. Solo enim aspectu pulmonem contrahit, ut anhelitu in totum privet. Nugae sunt, quae de vapore nocuo huc feruntur[1]." Würde ein Dampf diese Wirkungen vollbringen, so hätte er zunächst die Eingeweide, Magen und Zwerchfell und dann erst die Lungen und nicht sie allein ergriffen. Ein andermal hebt das Blas regiminis die Kehle zum Kinn, ohne daß es auf Dampfwirkung zurückgeht. „Sed dominium, regimen, adspectus, influxusque et praeceptum uteri sic habet. Partem enim, quam vult, afficit et totum quanqouue perimit: quia subest[1]."

Es müßten also noch wirksamere Kräfte als HELMONTs Blas vorhanden sein, um die Katarrhmaterie durch Hirn und Knochen hindurchzutreiben. Unmögliche mechanische Vorstellungen wären nötig, um den Herabfluß von der Kopfanschwellung in Muskulatur, Zähne, das Rippenfell zu erklären, das sogar allein durch die Kraft des Herabtropfens zur Abhebung kommen müßte.

Mit einem Wort: die Fabel vom Schleimherabfluß läßt sich in keiner Weise aufrechterhalten. Seine Erzeugung durch einen Magendampf ist mechanisch-physikalisch völliger Nonsens.

r) Irrender Wächter und Latex.

Der Schleim ist vielmehr ein unnützes Abfallprodukt, im Übermaß entstanden durch Irrtum des Wächters, den *Custos errans.* Wir finden hier wiederum einen neuen Begriff von prinzipieller Bedeutung für die HELMONTsche Nosologie. Er hat ihm einen eigenen Traktat gewidmet, der in engem Zusammenhange mit dem uns vorliegenden steht und deswegen in seinem Inhalt ausführlich wiederzugeben ist.

Die Schulen haben — so führt HELMONT in diesem aus — auf den Katarrhschleim als Beweis für die Existenz des Schleimes als *einen* der vier Kardinalsäfte hingewiesen, die im Blute gemischt seien. Und zwar komme er aus dem Gehirn. Als habe das Hirn die drei anderen Kardinalsäfte verzehrt und nur diesen einen ausgenommen, obschon er nach GALENs Meinung am homogensten und daher zur Verwandlung in Blut am geeignetsten sei. Mithin ist das Grund-

---

[1] Ignota actio regiminis 43.

element zugleich ein Exkrement. Auf der anderen Seite unterscheiden
sie den Schleim als Kardinalsaft des Blutes (Pituita vel phlegma) von
dem Katarrhschleim, der ein Exkrement des Gehirns sei. Schließlich
aber gehen sie doch so weit, einen reichlich Katarrhbehafteten „phleg-
matisch" zu nennen und hieraus Schlüsse auf die Persönlichkeit und
ihr Schicksal zu ziehen. Auch nehmen sie noch an, daß der zuerst
wässerige Schnupfen durch Kochung etliche Tage später gelb und
dick werde. Als ob der vorgebildete Schleim darauf warte und nicht
vorher Zeit finde, abzufließen.

Schon die einfache Beobachtung der Zunahme des Schnupfens im
Winter hat HELMONT auf das Irrige all dieser noch dazu so widerspruchs-
vollen Lehren hingewiesen (Cap. 2). Es muß sich mithin um irgendeine
Art lokaler Erkrankung handeln, die zu dieser übermäßigen Schleimbildung führt. Eine krankhafte Beeinflussung des Hirns als Ganzen
durch das Winterwetter kann nicht vorliegen, da des Hirns Haupt-
funktionen intakt bleiben. Nur die untersten mit der äußeren Luft
in Berührung stehenden Teile umgeben sich mit dem Schleim als
Schutzhülle gegen die Außenwelt. Dabei ist dieser Schleim aber
nicht Exkrement auf Grund einer Störung der (sechsten) örtlichen
„Verdauung", sondern er wird an Ort und Stelle durch eine Kraft,
den „Custos", erzeugt, und zwar — wenn dieser gereizt ist — aus dem
Latex (Serum) des Blutes und den zu assimilierenden Nährsubstanzen
des Organes zugleich. Eine Kälte des Gehirns kommt als ursäch-
licher Faktor nicht in Frage, da solche mit seinem Leben nicht ver-
einbar wäre. Die Kälte der Luft dagegen bewirkt das Herabtropfen
des Schleims, der sonst kleben bliebe. Ein ganz besonderer Irrtum
der Schulmeinung aber liegt in der Auffassung des Nasenschleims
als Exkrement des Gehirns. Wieso soll von allen Gliedern nur das
Hirn ein solches Exkrement abgeben? Es müßte einen immensen
Stoffwechselverlust durch die Schleimproduktion erleiden.

Daher auch die Lächerlichkeit der bisherigen *Katarrhlehre*, nach
der die Katarrhe wie Regenflüsse in die Brust und alle Leibesteile
hinabstürzen sollen.

Genau so wie der Harn kein Unflat der Nieren ist, darf auch der
Schleim nicht als solcher angesehen werden, sondern der „Custos"
der Organe entnimmt den Adern einen von dem Blut grundsätzlich
verschiedenen Saft, den „Latex", und wandelt ihn je nach Bedarf.
Sehen wir nun den Schnupfen bei Nordwind stärker werden, so bleibt
doch das Gehirn und der ihm eigene Stoffwechsel völlig unbeeinflußt.
Ferner: alle soliden Organe funktionieren — durch ihren Archeus
gleichartig gesteuert — ohne sichtbaren Unflat im Stoffwechsel zu
bilden — außer einer völlig flüchtigen Ausdünstung nach geschehener
Verdauung. Auch das Hirn gehört zu diesen soliden Organen. Folglich kann das schleimige Exkrement des Schnupfens nicht dem Hirn
angehören. Wäre der Schleim Abfallstoff des Gehirns, so müßte er
sich aus allen Teilen desselben zusammenfinden und würde dabei
allenthalben schwere Verstopfungen und sonstige Funktionsstörungen

hervorrufen. Auch das Rückenmark müßte dann Schleim produzieren, der entweder auf dem Wege der vierten Kammer ins Hirn überginge oder aber nach unten fiele und dort schwere Störungen der Motilität veranlaßte. Denn ganz verflüchtigen läßt sich der Schleim auch bei Erwärmung nicht, er hinterläßt immer einen harten Rückstand, der auf jeden Fall verstopfend wirken müsse. Auch teleologisch ließe sich keine Rechtfertigung für die Schleimproduktion seitens des Hirns auffinden. Endlich: Trotz Fortsetzung des Hirnstoffwechsels während des Schlafes wird kein Schleim gebildet und ausgeworfen.

Nach HELMONT befindet sich vielmehr an den äußersten Teilen des Hirns (am Siebbein) und an der Luftröhre ein „Wächter", der bei Schärfe der Luft einen Schleim aus der Lymphe macht, den er der Heftigkeit des Luftanpralles entgegenstellt. Dies geschieht bei Abendluft oder kaltem Nordwind oft in zu großer Menge, so daß eine Verstopfung des Siebbeins einsetzt. Nunmehr versucht der Wächter, dieses Zuviel mit Lymphe (Latex) abzuwaschen. Gelingt dies nicht, so bildet er darauf einen noch viel zäheren Schleim. Das gleiche gilt von der Heiserkeit (die sich am oberen Ende) und dem Luftröhrenkatarrh (der sich am unteren Ende der Luftröhre abspielt).

Ein Irrtum des Wächters aber entsteht dann, wenn dieser mit den Einflüssen und Angriffen von außen hart kämpfen muß und dann sein Amt nicht recht wahrnehmen kann. Dabei gehört dieser Wächter nicht in die Reihe der GALENIschen $\delta v v \acute{a} \mu \varepsilon \iota \varsigma$ (anziehende, verdauende, festhaltende, austreibende Kraft). Denn er treibt nicht nur aus, sondern *erzeugt* (den Schleim), und zwar nicht durch Stoffwechsel und Verdauung, sondern durch eine besondere Kraft. Darin liegt auch ihr zweckhafter Charakter, indem die göttliche Vorsehung eben zwei wahre Wächter vor diese zwei wichtigen Organe: Lunge und Hirn gestellt hat.

Ähnlich wie der Schnupfen leitet sich der Husten von der Empfindung einer Schädlichkeit in der Luftröhre (Rauch, rußige Dämpfe, Bergschwaden, Morastdünste) her. Er fällt mithin auch unter das Amt der Wachkraft. Wird die Schädlichkeit zu stark oder ist der Wächter von vornherein geschwächt, so verwandelt er auch die Substanz der letzten Verdauung, also das spezifische Nährmaterial des Organs, in Schleim. Das bewirkt auch den blutigen oder aschenfarbigen Auswurf bei der *Schwindsucht,* weil nämlich die Substanz der Nahrung selbst durch Verwandlung („Transmutata"[1]) abscediert

---

[1] Vgl. S. 103 die Transmutata als Krankheitskategorie in HELMONTS Phalanx morborum.

und die Abnahme der vitalen Integrität des betreffenden Teiles zu erkennen gibt. Auch der stinkende Atem zeigt den Verfall des Archeus der Lunge an[1].

Der Schleim spielt mithin die Rolle eines Puffers zwischen der äußeren Schädlichkeit und den „Kräften der Herberge". Seine salzige Beschaffenheit dient zur Anregung der Luftröhrenkräfte.

All das zeigt auch die Häufigkeit des Hustens im Alter. Er deutet auf eine gewisse Hinfälligkeit der Lunge, die zuerst von allen Organen schwach zu werden pflegt[2].

So ergibt sich auch die Zwecklosigkeit, ja Schädlichkeit der Leckmittel, die den Husten als Fremdkörper nur vermehren. Auch Fuchslunge ist ein lächerliches Medikament, verordnet wegen der Schnellläufigkeit dieses Tieres. Wo doch die Lunge nur ein Sieb der Luft ist[3], aber nichts beiträgt zur Verlängerung und Vertiefung der Atmung[4]. Auch einem Hinkenden oder Gelähmten würde täglicher Genuß von Hasen- oder Hirschläufen nicht helfen. Auch die Verordnung von Schwefel in verschiedensten Formen zur Austrocknung hat sich als Betrug erwiesen, obschon er gegen Asthma ein gutes Mittel ist. Daß er bei Husten nicht wirkt, liegt daran, daß er nicht an die kranken Stellen in der Luftröhre kommt. Beim Asthma dagegen gelangt er an den Magen (Duumvirat), wo dessen eigentliche Ursache sitzt. Die Lunge hat nichts von Mitteln, die erst durch den ganzen Körper gegangen sind und ein gut Teil ihrer Wirkungskraft verloren haben. Das „Mittelleben" der Medikamente, d. h. der Zustand nach Durchgang durch den Körper, das Wesenhafte, Unzerstörbare, was dann noch von ihnen übrigbleibt, genügt nicht, um die zu Hinfälligkeit neigende Lunge zu retten. Dagegen sind Wundmittel anzuwenden, die den Lebensgeist befriedigen und beruhigen, also die kräftigen *Paracelsischen* Arzneien (s. S. 77 ff.). Allzu starke Schwäche des Wächters der Luftröhre bedeutet Drohen von *Schwindsucht*. Dann wird ohne Unterlaß Schleim produziert. Auch Zorn der Wachkraft kann bisweilen Zerfressung und damit Schwindsucht bewirken (Cap. 44). Der eigentliche schwindsüchtige Husten hat offenbar seinen Ursprung in der Luftröhre. Entkleidet man diese Lehre ihrer dichterischen Hülle, so bleibt der zeitlos wahre Gedanke zurück, daß es bei der Entstehung der Schwindsucht weniger auf die Schädlichkeit als die konstitutionelle Kraft des Körpers und der Lunge ankommt.

---

[1] Custos errans 34.
[2] Ib. 36.
[3] Ib. 38.
[4] Nach HELMONTS Ansicht atmet die Lunge nicht wie ein Blasebalg bzw. bewegt sich bei der Atmung nicht, sondern läßt nur die von der Thoraxhebung angesogene Luft in den Pleuraraum streichen und befreit sie wie ein Sieb von gröberen ungeeigneten Teilen. Zum Teil geht Luft durch das Zwerchfell in die Bauchhöhle. Wir werden bald auf diese Ansicht HELMONTS zurückkommen.

Endlich werden die Wirkungen der Atmungsluft auf den Magen, die durch Löcher von Lunge und Zwerchfell in den Bauch, insbesondere den Magen dringen soll, besprochen, womit wir uns noch ausführlich zu beschäftigen haben.

Soweit HELMONTS Lehre vom „Irrenden Wächter". Ihr eng verhaftet ist die vom *Latex*. Sie kommt im Traktat: *Latex humor neglectus* zum Niederschlag. Auch sein Inhalt möge hier wegen der engen Beziehungen zur Katarrhschrift Platz finden.

Außer dem Blut besteht noch eine in demselben schwimmende wässerige Flüssigkeit, die für den Speichel, die Tränen, den Schweiß, den dünnen Schleim, die wässerigen Geschwülste (Cysten) die materielle Grundlage liefert.

Sie hat im Blut nicht den Charakter eines Exkrements, wie das „Serum sanguinis", aus dem die Schulen Harn und Schweiß bereitet wissen wollen. Ja, sie haben gelehrt, das Serum sei zurückgehaltener Harn nach Abscheidung desselben, andererseits nannten die Schulen das auf dem Blut Schwimmende, gleichsam die Molke des Blutes: Galle. Der Ton liegt im Wort Latex auf der wässerigen Natur, nicht auf der „Feuchtigkeit", denn nach HELMONT gibt es keine (vier) Humores als Grundlage der menschlichen Natur.

Nach dem Vorgange von PARACELSUS hat HELMONT bewiesen, daß es weder die beiden Gallen noch den wässerigen Schleim im menschlichen Blut gebe. Der Latex, eine selbständige Flüssigkeit mit eigenen Zwecken, ist geschmacklos, vor allem dazu da, die *Säure des Blutes* zu mildern und zu vertreiben, auch seiner Eindickung zuvorzukommen, ferner zur *Lösung der Salze*, die das Blut aus dem Magen und dem Darm aufnimmt, endlich, um alle Rückstände des spezifischen Nährmaterials wegzublasen und auszuwaschen. Er ist im wesentlichen mit dem Schweiß identisch, der auch abwaschende Fähigkeiten hat. Auch der Wasserdampf der Atmung ist Latex, indem entweder die Lunge den Latex anzieht oder die austeilende Kraft des Lebensgeistes ihn in die Lunge sendet. Die Lunge scheidet ihn *drüsenartig* ab. Auch die Ödemflüssigkeit ist Latex und die der Katarrhe. Die Flüssigkeit des Anasarka ist zurückgehaltener Latex, der durch archealische Einwirkung (Nierenarcheus) verdorben und nun seitens des Archeus vom Kreislauf ausgeschlossen wird. *Bei Urämie und Hydrops verschließt der Nierenarcheus Gefäße und Poren* [1].

---

[1] Ignot. hydrops 22 und 42.

Es kann sich dabei nicht um wesentliche Blutbestandteile handeln, da allein schon die Menge des ausgeschwitzten Latex oft eine so große ist, daß davon Tod durch Blutarmut eintreten müßte. Durst ist daher nicht Zeichen von Blutarmut, sondern von Mangel an Latex. Dieser ist ein „Reisegefährte" des Blutes. Infolgedessen ist der Latex bei Entstehung zahlreicher Krankheiten beteiligt. Besonders bei zu herber oder säuerlich-salziger Beschaffenheit verursacht er fressende Geschwüre, Krankheiten, die man fälschlich zum Teil der Leberhitze zugeschrieben hat (Krätze usw.).

Auch PARACELSUS hat vom Latex nichts gewußt.

Der Latex nimmt leicht abnorme Bestandteile auf, daher der *Durst* bei *Wassersucht* nicht aus Feuchtigkeitsmangel, sondern wegen des *Überflusses an Salz* entsteht.

Der Latex geht nicht selber irgendwohin, sondern wird gerufen. Das will sagen, er *gehorcht nicht den Gesetzen der Hydrostatik in toten Behältern*, sondern hat *Anteil* an der *Autonomie des Lebendigen*. Von sich aus weiß er nicht aufwärts noch abwärts[1].

Der zu *salzige Latex* wird von der Haut nicht ausgeschwitzt, sondern *sammelt* sich in allen möglichen Gliedern *an*. Dagegen helfen oft Fontanellen und Bäder durch reale Entfernung des Wassers und Minderung des Latex. Doch ist das symptomatische Therapie, die von hinten anfängt.

Besonders leicht entsteht der Latex, weil alle Speisen durch die Verdauung dem wässerigen Zustand näher gebracht werden, indem sie ihr Mittelleben annehmen, das der Urlebensform, dem Wasser, anhaftet. Das Fett ist am meisten von ihm entfernt.

Damit ist die letzte Erklärung für die Herkunft des Schleims und ein weiterer Grundirrtum der Schullehre richtiggestellt. Daß schließlich die letzte Zurückführung einer Erkrankung wie des Katarrhs auf abnorme *Wärme* des Magens von vornherein falsch sein muß, erhellt aus der relativen Bedeutungsarmut der Wärme für die verdauende Kraft des Magens, die grundsätzlich mit der Wärme nichts zu tun hat. Diese ist nur auslösendes Moment. „Calor non efficienter digerit, sed tantum excitative[2]."

s) Kälte und Hitze nicht als Ursachen, sondern als Folge der Krankheit. Der „eingestochene Dorn".

Auch die Leber kann durch abnorme Hitze nicht schädigend wirken. Denn übermäßige Wärme ist nur Zeichen und Akzidens

---

[1] „Latex enim communi vita potitur nec regulis hydraulicis paret. Sursum vero atque deorsum nescit, quia non habet." Ignot. hydr. 20.

[2] Vgl. HELMONTS gleichlautend betitelte Schrift.

krankhafter Veränderung. Um dies zu demonstrieren, zieht HELMONT seinen beliebten und bekannten Vergleich mit dem eingestochenen Dorn heran, das Wahrzeichen seiner ganzen *Entzündungslehre*. Er verwendet es, um die Veränderungen des Pulses im entzündeten Gebiet zu erklären[1], die Rolle der Säuerung als Ursache der Eiterbildung aus ausgetretenem stockenden, durch Luftmangel nicht richtig verdunstenden Blut zu erhärten[2] und anderweit mehr[3]. Vor allem aber dient ihm *der Dornenvergleich* als Hinweis auf die *Bedeutung örtlicher Reize — im Gegensatz zur Deuteropathie eines Organs etwa auf Grund Katarrhherabflusses*, so bei der Arthritis, dem Zahnschmerz und vielem anderen — „quod localis dolor mentiatur supernarum partium defluxiones[4]."

Das gilt auch für die Leber, die durch abnorme Erhitzung Schaden anrichten soll. Eine solche kann nur Folge einer schädlichen Einwirkung auf die Leber selbst im Sinne des eingestochenen Dorns sein, also Akzidens bzw. Folge eines grundlegenderen Ereignisses. Daher ist therapeutisch nicht das anscheinende Kontrarium: Kälte, sondern Beseitigung des Dorns angezeigt. Genau so wenig, wie nach Einstechen eines Dorns in den Finger dieser heiß wird wegen der Kälte des Dorns, sondern wegen der Reizung, die ein Mehr von Blut anzieht.

Entsprechend wird auch der *Zahnschmerz* als örtliches Leiden herausgestellt, als Folge von Überempfindlichkeit durch Entblößung vom Zahnfleisch oder Fäulnis organspezifischer Nährstoffe an der Zahnwurzel — in der *Organküche, der Matrix, die in den Hautgebilden nicht selbst, sondern an der Wurzel (Zahnwurzel, Nagelbett) gelegen ist*. Analog wird auch in der Pathologie der Geschwüre das Hauptgewicht auf den *Geschwürrand* gelegt, der Defekt selbst erscheint als die Folge der Zerstörung und „Beraubung". So wie der verbrannte und zerstörte Landstrich auch nicht „den Krieg" darstellt, sondern als Folge des Krieges die sprechende Anklage der Zerstörung[5].

Es liegt ferner eine Inkonsequenz der Schullehre darin, aus

---

[1] Blas human. 28, 47.

[2] De febrib. VI, 5; ferner IX, 18.

[3] A sede animae ad morbos 6: Arthritis und Geschwüre durch geringe, dem Dorn vergleichbare Reize. Duumvirat 1; Recepta 36 u. a. m.

[4] Volupe vivent. morb. ant. put. 31. Handelt von Arthritis und Podagra, die ja auch zum „Katarrhmärchen" gezählt werden.

[5] Scab. et ulc. schol. 21.

dem *Auswurf*, den man doch für einen Abkömmling des *Hirns* hält, auf den Zustand der *Lunge* zu schließen. Warum entsendet ferner der Magen gerade bei „Katarrh" des Siebbeins abnorm reichliche Dämpfe? Woher bekommen diese auf ihrem Wege vom Magen zum Siebbein den Salzgehalt, mit dem sie die Schleimhäute angreifen?

Von Dampf oder verdichtetem Dampf kann also nicht die Rede sein. Es handelt sich vielmehr um Schleim. Der *Rachenschleim* ist grundsätzlich verschieden von dem durch Husten ausgeworfenen *Lungenschleim.*

Der Rachenschleim, der aus dem Kopfe bzw. von der Nasenschleimhaut fließt, ist bei normaler Wachkraft der absondernden Organe weiß, viscös und schwerflüssig, bei Störungen derselben dünn, wässerig, salzig und scharf. Die dünne Flüssigkeit, die im Beginn des Schnupfens zum Auswurf kommt, entspricht dem Latex des Blutes, den der Organarcheus zum Abwaschen anhängender Fremdkörper herberuft. Der eingedickte Schleim dagegen ist keineswegs Verdichtungsprodukt des Latex, sondern organeigenes Exkrement.

Was aber auch der Schleim sein mag, in die Lunge kann er nicht — genau so wenig wie Getränk in die Lunge gelangen kann. Die Unmöglichkeit horizontaler Lage der Kurzluftigen, die dem Katarrh gute Abflußbedingungen böte, spricht von vornherein gegen die Ansicht des Herabgelangens von Flüssigkeit aus dem Rachen in die Lunge.

Wie Auge oder Rachen, bildet vielmehr die Lunge selbst den Auswurf infolge äußerer Reizung.

Es liegt somit die Eitelkeit der auf Austrocknung eines Superfluum gerichteten Mittel der Schulmedizin auf der Hand, während es doch gilt, den zürnenden Werkmeister des Organs in die richtige Bahn zu lenken.

t) Die chemischen Arzneien.

Das erreichen aber die Mittel des PARACELSUS, mit denen dieser auf innerem Wege Krebs und phthisisches Lungengeschwür schlechthin, also die „unheilbaren Krankheiten" heilte.

HELMONT verweist des öfteren auf die HOHENHEIMschen „Erneuerungsmittel", die durch „Reinigung" und dadurch bewirkte „innige Erfreuung" auf den Archeus wirken[1]. Diese Arkana be-

---

[1] So sagt er z. B. mit Bezug auf den *Liquor Alkahest* des PARACELSUS, ein universales Lösungsmittel: „Sensi tandem, quod Liquor

scheren dem Organismus einen neuen Frühling[1], wenn auch Unsterblichkeit nicht unser Teil — „cum nobis desit infusio novarum virium immortalitatem arguens. Statutum enim est omni viventi semel mori. Quia nil in natura est, quod aequipolleat templo imaginis Dei[2]."

Eine wahre Rekreation liegt also nicht vor, vielmehr die Beseitigung von Hindernissen, die der Entfaltung der vorgebildeten Kräfte entgegenstehen, durch Lösen und Austreiben. Dabei kommt aber viel auf den Zustand des Substrats an, das die Mittel auf-

---

Alkahest mundaret naturam virtute sui ignis. Nam ut ignis omnes perimit insectas; ita alkahest consumit morbos." Potest. medicam. 43. Ferner: Sensi denique, quod mercurius vitae, a Paracelso inter quatuor Arcana relatus, praeter igneam gehennae vim, clarificet organa non secus atque stibium ab admixtis purificat aurum. Quod idem de tinctura lilii, synonymo, censeo." Ib. 44. Ein Verzeichnis der „Arcana Paracelsi" enthält HELMONTS gleichnamiger Traktat gegen Ende. 1. Tinctura Lili durch mineralischen Antimon zum Lebenswein gemacht: PARACELSUS' „Arcanum tincturae" aus dem 5. Buch der Archidoxen. Sie durchdringt den Leib und vertreibt Alter, Hydrops und Gelbsucht. 2. Mercurius des Lebens, aus dem ganzen Antimon hervorgehend, die Krankheit von Grund aus tilgend. 3. Eine andere Tinctura Lili ebenfalls antimonialisch („Signatstern"). 4. Unser diaphoretischer Mercur, süßer denn Honig, feuerbeständig, mit allen Eigenschaften der aufgehenden Sonne, verrichtet alle Heilkraft, wenn auch seine erneuernde Fähigkeit nicht so groß ist. Noch vortrefflicher sind 5. Liquor Alkahest und Zirkuliersalz. Ferner 6. Perlen und Edelsteine. 7. Flüchtige Salze von Kräutern und Steinen. 8. Corallat (korallenroter, mit Alkahest abgezogener Mercur), einzigartiges Pugiermittel, heilt Lungen-, Blasen-, Nieren-, Kehlkopfgeschwür, beseitigt auch völlig die Gicht. Wegen weiterer Einzelheiten vgl. Aufgang der Arzneikunst. Sulzbach 1685 die Bemerkungen und Zusätze KNORRS VON ROSENROTH z. B. S. 64. Vgl. ferner PARACELSUS, vom langen Leben 3, 4; Chir. magna II Tract. 3, Cap. 2; Chir. min. de contracturis tract. 2, 2; Archidoxen X, 5 u. 6. Vgl. a. HELMONT, de arbore vitae 1 ff.; 22; Cat. delir. 42; In. verbis, herbis et lapidibus est magna virtus i. f., de febribus XIV, 9; de lithiasi 8, 4 u. a. Man vgl. z. B. auch POLEMANN, J.: novum lumen medicum, in welchem die vortreffliche und hochnötige Lehre des hochbegabten philosophi Helmontii von dem hohen Geheimnis des Sulphuris philosophorum . . . erkläret wird. Amsterdam 1660. Beschäftigt sich mit dem Sulphur antimonii, der quinta essentia aller Glieder oder dem Arcanum tincturae (Sulphur philosophorum). Ferner STARKEY, G.: Chymie oder Erklärung der Natur und Verteidigung HELMONTS als ein kurzer und sicherer Weg zu einem langen und gesunden Leben. Nürnberg 1722. Endlich sei auf die treffliche Studie von W. HABERLING, Der Triumphwagen des Antimons. Therap. Berichte Bayer-Leverkusen 1927, S. 471 verwiesen.

[1] Natura interim optat velut novo vere resurgere sub his pharmacis Potest. medicam. 43 ff.

[2] Ib.

nimmt und auf sich wirken läßt. Fleisch auf die Hautoberfläche gebracht, fault; per os aufgenommen, wird es verdaut und nutzbar gemacht. Brei äußerlich angewandt, macht weich und locker; genossen, erwärmt er, stopft und bläht. GALEN sei in Unkenntnis der „Fermente" notwendig daran vorübergegangen. PARACELSUS habe irrtümlich angenommen, daß Öl und Pflaster von der Wundfläche verdaut würden, wie Speisen vom Magen, also der Sexta digestio anheimfielen, obschon sie die ersten fünf Grade nicht durchgemacht. Das ist mithin unmöglich. So entseht auch nicht Cruor im Magen u. a. m. Alles an seinem Ort und zu seiner Zeit[1].

Die *Chemie* aber trennt Ungleichartiges von Gleichartigem, Beständiges von Unbeständigem, macht Flüchtiges beständig und Beständiges flüchtig, löst Geronnenes auf, läßt Rohes reifen, wirkt durch Feuer, Digestion und Ferment. Sie beherrscht die Verwandlung aller Körper, löst die Trägheit alter Zusammenhänge. So hat sie ihr eigenes Reich, beispiellos in der Natur[2]. Ihren Höhepunkt erreicht sie in der Schaffung des universalen Lösungsmittels, durch das die Körper zu höchster Reinheit, in ihr „Primum ens" zurückgeführt werden können, und somit verleiht sie dem Adepten höchste Macht über die Dinge. Nur er kann den Grad der Reinheit ermessen, den sie schafft.

Die Unkenntnis der richtigen chemischen Arzneien[3], deren die

---

[1] Pot. med. 49.

[2] „Profert ergo Chymia, quae alias in natura fierent aut haberentur nunquam." Pot. med. 65.

[3] HELMONTS *Therapie zeigt uns das Nebeneinander höchst rationell anmutender Mittel und Maßnahmen neben offenbar rein suggestiven Mitteln, zum Teil aus den Beständen der Volksmedizin.* Neben der Wassersuchtbehandlung mit Quecksilberpräparaten und Antimon als Diureticis findet sich besonders in späteren apokryphen auf HELMONT fußenden Arzneiverordnungen z. B. gegen Warzen empfohlen die Einreibung mit Apfelbrei, die Einsammlung von Mondlicht in ein Glas, damit die Kälte desselben auf die kranke Hautstelle wirkt, oder die Empfehlung von Todesschweiß, der die Wirkung des Abtötens in sich trägt; oder der Zahn eines langsam Gestorbenen vermag durch bloße Berührung einen kranken Zahn zum Ausfallen zu bringen, ferner Froschschenkel als schmerzlinderndes Mittel; Kräuter mit Erde auf Achsel- und Leistengegend aufgelegt, sollen mit dem Harn des Pleuritiskranken besprengt werden, die Kräuter ausgezogen, getrocknet und genossen werden; die Kröte gegen Pest und anderes mehr. Aber auf der anderen Seite wiederum die höchst moderne Verordnung von Schwefelsalbe gegen Krätze u. a. Einen guten Überblick über die HELMONTschen Arzneimittel gibt das in Ulm 1680 bei G. W. KÜHN erschienene Büchlein: Fundamenta medicinae recens iacta sub unum conceptum et intuitum

empfindliche Lunge bedarf, datiert vor allem von der falschen Vorstellung, die die Schulen in bezug auf die Funktion der Lungen haben.

Hier entwickelt HELMONT seine Auffassung vom *Mechanismus der Atmung*; sie stellt ein lebendiges Beispiel für die Richtigkeit seiner eigenen Warnung vor dem Glauben an die Schlüssigkeit einer von falscher Voraussetzung ausgehenden logischen Deduktion dar.

u) HELMONTs Atmungsphysiologie.   Ursachen der Lungenkrankheiten.

HELMONT geht von der *Unbeweglichkeit der Lunge* aus. Er beachtet an ihr vorzüglich die Luftröhrenverzweigungen, nicht aber das eigentliche Parenchym. Erstere seien dank der Knorpelringe starr, unbeweglich und dauernd lufterfüllt. *Die Lunge* arbeite daher nicht — nach GALENS Lehre — wie ein Blasebalg, der sich in ununterbrochener Bewegung befinde, sondern *steht still*. Auch die schlechte Beeinflußbarkeit von Lungenwunden und Geschwüren geht nicht auf die fortgesetzte Bewegung der Lunge zurück. Vielmehr dient nach HELMONT die Lunge als *Luftsieb*, in dessen Gängen sich die gröberen Staubteile niederschlagen. Gleichzeitig fungiert sie als *nicht lufthaltige Drüse*, die sich mit ihrem spezifischen täglichen, dem Latex entstammenden Sekret zugleich des Staubes entledigt.

Mit feinen *Poren durchbohren* die äußersten Luftröhrenverzweigungen die *Pleura* und gewähren so der gesiebten *Luft Eintritt in den Brustraum*. Denn wir können größere Luftquanten auf einmal in uns aufnehmen als der ganze Bronchalbaum, selbst wenn er vorher luftleer wäre und die ganze Lunge fassen könne. Folglich muß das Mehr an Luft in die Brusthöhle ausweichen.

Unter anderem dient auch die Tatsache des *Auswurfs bei Pleuritis* als Beweismittel für die offene Kommunikation von Brustraum und Bronchalbaum. HELMONT zeiht die Schule der Inkonsequenz, da sie diese zugeben, im übrigen aber die Thesen seiner Atmungsphysiologie leugnen. Die Frage, wie es zum Auswurf von Pleuraexsudat durch die Lunge käme, hatte in der Tat ausführlichen Diskussionen der

---

breviter contracta de causa ac principiis morborum constitutivis iam a temporibus Hippocratis medici XII seculorum oblivione sepultis hactenusque inter Christianos ignotis ultimis vero his nostris diebus ... noviter unaque cum totius physicae medicinaeque hucusque incognitae initiis ... apertis ac evulgatis per organum ad hoc electum Joannem Baptistam Helmontium. Wichtiges Material über die Kraft der „Herbae, Verba, Lapides" (Metalle), ihre Sym- und Antipathien enthält das romantische Schrifttum aus Zeit und Schule MESMERS, KIESERS u. a. Ich nenne nur: ANGELHUBER, I. F.: Die prophetische Kraft des magnetischen Schlafes. Weimar, B. F. Voigt, 1849.

Schulen zugrunde gelegen. Ich erwähne nur Sennert[1], der Massa[2] mit seiner Beobachtung überwiegend häufiger Pleuraverwachsungen in den apikalen Teilen zitiert und daraus die Wahrscheinlichkeit gleichzeitiger Ausschwitzungen in Lunge und Pleura herleitet. Was ausgeworfen wird, ist also nicht Inhalt des Pleuraraumes, sondern der zugleich erkrankten Lunge. Dagegen bestehe bei Erkrankung der caudaleren Pleuraabschnitte nicht die Notwendigkeit gleichzeitiger Lungenerkrankung.

Die von Helmont vorausgesetzten Lungenpleuraporen schließen sich nach dem Tode und entziehen sich dann dem Nachweis. Deshalb sträuben sich auch die Schulen, deren medizinisches Wissen vorzüglich durch Studium des Kadavers erworben wird, gegen ihre Anerkennung.

Die *Lehrmeinung von der Durchbohrung der Lungen* und dem *Luftgehalt der Pleurahöhle* ist bei Helmont keineswegs vereinzelt geblieben. Sie stellt vielmehr eine „Errungenschaft" der neuen Zeit dar. Man sieht hier die Kehrseite des Jahrhunderts. Nicht nur die Irrtümer Galens und seines Anhanges wurden berichtigt oder durch andere irrige Vorstellungen ersetzt, sondern auch die zutreffende Galenische Schullehre unterliegt in manchem Punkte der „Verbesserung" durch verstiegene Lehrmeinungen. Die hier in Rede stehende Ansicht konnte sich nicht nur fast anderthalb Jahrhundert halten, sondern war anscheinend *die* herrschende Lehre in diesem Zeitalter der „Induktion". Haller setzt sich in seiner Physiologie[3] noch ganz ernsthaft und seitenlang mit ihr auseinander. Hier findet sich auch das gesamte einschlägige Schrifttum.

Danach geht die Ansicht auf Harvey[4] zurück, bei dem genau wie bei Helmont die Analogie mit der Vogellunge führend gewesen ist. Ähnlich wie Harvey sprechen sich auch Wepfer[5], Willis[6], Bartholinus[7], Vopiscus Fortunatus Plempius[8] u. v. a. aus bis herauf zu Morgagni[9] und Vater[10]. Auch Hamberger vertrat diese

---

[1] Opera III, S. 311.

[2] Introduct. anat. Cap. 29.

[3] Elementa physiologiae corporis humani. Venetiis 1768. Bd 3. Respiratio, Voc. 8, § 3, S. 82 ff. „An pleuram inter et pulmonem aer sit." Vgl. auch Sprengel, Pragmat. Gesch. Arzneykunde. 3. Aufl. 4. Teil, S. 130 ff. und 5. Teil 1. Hälfte, S. 121 ff. Halle 1827.

[4] Gener. anim. p. 4, 5 u. 2, 5.

[5] Hist. Cicut. aquat. p. 175.

[6] De anima brutorum S. 30.

[7] Anat. Reform. S. 280.

[8] De fundam. med. S. 119.

[9] Adv. anat. 5, S. 40.

[10] Physiol. S. 714.

Lehre[1]. Diese hatte schließlich die Form angenommen, daß ein Luftquantum im Pleuraraum wie ein elastisches Polster die Ausatmung
regele. Bei der Einatmung werde es durch den kräftigen Luftstrom
aus den großen Bronchen auf einen kleinen Raum zusammengedrängt.
Hat sich die Atmungsluft nunmehr über den weiten Raum der Lungenbläschen verteilt und dadurch den Inspirationsdruck verloren, so sei
es der zur Ausdehnung neigenden, eingeengten Pleuraluft ein leichtes,
die nun nicht mehr unter Druck stehende Atmungsluft aus den Lungen
zu treiben, mithin die Ausatmung in Gang zu bringen. Als Beweis
der Ansicht dienten die von HELMONT, HALES[2] u. a. behaupteten
Lungenporen. Auch in die Luftröhre gegossenes Quecksilber gehe
in den Pleuraraum (WILLIS[3]). Durch die Poren gelangen auch Pleuraexsudate in die Lunge (BARTHOLINUS[4]), HIGHMOR[5]). Die Lunge erfüllt den Pleuraraum nicht ganz (MORGAGNI[6]), da Waffen und sonst
Instrumente bei Durchbohren der Brustwand in einen hohlen Raum
kämen, ohne die Lunge zu verletzen.

Bei Verletzungen der Brustwand entweiche ferner Luft (HOAD
LEY u. a.)[7]. GALEN selbst habe an einer Brustwunde eine Blase
befestigt und so die Kommunikation mit der Atmungsluft demonstriert[8]. Die unter Wasser vorsichtig eröffnete Pleurahöhle eines
lebenden Tieres läßt Luft hervorperlen (LIEBERKÜHN, KESSEL), was
allerdings nicht allseitig bestätigt werden konnte (BERTIER, ESTEVE[9]).

HALLER hatte es leicht, diese Argumente zurückzuweisen, besonders auf Grund der eigenen, sorgfältig ausgeführten Tierversuche und als $\pi\varrho\tilde{\omega}\tau o\nu$ $\psi\varepsilon\tilde{\upsilon}\delta o\varsigma$ die falsche Analogie mit den
Verhältnissen der Vogellunge aufzudecken, wo lufthaltige „fila
cellulosa" Lunge und Brustwand verbinden.

Von gleicher empirischer *Wertlosigkeit* wie die Porenlehre ist
HELMONTS Ansicht von den *Funktionen des Zwerchfells*, das als
bedeutungsarmer Hilfsmuskel und weiteres Luftsieb geringgeschätzt wird und vom *Mechanismus der Atmung*, die bei HELMONT
im wesentlichen zu *Lasten der Bauchmuskeln* geht. Diese seien
gehörig gebaute Muskeln, während es kaum denkbar ist, daß ein

---

[1] De respirat. mechanismo atque usu genuino n. 55 physiol. med.
p. 154.

[2] HALES, STEPH.: Hämastaticks S. 83 ff.

[3] Pharm. rat. 2, p. 21.

[4] De pulm. S. 63.

[5] p. 178 zit. HALLER.

[6] l. c. S. 46.

[7] Three lectures on the organs of respiration, p. 15, 16. London
1740.

[8] Administr. anat. 8.

[9] Weitere Einzelheiten bei HALLER l. c.

so atypischer Muskel wie das Zwerchfell dem wichtigsten und vornehmsten, dem Atmungsgeschäft vorstehe.

Helmont verfängt sich hier völlig in den Fesseln, die ihm seine erste Voraussetzung von der Bewegungslosigkeit der Lunge anlegt. „Tamquam in vinculis sermocinatur." Daraus folgen alle übrigen Thesen, die in Kapitel 47 zusammengestellt sind: Von der *vorzüglichen Bedeutung der Bauchmuskeln für die Atmung*, der *Durchgängigkeit von Lungen und Zwerchfell für Luft* und endlich seine *Obstruktionslehre als Grundlage der Lungenpathologie. Verstopfung und Besetzung der äußersten Lungenorifizien ist die natürliche Ursache der Lungenerkrankungen*, der *Atemnot*, der *Vomica*, von *Bluthusten, Lungenulcus, Schwindsucht* und Tod.

Diese Helmontsche *Obstruktionslehre* hat ihr Vorbild fraglos in Paracelsus' *Lehre vom Tartarus*, der in den Lungen zur Ablagerung allmählich versteinernder Massen und im Anschluß daran zur Schwindsucht führe.

Die ursächliche Heranziehung des Phänomens der Verstopfung irgendwelcher Hohlgänge für Lungenkrankheiten ist gewiß ebenso alt wie die Katarrhlehre. Galen spricht oft genug von der Verstopfung der Lungengänge, z. B. bei Pneumonie. Die Verstopfungen der Luftröhre, sei es durch Flüssigkeiten, sei es durch in ihnen gebildete Tumoren (Phymata), sind es, die die Änderungen des Atemtypus und der Kurzatmigkeit bedingen. Der Auswurf von Hagelkörnern erklärt sich durch Eindickung der die Bronchen verstopfenden Flüssigkeit.

Die *Araber*, vor allem Rhazes, nehmen die Galensche Verstopfungslehre auf. Im *Talmud* spielen die Lungenverstopfungen eine Rolle[1]. Besondere Beachtung findet das Verstopfungsphänomen dann in den einschlägigen Ausführungen Fernels[2]. Der ursprünglich dünne Katarrhliquor kann sich in den Gängen der Lunge eindicken, zu Schleim, Eiweiß, schließlich zu Kreide, Kalk oder Gips werden. Stein, Hagelkorn und Katarrhflüssigkeit sind hier also nur die verschiedenen Entwicklungsstufen von Katarrhschleim[3]. Der Lungenstein entsteht aus dem Katarrh. Er

---

[1] Vgl. Waldenburg, Die Tuberkulose, die Lungenschwindsucht und Skrofulose. Berlin, Hirschwald 1869, und die in Anm. 3 angeführten Abhandlungen.

[2] Univ. medic. V, 4 u. V, 10.

[3] Betreffend die Geschichte der Lungensteine vgl. Walter Pagel: Die Krankheitslehre der Phthise in den Phasen ihrer geschichtlichen

wie die Phthiseogenese überhaupt sind eng mit den alten Katarrhvorstellungen verknüpft. Auf Liegenbleiben und Eindickung von Schleim scheint ferner FRACASTORO eine den käsigen Pneumonien ähnliche Veränderung zurückgeführt zu haben[1].

Bei PARACELSUS und HELMONT steht die *Verstopfung* der Luftröhrenäste im *Mittelpunkt der Betrachtung — aber unter ganz anderem Aspekt*, bei jenem unter dem Gesichtspunkt der *Tartaruslehre*, bei diesem der *lokalistisch-dynamischen Krankheitstheorie, bei beiden dient sie der Ablösung des Verstopfungsphänomens von den Erklärungen der alten Katarrhlehre.*

Der Tartarus verlegt bei PARACELSUS die „Strassen der Lufft". Daraus folgt „Anhelitus impedimentum, Phthisis, Ethica febris[2]." Wie der Tartarus als fremdes Exkrement in den Körper eingeführter tierischer Substanz anzusehen ist, so die „Adern" der Lunge als deren Magen, dem die Aufgabe zufällt, das Nützliche und das Exkrement zu trennen und dieses auszuscheiden.

Ferner: Der Tartarus haftet den Gängen der Lunge an und

Entwicklung. Brauers Beitr. **66**, 75 (1927) und zur Geschichte der Lungensteine und der Obstruktionstheorie der Phthise. Ebenda **69**, 3/4 (1928).

[1] De morb cont. II, 9. Opera omnia Lugduni 1591, S. 168 ff.; vgl. die soeben angeführte Arbeit von W. PAGEL S. 319.

[2] Paramir. 3, 4. ... Die adern so in der lunge sein, seiend der magen der lungen, in denselbigen adern reiniget die lungen das reine vom unreinen, und was ir nit füglich ist, das wirfts hinweg. Solche scheidung kann der magen nit, sie kans aber; darumb so befint sich ein besonder excrement in der lungen das ist in seinen cannis, so durchgehent, die allein sein magen seint also geordnet von got, darinnen es sich pelicanirt und circulirt, bis dohin kompt ... dan versecht euch nit anders, dan das ein ietlich glid ein sondern wunderbarlich seltsamen magen hat, wie dan die scientia ausweist äußerlich in der bereitung, in welchem das rein von unreinen zu scheiden understanden wird. darumb so nun der magen der lunge also ist, so erhalt er in ihr das im zustet und wirft das ander durch sein rör aus zum munt, und ist ein anders sonder excrement, das allein in der lunge wird und sonst in keinem glid; dan besonder ist auch sein magen. nun wisset aber das in solcher scheidung des reinen vom unreinen die lunge den kot gibt und den tartarum damit. also sol der tartarus ausgeworfen werden mit dem excrement der lungen. so aber das nicht beschicht sonder er scheit sich hindan und sondert sich vom excrement, so bleibt er an derselben stat ligen und stil stan und henkt sich an, fült die rörlin aus, die cannae werden alle weinstein, bletter geschifert, getafelt oder granulirt sich und bleibt also do ligen ... Paramirum III, 4 Kritische Gesamtausgabe Bd. 9, S. 150 ed. SUDHOFF.

überzieht sie mit Schleim, wie Weinstein das Faß[1] u. a. m. Auf die spätere Entwicklung der Verstopfungslehre bis hinauf zu Morton und Boerhaave, besonders ihre Rolle in der Phthiseologie soll hier nicht eingegangen werden.

Man sieht, wie weitgehend auch hier Helmont trotz seiner entschiedenen Widersprüche gegen Paracelsus' Lehre vom Tartarus der Sache nach auf dessen Schultern steht.

Aus der Verstopfungstheorie ergeben sich für Helmont weitere Gründe, die Katarrhmittel der Schulmedizin als völlig aberwitzig herauszustellen. Ganz unsinnig erscheinen nach alledem die als Vorbeugungsmittel verordneten Pharmaka oder die Kopfmassagen.

Hierher gehört auch der Tierversuch, in dem man geringe Mengen einem Hunde per os beigebrachter gefärbter Flüssigkeit an der Wand der Luftröhre fand — ein Scheinbeweis für das Hinabgelangen der per os genommenen Lecksäfte in die Atmungswege.

Weitere Abschnitte dienen anschließend der Herausstellung des *festen Abschlusses der Luftröhre durch den Kehldeckel*, der Zurückweisung unerfindlicher Annahmen bezüglich der Wege des äußeren, zu den Muskeln führenden Katarrhs.

Endlich skizziert Helmont kurz seine *eigene dynamistische Auffassung* von der Entstehung des Katarrhs in Abschnitt 58. Der durch fremde, hauchartige Einwirkung infizierte Lebensgeist (Spiritus), also das beseelte Blut als Träger lebendiger Impulse wird in die verschiedensten entfernten Orte getrieben — nach Analogie mit der Wirkung von Quecksilberdämpfen, die bei der Schmierkur innere Organe, wie Rachen, Zähne und Zunge, befallen. — Hier an den entfernten Orten greift der verdorbene Spiritus das spezifische Nährmaterial des Ortes an und stört so die sechste Verdauung. Es handelt sich also *sehr bald um eine rein lokale*, dem Archeus insitus des betreffenden Organs unterstellte Angelegenheit. Vor allem wendet sich Helmont zum Überfluß noch-

---

[1] Schrift von der Bergsucht I, 1 u. ff. ed. Sudhoff in Bd. 9 der kritischen Gesamtausgabe. Paramirisches und anderes Schriftwerk 1531—1535 aus der Schweiz und Tirol. S. 463. München-Planegg 1925. Vgl. auch die interessante, oben bereits erwähnte Schrift von Koelsch, Theophrast von Hohenheim genannt Paracelsus. Von der Bergsucht und anderen Bergkrankheiten. Schr. a. d. Gesgeb. d. Gewerbehyg. N. F., H. 12. Berlin: Julius Springer 1925.

mals gegen die Ansicht, als sei die Versetzung von Flüssigkeiten die Ursache des sprunghaften und disseminierten Auftretens der zum Katarrh gerechneten Krankheiten, als sei dieser der Träger der Metastase. Die Flüssigkeit, die beim Katarrh in Erscheinung tritt, ist ein Akzidens, nämlich Latex, der im Bestreben, etwas abzuwaschen, überall hinkommt, wo ein verdorbener „Spiritus" sein Wesen treibt und auch selbst durch abnorme Säure oder Menge zum Krankheitserreger wird, wie eine ungebetene Einquartierung dem Archeus beiwohnt. Das Durchdringen des Spiritus durch die Teile des Körpers erweckt die falsche Vorstellung vom Herabfluß einer Katarrhflüssigkeit. Nicht mechanische Kräfte des Herabfallens der Säfte auf geeigneten Bahnen sind hier am Werke, sondern vitale Kräfte, denen der Aufstieg nach oben ebenso leicht fällt wie der Herabfluß nach unten. „Denn nichts strömt im lebendigen Körper nach Maßgabe seiner Schwere, sondern was irgendwie in Bewegung gesetzt wird, ist auf bestimmte Ziele gerichtet" (vgl. oben S. 70 ff.: Latex).

Vomica und *Schwindsucht* haben danach *ebenso wenig* mit dem „Katarrh" zu tun wie *Pleuritis* und *Zahnschmerz*. Vielmehr geht die *Schwindsucht auf örtliche Erkrankung der Lunge* zurück.

„*Metastasen*" verursacht höchstens der *Latex*, wenn er, an und für sich unschädlich, sich mit Salzen oder Säuren paart, die er bei seinem Kreislauf im Körper vorfindet und durch Abwaschen mitgehen heißt. Dann bringt er alle möglichen Abscesse, Geschwüre, Hautausschläge hervor. Hier ist dann die „Herrschaft des Wassers" fühlbar und daher auch die Einwirkung der Mondphasen. In dieses Kapitel gehören besonders die von HELMONT *Torturae noctis* genannten, nächtlicherweile exazerbierenden Erkrankungen. Sie stimmen mit denen überein, über die PARACELSUS den *Mond regieren ließ*, die *Krankheiten des Mercur*. Unter diese fallen neben manchen Hirnleiden (Tobsucht, Lyssa, Chorea, Epilepsie u. a.) auch Gicht, Arthritis, Wassersucht, Schwindsucht und hektisches Fieber[1].

Mercur ist hier zunächst ein Stadium flüssiger Beschaffenheit eines Stoffes, so lange er nicht zur Gerinnung gelangen kann. Alle Metalle durchlaufen das Quecksilberstadium, verlassen es aber, sobald sie der Gerinnung teilhaftig werden. Das richtige Queck-

---

[1] Bergkrankheiten, 3. Buch, 4. Trakt., 3. Kap.

silber kann aber niemals gerinnen und entspricht daher dem eigentlichen Mercur.

Als solcher enthält der Mercur den Keim zur Krankheit, aber auch das Mittel zur Wiederherstellung der Gesundheit. Der Mercur, nicht koaguliert, also noch nicht endgültig differenziert und festgelegt, wie Gold, Silber, Blei usf., gleicht einem offenen, nicht wie diese einem geschlossenen Hause, einer offenen Schatzkammer, der der Arzt das Nötige entnehmen kann. Mercurius ist Astrum, ist mithin dynamisches Prinzip, ist erste Materie, die nicht erst durch langwierige chemische Prozesse aufzuspüren ist, sondern frei — in den Mineralen — zur Verfügung steht[1]. Der *Mercur*, das Quecksilber, ist *so dem Winter der Erde zu vergleichen*, dem Zustand des Samenhaften, noch nicht Differenzierten, dem Mutterschoß, aus dem die Metalle sich entwickeln. Der Mercur hat seine Blütezeit in *dem* Abschnitt des — einen — Weltjahres, der den Winterzeiten der vielen Erdenjahre entspricht. Der Winter aber wird beherrscht vom Monde, und so ist zu erklären, warum Paracelsus den Mercur dem terrestrischen Monde, d. i. den in der Erde schlummernden winterartigen, undifferenzierten, mercurialischen Substanzen gleichsetzt, worauf Helmont in den Schlußabschnitten zu sprechen kommt.

Helmonts Torturae noctis, denen ein Teil der Leiden aus dem großen Sammeltopf: Katarrhe zugehören, entsprechen den mercurialischen Krankheiten Hohenheims. Den Leiden, die durch das Nichtkoagulierte, Flüssige, winterlich Samenhafte, nicht Festgefahrene, daher Offene und Ausstrahlende entstehen. Sie unterliegen der Herrschaft des Mondes, des Winter- und Nachtgestirns.

Kraft seiner Schwere neigt der Mercurius nach Paracelsus zum Befallen der langen Röhrenknochen und großen Gelenke[2,3], er dringt durch den Körper, die Wirbelsäule, das Genick hindurch, um in die abhängigen Partien einzufallen — entschieden eine Erinnerung an die alten Theorien von der herabfallenden und herabtropfenden Katarrhmaterie.

---

[1] Ib. 3, 2, 1.

[2] Ib. 3, 4, 6 u. 7.

[3] Die *Gicht* schreibt Helmont an anderer Stelle (de podagra 1, 7 u. 10) örtlicher Säuerung mit folgender Gerinnung der Gelenkflüssigkeit zu und trennt sie ausdrücklich von den Katarrhkrankheiten im engeren Sinne.

HELMONT nimmt anscheinend gegen diese Lehre Stellung, indem er das Mercurialische, das Flüssige als solches nicht für ausschlaggebend hält, ihm vielmehr nur in Gemeinschaft mit dem betreffenden Organ und seinem Archeus die astrale, d. h. dynamisch einflußreiche Beziehung zuerkennt. Auch das Knochenmark als Beherrscher des Wachstums, das bei den mercurialischen Krankheiten betroffen wird, ist keine Flüssigkeit, sondern ein festes Gewebe, das dem Monde und dem Hirn gehorcht.

In HELMONTS *Organologie* entspricht der paracelsischen Tradition getreu (Paramirum 3, 4) das Hirn, der Wächter des Wachstums und der Ernährung, dem Monde. Es leitet durch Actio regiminis, unkörperlichen dynamischen Einfluß, das Wachstum, das z. B. bei Buckeligen durch Rückgrat- und Rückenmarksverbiegung gehemmt ist. Bei PARACELSUS mag „die ausgesprochen periodische Funktion des Gehirns in Wachen und Schlafen ... dem verhältnismäßig einfachen Phasengang des Mondes als Vergleichsgegenstand gedient haben; PARACELSUS hat aber wohl noch tiefere Verwandtschaften im Auge, er vergleicht z. B. wiederholt den Mondenschein dem, was wir mit dem Verstande ausklügeln, während ihm das volle Licht des Tages gerade gut genug ist für die reiche wundervolle Empirik, der wir mit offenen Sinnen entgegengehen ... lunatici hießen ja von alters her auch die Irren ...“ (SCHLEGEL[1]). Im übrigen ist das Herz als Wurzel und Brunnquell des Lebens die Sonne, auf dieses folgen sofort, wie auf den König gleich die nahrungschaffenden Bauern folgen, Magen und Milz als nahrungsspendende Organe — entsprechend dem Saturn, dem nahrunggebenden Vater der anderen Götter, dann die Leber, der Jupiter, die aus dem Nährmaterial etwas herstellt, endlich die Galle, Mars, die Mißhelligkeiten der Verdauung beseitigend; die Niere entspricht schließlich der Venus (allerdings wird die Geschlechtslust nicht von der Niere, sondern von der Milz gelenkt — auch Leute mit Steinnieren haben Libido), die Lunge als Mittler von außen und innen, dem Heros des Handels und Wandels: Mercur. Allerdings haben in dieser Lehre die Sterne keinen determinierenden Einfluß, der dem Menschen die Verantwortlichkeit nimmt, sondern es besteht lediglich ein Parallelismus. Im Lebensgeist selbst ruht auch sein Himmelswesen. —

---

[1] PARACELSUS in seiner Bedeutung für unsere Zeit. Tübingen 1922.

Auch die sog. „Inclinationen" der Menschen sind unabhängig von den Sternen: die Hinneigung auf Beruf, Religion, Kunst, Wissenschaft, Handel und Wandel („inclinatio vocationis"), die auf Sitte, Verbrechen, Tüchtigkeit (incl. moralis u. ethica), die zu Gesundheit, Krankheit, langem oder kurzem Leben (incl. vitalis et fortunarum). — Der Schöpfungsakt selbst bestimmt die Inclination: „Itaque inclinatio vocationis, qua quis fit medicus, geometra, musicus etc., datur animae ab ipso creatore, a quo omne bonum donum de sursum venit; nec quicquam vero horum ab astris." — Die moralische Inklination hängt ab vom Ens seminis. — Wenn einfach in den Sternen die schlechte Inklination gelegen wäre, so hätte der Schöpfer geirrt, als er nach der Schöpfung sah, daß alles gut war. (Astra inclinant, non necessitant, nec significant de vita, corpore vel fortunis nati 36 ff.) Auch diese Lehre ganz *paracelsisch*! Die Astra sind die notwendigen Voraussetzungen des irdischen Lebens, es ist die Welt über uns, die das Sublunarische — getreu der aristotelisch-scholastischen Tradition — beeinflußt, wie die Welt der Ideen und Dinge an sich, aber den Ablauf des menschlichen Lebens selbst und seine Verantwortlichkeit tastet sie nicht an. In diesem Sinne bildet HELMONT mit PARACELSUS eine Einheitsfront gegen die herkömmliche Astrologie. Allerdings sind dem Mittelalter die den freien Willen salvierenden Vorbehalte gegenüber der Astrologie keineswegs unbekannt, wie überhaupt z.B. in den natürlichen Erklärungsversuchen der Magie stärkste Parallelen etwa zwischen ARNALD VON VILLANOVA und PARACELSUS-HELMONT aufweisbar sind. Man vgl. die bei aller Prägnanz ungemein reichhaltige Darstellung des Verhältnisses der Pseudowissenschaften (natürliche Magie, Astronomie, Traumdeutung) zur Medizin im Mittelalter von P. DIEPGEN[1].

v) Spezielle Pathologie einschließlich der sog. Magie.

HELMONT hat hier einen Begriff seiner *speziellen Krankheitslehre* eingeführt, den der *Torturae noctis*. Es ist jetzt am Platze, im Anschluß daran, kurz einen Blick auf seine *spezielle Pathologie* zu werfen.

Die *eigentlichen Krankheiten* in HELMONTS Lehre betreffen die *Organe* und ihren *Archeus insitus*. Sie sind in der Hauptsache

---

[1] Geschichte der Medizin. II. Leipzig 1914, S. 78 ff. Vgl. PARACELSUS Vol. Param. De ente astrorum.

Gegenstand der Heilbestrebungen, da ihr Widerpart, die meist akuten Erkrankungen des allgemeinen Archeus influus von selbst zu heilen und vorübergehend zu sein pflegen. Es liegt hierin — wie wir glauben möchten — ein *weiterer Hinweis* auf die vorzüglich *lokalistische Richtung* von HELMONTS Krankheitslehre, in der wir einen erheblichen und wichtigen *Vorläufer des anatomischen Gedankens* in der Nosologie erblicken. Allerdings nicht in dem Sinne, daß die „Sitze" der Krankheiten auch ihre Ursachen oder ihr Wesen darstellen. Dieses liegt vielmehr in der Ergreifung des organspezifischen Prinzips, des Archeus. Er ist es, der das Verhältnis einer Krankheit zum Organ bestimmt. Nicht der Stein ist Krankheit, sondern die Steinerzeugung. Diese aber entspricht einer krankhaften Idee, die das Zusammenstreben eines flüssigen mit einem gerinnenden Prinzip („Duelech" des PARACELSUS) veranlaßt. „Non est enim calculus morbus, sed primaria Lithiasis et verus morbus Duelech est ipsamet idea, in potestatibus archei renum vel vesicae radicaliter insita[1]."

Auch zur Todesursache wird die Krankheit nur dann, wenn der Archeus sich ihrer bedient, um den Tod herbeizuführen — wie auch im Degen eine Todesursache steckt, aber als solche nur wirkt, wenn sie von einem lebendigen Wesen benutzt wird[2].

Die *Krankheiten* des Archeus insitus sind letzten Endes *Stoffwechselstörungen*, Unregelmäßigkeiten in der vom Archeus überwachten Verarbeitung des organeigenen spezifischen Nährmaterials.

Ist Krankheit mithin im letzten archealische Krankheit, so sind doch Unterschiede vorhanden, je nach dem ob der Archeus von selbst und aus sich heraus entartet oder ob eine äußere Ursache die Idea morbosa des Archeus auslöst. Auch diese Krankheiten sind naturgemäß archealische. Denn der Weg zur körperlichen, organischen Veränderung führt allemal über den Archeus[3].

Ganz allgemein ist es eine fremde „Gewalt" (Potestas peregrina), die den Archeus verletzt, ihn in seinem ganzen Aktions-

---

[1] De ideis morbosis 28.

[2] Causa mortis 6 ff.

[3] Ähnlich ist bei STAHL die Anima die einzige pathogenetische Instanz, auch wenn er die Gruppe der „rein" materiellen organischen Erkrankungen denen der abnormen (animistischen) Bewegungen entgegenstellt. Denn Materie und Organe entspringen ja ihrerseits den der Anima unterstehenden Lebensbewegungen.

radius durchdringt, ihn aufregt, in Wut, Furcht, Empörung versetzt, ihm ein ihr ähnliches Bild von Verwirrung, Ängsten und Beschwerlichkeiten aufdrückt. Der Archeus bereitet sich selbst den Schaden, denn hat er einmal auch nur ein wenig nachgegeben, so verdrängt ihn die fremde Gewalt, bringt ihn zum Weichen, zwingt ihn unter ihr Zepter und zum Aushalten des Krieges im eigenen Lande („domesticeque sibi excitatum bellum civile sustinere"). So ist das Ens morbificum, der Morbus selbst, ein fremdes eingeprägtes Bild, dem Archeus entsprungen[1].

Die so gekennzeichnete, das Wesen der Krankheit selbst erfüllende Krankheitsursache hat naturgemäß nichts mit den äußeren Gelegenheitsbedingungen zu tun. Ihrer Affinität zum hauchförmigen Archeus entspricht, daß sie auch als „Odor" in HELMONTS Schriften figuriert. Ein Pesthauch läßt den Archeus in Schrecken erzittern. Ein Hauch ist es, der Kopfschmerz, Nausea, Erbrechen, Husten, Aufstoßen, Schwindel, Epilepsie, Schlagfluß, Durchfall erregt und durch seine kontagiöse Berührung entflammt. Ein anderer wiederum ist es, der sie auf ähnliche Weise heilt oder mildert[2].

Bei den *archealischen Krankheiten im engeren Sinne* ist es eine plötzliche, im *Archeus selbst* und seinem Streben, sich von der leitenden und hemmenden Anima sensitiva loszusagen, gelegene Idee, die die Anomalien hervorruft. Dementsprechend gehören hierher Leiden mit nicht weiter körperlicher Ursache, wie die *erblichen Krankheiten*, die einem im Samen schlummernden und mit ihm übertragenen krankhaften Keim ihre Entstehung verdanken[3]. Ferner die *Morbi silentes*, chronische Leiden mit Remissionen und Anfallsperioden, die Monate, ja Jahre latent bleiben, um plötzlich hervorzubrechen und ihr ständiges Vorhandensein anzuzeigen, wie die Epilepsie (Morbus comitialis). Nicht ein Stück Materie, das etwa in Fäulnis gerät, austrocknet oder schwindet, bringt den Morbus silens hervor, sondern „sigillatur quippe in idea entis activi et constantis per totam vitam[4]". Der Archeus des Kopfes ist es im Falle der Epilepsie, der die krankhaften Eindrücke empfängt.

---

[1] Ortus imaginis morbosae 2.
[2] Imago ferm. impraegn. massam semine 20.
[3] Progreditur ad morborum cognitionen 12 ff. De morbis archealibus 12.
[4] De morb. arch. 17.

Eine ähnliche okkulte Ursache liegt der dritten Gruppe der archealischen Krankheiten, den *Torturae noctis*, zugrunde, jenen Leiden von Bändern, Sehnen, Nerven (s. o. S. 87), die auch anfallsweise auftreten, mit den Phasen des Mondes parallel verlaufen, daher in der Nacht exacerbieren und dem ebenfalls jeweiligen Organarcheus zur Last fallen („Sunt ergo sigillati in spiritu vitali, organis principalibus insito. Nihil autem sigillatus ibidem praeter characteres ideales"). Daß auch sie nicht materiellen Ursprungs sind, beweist die Wirksamkeit des Mondes, dessen subtile Emanation gewiß nicht grob körperlich, sondern jedenfalls nur archealisch-dynamisch sein kann.

Die vierte Klasse, das *Robur inaequale*, die Leiden infolge ungleicher Verteilung der Lebenskraft auf die verschiedenen Organe, ist eingeboren oder erworben und von weittragender Bedeutung in HELMONTs Krankheitslehre und Vorstellungen. Sie umfassen auch materielle Veränderungen mannigfacher Art, hervorgerufen vor allem durch Störungen in der Assimilation des organeigenen Nährmaterials, auf der anderen Seite aber auch rein dynamische Vorgänge wie die erblichen Krankheiten, deren Wesen zum Teil in der Übertragung ungleicher Kräfteverteilung besteht, so die Neigung zu Asthma, Schwindsucht u. a.

Äußere Schädlichkeiten, sei es daß sie wirklich von außen eintreten, sei es, daß sie im Körper entstehen und materiell auf den Archeus einwirken, sind es, die der *zweiten großen Ordnung von Krankheiten, den nicht rein archealischen*, vorstehen. Das Heer der vielen Leiden gehört in diese Ordnung. Der Archeus, umlauert von den Schädigungen der Umwelt wie von den im Körperbetriebe entstehenden, verfällt in diese Krankheiten naturgemäß viel häufiger, als es die rein archealischen, rein endogenen sind. Die „*Morborum phalanx*" umfaßt hier eine größere Reihe von Gruppen, deren wichtigere kurz berührt seien. Vorausgeschickt werde das von HELMONT selbst gegebene Schema der Divisio morborum:

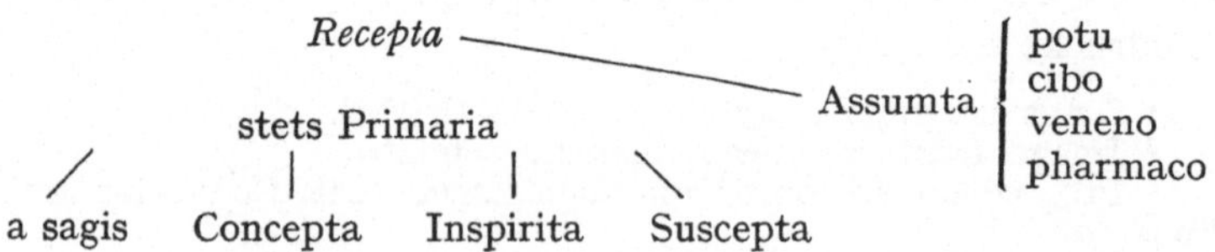

Retenta

stets Secundaria, da eine Störung des Organismus vorausgeht

Relicta s. excrementa	Transmutata	Transmissa ab una
in 1. 2. 3. vel	in 1. 2. 3. vel	digestionum in
6. digestionibus	6. digestionibus	alteram

Die Hauptgruppe umfassen also die *Recepta* und *Retenta*, diese als stets aufgepfropfte, erstere als primäre Erkrankungen.

Die *Recepta a sagis* zunächst behandeln die Krankheiten durch Einwirkung von Zauberei und Hexerei. HELMONT steht in mancher Hinsicht unter dem Banne der alten Magie, wenn er auch deutlich bemüht ist, natürliche Erklärungen der magischen Vorgänge zu geben. Es besteht kein Grund, den Ausdruck Magie[1] zu verabscheuen. Die ganze Natur, das Fiat des Schöpfers, entspricht nach ihm magischen, geistartigen Einwirkungen. Ihre Wirkung erfolgt nur durch die Einbildung, die innere Anschauung ihrer Formen seitens der Geschöpfe. Da diese bei den willenlosen Objekten stets die gleiche und uniform ist, hat man in dieser Gleichheit und Ein-

---

[1] Die zeitgenössischen Lehr- und Handbücher der Magie — wir folgen dem von MARTINUS DEL RIO (Disquisitionum magicarum libri sex. 1599. Moguntiae 1624) — unterscheiden streng Magie und Wunder; erstere, die von erschaffenen Wesen in Szene gesetzt wird, letzteres, das nur dem Übernatürlichen „Creans" zusteht. Magie ist „ars seu facultas, vi creata et non supernaturali, quaedam mira et insolita efficiens, quorum ratio sensum et communem hominum captum superat" (S. 3). Die Magie zerfällt in naturalis, arteficiosa und diabolica. Mit dem Blick auf Ziel und Ende kann sie zum Guten oder als verbotene Magie zum Bösen ausschlagen. Letztere ist „facultas seu ars, qua, vi pacti cum daemonibus initi, mira quaedam et communem hominum captum superantia efficiuntur". Die Magie kann einen speziellen Gegenstand umfassen, in Vorausahnung bestehen oder aber reines Verbrechen, schließlich auch puren Unsinn bedeuten. Oft ist sie Giftmischerei ohne Beigabe des Antidots. Als Magier, die u. a. zum Teil unerlaubten Dämonenverkehr und Dämonenpakt betrieben, figurieren u. a. AGRIPPA VON NETTESHEIM, PETRUS ALBANUS, ANSELM VON PARMA, PARACELSUS, ROGER, GEBER. Auch RAYMUNDUS LULLUS und ARNALD VON VILLANOVA sollten Nichttheologen lieber nicht lesen. Sympathie, Versehen von Schwangeren, Goldmacherei, Fascination von Menschen und Lenkung der Geschicke, Zahlenmystik, jede Art der Divination, Kraft der Steine, Kräuter und Worte u. v. a. m. sind die Gegenstände, mit denen sich DEL RIO unter großem Aufwand von Gelehrsamkeit und formal logischem Scharfsinn beschäftigt. DEL RIOS Buch scheint sich bis zum Ausgang des 18. Jahrhunderts großer Beliebtheit als eine Art forensisch psychiatrischen Compendiums erfreut zu haben. Ich fand ein Exemplar in einer rein juristischen Fachbibliothek aus dieser Zeit (Landrat SCHEVEN um 1794 in Hennef (Sieg).

tönigkeit die Art der Natur schlechthin sehen wollen, statt sie auf die Stumpfheit der Objekte zu beziehen[1].

Die einfachsten magischen Eigenschaften beziehen sich nach HELMONT auf die elementarischen Einzelteile — nicht auf Ganzheiten. Sie leiten sich her etwa aus den Tria prima, dem Sal, Sulphur und Mercur, aus der Anschauung dieser Formen. Die nächsthöhere Stufe bilden die aus der Einbildung gemischter, nicht einfach elementarer Dinge hervorgehenden, wie die Kraft des Magneten, die Virtus von chemischen Ingredienzien, Kräfte, wie sie im Fleisch, Früchten, Blättern vorkommen. Dann drittens die magische Kraft, die aus der Einbildung der lebendigen Ganzheiten kommt und auch den Tieren eignet, durch Stärke und Inbrunst der Phantasie hohe Grade erklimmen kann. Endlich die vom Körper selbst losgelöste, höchste magische Kraft, erregt von den feineren Seelenkräften, denen die wirksamsten Einflüsse, stärksten Eindrücke und nachhaltigsten Effekte entspringen. Entsprechend diesen Staffeln die verschiedenen Mittel, mit denen die magischen Kräfte verwirklicht werden: Wärme (entsprechend den Tria prima), Berührung (entsprechend der magnetischen Kraft, den gemischten Dingen) und Gedanke. Utrobique scil. natura maga est et phantasiam suam agit: et quia quo spiritualior eo potentior est, ideo quoque magica etymon est analogon[2]. So können auch in vergossenem Blute magische, magnetische, sympathetische Kräfte erregt werden — durch Gedanken, Faulenlassen oder die eigenartige Waffensalbe des PARACELSUS. In ihr ist nicht Satanswirkung, sondern die natürlicher Menschenkräfte zu suchen. Auch die inkretorische Wirkung des Uterus auf den Magen und die vegetativen Zentren ist der Entsendung magnetischer Kräfte zuzuschreiben. Sie können den Magen u. a. zur Verdauung sonst unverdaulicher Dinge bringen. Eisenhut (Napellus), Hundebiß, Tarantelstich, in deren Gift die Einbildung

---

[1] De magnetica vulnerum curatione 152.

[2] De magnet. vuln. curat. 158. Ähnlich versteht in sehr beachtenswerten Ausführungen später A. KAAU BOERHAAVE, einer der wenigen, die HELMONT gerecht geworden sind und dabei Physiologe von hohem Range, unter *Magie* den Consensus partium, die Sympathie, der Organe, die ohne sichtbare Mitwirkung der Gefäß- und Nervenbahnen arbeitet, die ξύρροια μία, ξύμπνοια μία, ξυμπαθέα πάντα des HIPPOKRATES (De Alim. aphor. XII). Auch KAAU BOERHAAVE möchte die Dämonen und ihre Einwirkungen noch nicht völlig in Abrede stellen (a. a. O. S. 177).

der Wut, Manie usw. eingesiegelt ist, wirken durch magisch-magnetische Kraft. Bald wird sie über das Blut des betreffenden Wesens triumphieren, dem das Gift auch nur ganz oberflächlich durch Hautwunden beigebracht wurde. Dann weicht die ursprüngliche Einbildung und Einstellung („Phantasia") des gesamten Blutes zurück, und dieses nimmt, ob es will oder nicht, die Einstellung auf die Hydrophobie von diesem fremden Wirkstoff („Tinctura") an.

So ist unter Magie die höchste, dem Menschen von der Schöpfung her eingeborene Erkenntnis der Dinge zu verstehen, die zur höchsten Wirksamkeit befähigt, nicht ganz ausgelöscht und verkümmert im Sündenfall, sondern im Inneren schlummernd und daher der Erweckung bedürftig[1]. Sie wacht, wenn der „auswendige Mensch" mit seinen sündigen Gedanken schläft.

Natürliche Menschenkräfte mithin, die durch bloßen Vorsatz ein gutes Werk zum Bösen verkehren, durch die man Hexen entlarven und unschädlich machen kann, indem man etwa das Herz eines von ihnen sympathetisch beeinflußten und zu Tode gebrachten Pferdes durchbohrt, worauf die Hexe selbst tot umsinkt — natürliche Kräfte, durch die das Blut des verletzten und darüber wütenden Stieres giftig wird, durch die in gewaltsam zu Tode Kommenden magische Einflüsse wirksam bleiben, Naturkräfte auch, durch die der Satan — als solcher machtlos — vermittels der Hexen den Menschen und sein Werk lenkt.

Mitten im Glauben seiner Zeit stehend, wächst aber HELMONT gleichzeitig über ihn hinaus in der für ihn so kennzeichnenden Gegenstrebigkeit und Paradoxie. Auf diesem Gebiet kann HELMONT wie seinen Zeitgenossen nur eine Betrachtung gerecht werden, die ihn aus den Zeitströmungen heraus zu begreifen sucht, wie wir sie oben S. 3 ff. gezeichnet haben.

Es ist eine Epoche geistiger Gärung, die Scheide zweier Weltbilder, des idealistischen, wenn man will, magischen des Mittelalters und des mechanistisch-naturwissenschaftlichen bzw. überhaupt wissenschaftlichen. Die Auseinandersetzung ist in keiner Weise bereits durchgeführt, der Übergang ist ein allmählicher, bezeichnet selbst eine Epoche, die *Barockzeit*. Sie trägt so manchen

---

[1] Adeoque sub eo vocabulo, altissimam verum cognitionem ingenitam et potentissimam ad agendum potestatem subaudimus nobisque cum adamo aeque naturalem, peccato non extinctam, non obliteratam, sed velut somnolentam, idcirco excitamenti indigam. De magn. vuln. cur. 126.

starken Geist, der wie HELMONT induktive Naturforschung mit Skepsis gegen das scholastische Lehrgebäude und tiefster Gläubigkeit an die das All durchströmenden göttlichen Kräfte verbindet (BACON, BOYLE u. a.). Sym- und Antipathie fesseln das Einzelne untereinander und das Allgemeine mit dem Einzelnen (MAX NEUBURGER). Bei dem Menschen einer solchen Zeit muß auch das Seelische intensiveren Einfluß auf körperliche Funktionen gehabt haben als in Epochen der Aufklärung und des Rationalismus. In diesem Sinne sind HELMONTS Grundlehren zu verstehen: vom Archeus und der Actio regiminis als dynamischen, das Stoffliche steuernden Prinzipen.

In HELMONTS paracelsischem Weltbild besteht keine Trennung des Organischen und Nichtlebendigen. Materie und Energie sind aufs engste verknüpft — im Gegensatz etwa zu STAHL, der den Fortschritt der Trennung des Organischen mit der mehr äußerlichen Gegenüberstellung und dem Fehlen einer Durchdringung von Lebensprinzip (Anima) und Stoffsubstrat erkauft. Aus alledem ergibt sich für HELMONT ein ganz besonderes Gesicht der Magie. Sie umfaßt für ihn kosmische Kräfte von allgemeiner Verbindlichkeit, die nicht einfach zu leugnen, sondern natürlicher Erklärung zuzuführen sind.

So wird es ihm leicht, auf Grund dieser Thesen in den Streit zwischen dem Jesuiten ROBERTI und dem Marburger Professor GOCLENIUS einzugreifen. Die Satanswirkungen, die ROBERTI in der Heilsalbe des PARACELSUS zu sehen vermeinte, sind genau so wenig in ihr vorhanden, wie die PARACELSische Lehre von GOCLENIUS richtig dargestellt oder aufgefaßt sei. GOCLENIUS habe u. a. PARACELSUS in Einzelheiten mißverstanden, wenn er die einfache Bestreichung des Schwertes mit der Salbe für genügend erklärt habe, die mit diesem Schwert geschlagenen Wunden zu heilen. Vielmehr sei hierzu nach PARACELSUS Blut — angetrocknet und etwas angefault — nötig. Ganz allgemein seien GOCLENIUS' Erfahrungen nicht ausreichend in dem ganzen Streit. Eine eigentliche Quaestio facti besteht ferner gar nicht: Theologe wie Mediziner stellen die Tatsachen der Wunderheilung gar nicht in Abrede, sondern streiten sich nur, ob natürliche, wie der Mediziner sagt — oder Satanswirkung — wie der Theologe glaubt — im Spiele ist[1]. In Unkenntnis der Natur und ihrer Kräfte hat hier die inkompetenteste aller Instanzen, die Theologie, für das, was sie nicht erklären kann, den Satan Lückenbüßer sein lassen.

---

[1] De magn. vuln. curat. 4.

Nach alledem dürfte die Meinung RADLS, der Jesuit habe sich aus Gründen der Aufklärung gegen derartige Formen von Heilkunst gewendet, kaum genügend begründet sein[1]. Das geht vor

---

[1] HELMONTS Schrift: De magnetica vulnerum naturali et legitima curatione contra JOANNEM ROBERTI soc. Jesu theologum. Paris. N. LEROY 1621 — wider HELMONTS Wissen und Wollen in unberufene Hände gelangt und gedruckt — bot seinen schon lange lauernden Feinden — insbesondere dem durch HELMONTS scharfe Kritik in Sachen der Quellen von Spa gekränkten mächtigen DEHEERS — die Handhabe, ihn empfindlich zu treffen. Ein durch über ein Jahrzehnt hingeschleppter *Inquisitionsprozeß* vor dem Officium in Mecheln hat HELMONT körperlich und seelisch fraglos schwer geschädigt. Die einzelnen Phasen des Prozesses: 1624 Herausgabe einer richtigen Anklageschrift mit 27 ketzerischen Punkten zu Köln („JOANNIS BAPTISTAE HELMONTII medici et philosophi per ignem propositiones notatu dignae depromptae ex eius disputatione de magnetica vulnerum curatione Parisiis edita") — 1627 Verhör, HELMONT wird verpflichtet, sich dem Prozeß ständig zur Verfügung zu halten — 1630 erneute Vernehmung — 1634 abermalige Vernehmung und Festsetzung auf Grund einer neuen Publikation der Gegner, in der die „censurae celeberrimorum tota Europa theologorum et medicorum" vereinigt sind, die sämtlich vernichtend ausgefallen waren — gegen Kaution einer hohen Summe Erlangung der Haushaft bis 1636; Intervention der Königin von Frankreich, MARIA VON MEDICI, und des Rates von Brabant bringen das Verfahren allmählich zum Einschlafen (1638?) — nach HELMONTS Tode bezeugt der Erzbischof von Mecheln HELMONTS Witwe, daß trotz höchst verdächtiger und anfechtbarer Stellen in seinen Schriften er auf Grund seines anerkannt frommen Lebenswandels sowie seiner Erklärungen — HELMONT, treuer Sohn der römischen Kirche, hatte nicht gezögert, die inkriminierten haeretischen Punkte zurückzunehmen — vom Vorwurf der Ketzerei freizusprechen sei. Diese Phasen des Verfahrens liegen durch die Mühe von BROECKX klar vor Augen (Notice sur le manuscrit Causa J. B. HELMONTII déposé aux archives archiépiscopales de Malines. Ann. de l'acad. d'archéol. Belgique 9, S. 277, Anvers 1852, ferner Interrogatoires du docteur J. B. VAN HELMONT sur le magnétisme animal. Ebenda 13, S. 306, 1856. Vgl. ferner MARINUS, J. R.: Éloge de J. B. VAN HELMONT. Bull. acad. roy. méd. Belg. 10, S. 415, 1850, ROMMELAERE, Études sur J. B. VAN HELMONT. Mém. cour. l'acad. roy. med. Belgique. Bruxelles 1868; von neueren: RHEINBOLDT, H.: JOH. BAPTIST VAN HELMONT, der flämische Reformator von Medizin und Chemie. Der Belfried 2, 1/2, S. 78, 1917 u. a.).

Aus der während des Prozesses in Gutachten und Akten zutage getretenen „öffentlichen Meinung" der zünftigen Theologie und Medizin ist unschwer ein Urteil über die von RADL dem Jesuiten ROBERTI zugesprochene Aufgeklärtheit zu gewinnen. Eine solche läßt sich scheinbar zunächst daraus herleiten, daß die Mehrzahl der Gutachten zum Ergebnis kommen, daß die magnetischen Effekte tatsächlich nicht beobachtet werden. So wenn von den Propositiones PARACELSI die Rede ist, wie 1. TITIUS' Wunde, in Polen erworben, heilt, sobald in Holland das Schwert mit einer bestimmten Waffen-

allem aus einem Studium des Originals der ROBERTIschen Streit-
schrift hervor: Tractatus novi de magnetica vulnerum curatione
authore D. RUD. GOCLENIO brevis anatome exhibita arte et manu

---

salbe eingerieben wird; 2. Sempronius schwer krank. Sein Aderlaßblut wird dem Inhalt eines Eies beigemengt, von einer Henne be-
brütet, dann nach Gerinnung und Fäulnis von einem Schwein oder
Hund genossen. Diese sterben, Sempronius gesundet oder 3. Eine
Lampe, von Öl aus menschlichem Blut gewonnen, brennt, solange
der Mensch lebt. Hier heißt es im Gutachten der Löwener medizinischen Fakultät (BROECKX, 1852, S. 321) wörtlich: „Titium non
curatum iri . . ." Oder mit Bezug auf ein Vitriolpulver, das auf ein
mit Wundsekret beschmiertes Tuch aufgetragen, dadurch zur Heilung
der betreffenden Wunde führen soll: Es ist an sich unglaublich, daß
das Pulver auf einen Umkreis von 100 Meilen seine Heilkraft ausstrahlt, ja, es müßte in diesem Falle alle Wunden, die in diesem Um-
kreise überhaupt vorhanden sind, zur Heilung bringen, auch wenn
es nicht mit dem Sekret dieser Wunden in Berührung gebracht wurde
— wie ja auch die Gestirne ihre Einflüsse ohne reale Berührung mit
den sublunarischen Dingen auf diese geltend machen. Viel eher
könnte das Pulver, direkt auf die Wunde aufgetragen, helfen. Endlich
was soll die abergläubische Vorschrift, daß es ein Linnen sein muß,
dem das Pulver appliziert werden soll. (Gutachten der Löwener
theologischen Fakultät, BROECKX 1852, S. 291, vom Jahre 1639 mit
Bezug auf den sympathischen Puder des Belgiers ERYCIUS MOHY.
Über diesen HELMONT, De sympatheticis mediis. Ausg. Francof.
1707, S. 579). *Aber der Gedankengang ist doch ein anderer, als es nach
alledem scheinen könnte.* Man sagt sich: mit natürlichen Dingen kann
all das nicht zugehen, ohne daraus die wirkliche Unmöglichkeit zu
folgern. Vielmehr muß die Hand des Teufels im Spiel sein — die
stets wiederkehrende Lösung des Problems in allen Gutachten und
Äußerungen, während sich ja HELMONT dauernd bemüht hat, die
einfachen Naturkräfte und Naturgesetzlichkeiten in diesen Phäno-
menen aufzuspüren, also trotz abergläubischer und phantastischer
Annahmen, denen auch der Teufel und die Hexen durchaus nicht
fremd waren, höher stand als seine Gegner. — Mag auch der berühmte und streitbare VOP. FORT. PLEMPIUS von dem Schwindel-
haften der magnetischen Kuren mehr als von ihrem teuflischen Ursprung überzeugt sein, wenn er schließt: „itaque malum esse superstitiosum ac diabolicum hunc medicandi modum: aut si non sit,
nullum esse superstitiosum amplius; etenim omnes similibus com-
mentorum parapetasmatis tegi et ornari poterunt" (BROECKX, a. a. O.
1852, S. 290). Nichts davon ist sonst in den Gutachten zu spüren.
Wir führen nur an: „Curationem hanc censemus esse magicam seu
diabolicam quam scilicet diabolus secreta manu sua activa passivis
adplicante perficiat, istaque virtute naturali pulveris chalcantici
proetexat, ut infamia poenisque sub commercii mancipatos sibi homines liberet." Oder in dem gleichen Schriftstück: „Et si Deus naturalem modum agendi pro nutu arbitrii sui connucitare possit et in
huius sui arbitrii argumentum quibusdam corporibus indiderit extra-
ordinarias et quasi miraculosas virtutes magneticas et sympatheticas,
si tamen non consisterit ullas ab authore naturae inditas esse sed ex

Joannis Roberti soc. Jesu theologi. Lovani Typ. Christ. Flavi
1616. Hier wendet sich zwar Roberti gegen eine sympathetische
Heilkunst als Ausgeburt calvinistischer, d. h. ketzerischer Ideologie
und Zauberei. Aber nicht etwa weil die Heilung nicht eintritt bei
Anwendung jenes Nichts, als das er die Beschwörungen und die

circumstantiis verisimile sit daemonis fraude et arte naturalibus esse
suppositas; omnino ab earum usu curationeque per eas instituenda
abstinendum est. Christianis enim non solum certo sed et dubio
daemonis commercio abstinendum est, ne ipso infamis eiusmodi commercii periculo laesae divinae maiestatis rei fiant . . ." Hier kommt
der oben gezeichnete Standpunkt am reinsten zum Ausdruck. Die
Möglichkeit des Vorkommens dieser außerordentlichen, ja wunder-
baren Phänomene wird durchaus nicht geleugnet, nur bergen sie die
Gefahr teuflischer Einwirkung — abhorrent a genio et instituto
naturae — und da man bei solchem nie wissen kann, was sich dahinter
birgt, ist man als Christ verpflichtet, dem aus dem Wege zu gehen.

Einer der schlimmsten Helmont gemachten Vorwürfe betraf
Respektlosigkeit gegen die Reliquien und ihre Wunderkräfte!
(4. These der Censura S. 295 ff.) Ein paar Seiten weiter figuriert
Helmont als Schüler des „Teufels" Paracelsus („in Paracelsi hoc
est diaboli scola . . .").

Das grundsätzlich gleiche Bild ergibt sich aus den damals gangbaren
Lehr- und Handbüchern der Magie, so vor allem den oben schon erwähnten Disquisitiones magicae des Martinus Delrio (s. o. S. 93),
eines der von Helmont wenig geschätzten Lehrer seiner Jugend. Mit
logischen Spitzfindigkeiten wird hier die Unmöglichkeit zahlreicher
sog. magischer Effekte als „vanae superstitiones" bewiesen, auf der
anderen Seite für das Werk von Dämonen, des Teufels und böser
Engel erklärt, deren Leugnung als Häresie (Demokrit, Aristoteles,
Averrhoes) gebrandmarkt wird. Die Differentialdiagnose zwischen
Magie, echtem Wunder und mit natürlichen Dingen zugehenden
Ereignisse wird genau erörtert (Beginn des II. Buches S. 109). Der
Gebrauch unzusammenhängender Reden, die Einstreuung apokrypher
Gottesnamen, die Anwendung von Charakteren und Figuren (aus-
schließlich des Kreuzes) sprechen für Magie. Die magischen Effekte
können wirkliche, vorgetäuschte oder beides sein. Sie entstehen:
Per motum localem, per alterationem oder per delusionem. Incubus
und Succubus, die Annahme fleischlicher Formen, Vortäuschung des
Geschlechtsaktes, ja Geburt eines Kindes, dessen Vater nicht der
Dämon, sondern der von ihm vorgetäuschte Mensch ist, Sym- und
Antipathie als Vis *naturalis* von Amuletten, *supranaturalis* als solche
von religiösen Amuletten, das „Pactum expressum vel tacitum cum
daemone" sind Del Rio geläufige Vorstellungen. Andererseits findet
er manches kritische Wort und Mittelwege bei der Lösung von Pro-
blemen. Er nimmt u. a. die Möglichkeit körperlicher Säfteänderungen
evtl. Heilungen durch Glauben an, verwirft dagegen eine Wirkung
durch feste magnetische Verbindung von „Incantator" und „In-
cantatus" u. a. m.

Nach alledem wird es schwer, Radl in seiner These von der Aufgeklärtheit der damaligen Jesuiten im Gegensatz zu Helmonts
Obskurantismus zuzustimmen.

Waffensalbe kennzeichnet[1], sondern weil, wie es zum Schlusse heißt: „Vulnera nunquam devorari et sanari a tuo unguento ... sed ab huius idoli mysta, id est (audi fortiter libere vera enunciantem) id est inquam a *Diabolo*." Das erhellt auch aus der Schlußzensur, die ROBERTI dem GOCLENIUS erteilt, wo es heißt: „Quae priore parte de caracteribus scripsisti, de fanatica impietate sunt: quae posteriore de unguento armario, eiusdem furfuris. Totus libellus perniciosus est reipublicae Christianae. En iudicium." Was die Calvinisten bei der heiligen Eucharistie nicht begreifen oder glauben können, das stelle GOCLENIUS mit Leichtigkeit in seiner Waffensalbe aus dem Schädeldach eines aufgehängten Diebes dar: Die Kraft (actio, virtus) nämlich, die ohne körperlichen Kontakt auf die Körper wirkt, sich ausgießt und sich verbreitet.

Weiterhin finden sich in der dem erwähnten Streit gewidmeten Schrift HELMONTS neben der Fülle von altbekanntem Abstrusen — den Fasern von St. Huberts Rock als Heilmittel gegen Hundebiß[2], der Pestheilung durch Saphir und Karfunkel[3], der Heilkraft gewisser, auf eine Wunde naß gelegter und nachher vergrabener Kräuter, die alles Schädliche aus dem Kranken herausziehen[4], der Heilkraft gestoßener Hirnschalen von Gehängten und Nichtgehängten[5] und v. a. m. — *doch ganz große und weit über seine Zeit hinausweisende Perspektiven. So, wenn er im Blute des Rekonvaleszenten die Immunkräfte ahnt und dieses als Wundmittel empfiehlt und seine feiende Kraft für den Träger erkennt. Auch dies bei* HELMONT *eine magnetische magische Kraft*[6].

In der Krankheitslehre wirken die *Injecta a sagis*, insbesondere die Kraft des Teufels, nicht durch direktes Eindringen in den menschlichen Körper — so wie ein Schwert geschluckt werden kann und dann wieder zur Seite des Bauches herauseitert — direkte Einwirkung oder Beschädigung des Menschen ist dem Teufel untersagt, sondern er macht sich das Blas motivum des Menschen dienstbar. So dringen die Injecta, durch den Teufel unsichtbar gemacht, und auf dem Wege

---

[1] Die nicht einmal in der Lage ist, einen Flohstich zu heilen, geschweige denn große Wunden.

[2] De magn. vuln. cur. 45.

[3] 34 ff.

[4] Ib. 29.

[5] Ib. 44.

[6] „Curatur autem tuto et celeriter, si sanguine cuiusdam qui semel illo morbo laboraverit, foris vel tenuiter locus inungatur. *Nempe qui semel a morbo illo convaluerit, sanguinem nedum balsamicum obtinuit, unde in posterius ab eodem morbo tutus sit;* verum etiam eundem affectum curat in proximo eiusque sanguinem cutaneo attactu vi magnetismi in balsamum similem transplantat. Ib. 50.

scheinbarer Sehnsucht des Menschen selbst in diesen ein. Heilung erfolgt durch die Gnadenmittel der Kirche, aber auch einige Simplicia, „quibus omnipotens Bonitas dotem a creationis initio indidit resistendi, praecavendi et corrigendi veneficia itemque exigendi injecta", so wie die in der Tobiasgeschichte geschilderte Räucherung von Leber, vor allem das Electrum minerale immaturum des PARACELSUS u. a. m. Sie heilen die Inkantation, die Einlullung, wie u. a. PARACELSUS diese Einflüsse bezeichnete, die Krankheit durch Suggestion[1].

Damit ist die Überleitung zur *zweiten Gruppe* der *Recepta*: den *Concepta*, den *Krankheiten durch seelische Einwirkungen* auf den Körper unmittelbar gegeben. Es liegt im ganzen Geiste HELMONTscher Krankheitslehre, daß diesen Einflüssen als Krankheitsursachen, mithin Erregern von „Ideae morbosae", ein besonderer Akzent verliehen wird. Die in erster Linie hierhergehörigen *Geisteskrankheiten* entspringen — wenn auch nicht rein psychischer Natur, sondern stets und notwendig mit Störung des Körper-Archeus, der Elementarseele verknüpft — abnormen Ideen der Anima sensitiva und offenbaren darin ihre Herkunft aus dem Sündenfall, dem ja auch die Einrichtung der Anima sensitiva entstammt. Im Einzelfall sind Hoffart, Stolz, Affekte und Leidenschaften aller Art die individuelle Ausgangssituation der Geisteskrankheit. Ihr nahe verwandt sind die vielen, im wahrsten Wortsinne hysterogenen, d. i. vom Uterus und seiner Imaginatio phantastica ausgehenden Leiden. Als Aussender magnetischer Kräfte und Inkrete, als Inhaber eines eigenen Monarchats mit weithin auf den ganzen Körper strahlender Actio regiminis, der Seele unterworfen, genießt der Uterus bei HELMONT — *paracelsischem* Vorbild auch hierin folgend — eine Sonderstellung, erscheinen die von ihm erregten Krankheiten als solche eigener Art. Im direkten Gehorsam, den der Uterus der Anima schuldet, und der unmittelbaren Aufnahme abnormer seelischer Einwirkungen liegt die Ähnlichkeit der hysterogenen Krankheiten mit den Geisteskrankheiten im engeren Sinne.

Bedauerlich daher das weibliche Geschlecht, das dem Monarchat des Uterus untersteht und somit neben den Leiden des männlichen noch den spezifischen „ex ente uteri" ausgesetzt ist. „Duplex enim et hodie luit piaculum, quasi in Eva duplicis peccati

---

[1] Injaculatorum modus intrandi 1 ff.

rea." So bringt sie bis auf den heutigen Tag — Angeklagte für doppeltes Vergehen — zwiefaches Sühneopfer[1].

Die *Inspirata*, den Ausdünstungen des Bodens, der Mineralien, Berge, Lebewesen zur Last fallend, wirken weniger auf Luftwege und Lungen, die im Verkehr mit der Außenwelt an manchen Insult gewöhnt und wie die Gallenblase gegen Galle oder die Harnblase gegen die Wirkung des Harnes gefeit sind, als auf den Magen und mit diesem das vegetative Zentrum. Die wirkliche Zusammensetzung der Luft, das *Chaos des* PARACELSUS, nicht abnorme Wärme oder Kälte, Feuchtigkeit oder Trockenheit derselben ist ihr schädliches Agens.

Die *Suscepta* umfassen die *rein äußerlichen* und mechanischen Wirkungen von *Traumen*. Es ist nichts Bestimmtes, was sie samenhaft erzeugen, wie all die anderen Krankheitsursachen, sondern bald dieses, bald jenes rufen sie hervor. *Die einfache Wunde ist in diesem Sinne gar nicht richtige Krankheit, sondern Tod oder Todesdrohung für den betreffenden Körperteil.*

Die *Assumta* nehmen eine *Mittelstellung zwischen Recepta* und *Retenta* ein. Den zugeführten Nahrungsmitteln entstammend, wirken sie doch gewöhnlich erst krankhaft ein, wenn abnorme Zersetzungen derselben eintreten, wenn aus den Recepta assumta: Assumta retenta geworden sind. Denn ähnlich wie die Aspirata die Zufuhrwege — Luftröhre und Lungen — intakt ließen und erst auf das vegetative Zentrum ihren unheilvollen Einfluß geltend machen sollten, haben die Assumta gewöhnlich den Speisewegen, auf denen sie den Organismus betreten, nichts an. Erst ein Mangel der Verdauung — sei es in quantitativer, sei es qualitativer Beziehung oder in Anordnung und Verteilung — macht sie zu Krankheitsursachen: Die abnorme Quantität, das Zuviel oder Zuwenig, die abnorme Qualität, wie Giftigkeit oder die Anwendung zu differenter Mittel, die abnorme Zeit der Zufuhr, die schlechte Verteilung der Nährstoffe.

Werden so die Assumta zu Retenta, so sind doch die *eigentlichen Retenta* unabhängig von Äußerem, sind Eingeborenes, *Retenta innata,* das Heer der „zweiten Krankheiten", die im Schoße der geschilderten primären Krankheiten entstehen.

Den *Übergang* von den *Assumta* her bilden die *Retenta relicta*:

---

[1] De conceptis 18.

Restbleiben abnormer Zwischenprodukte bei der 1., 2., 3. oder 6. Verdauung — bei der 4. und 5. Verdauung, der Umwandlung von Cruor in Sanguis und der von Sanguis in Spiritus vitalis bleibt nichts Überflüssiges zurück. Am häufigsten sind es Fehler der 6., letzten Verdauung, der Assimilation des organeigenen spezifischen Nährstoffes, die hierhergehören: so die Entstehung des Auswurfes der Schwindsüchtigen u. a. m. Letzten Endes sind auch sie „Assumtorum stercora", „aus einem braven Bürger zum Verräter geworden[1]".

Die *Retenta transmutata* eignen ebenfalls vor allem der 1.—3. und der 6. Verdauung, kommen jedoch auch der 4. und 5. zu. Können doch auch Blut und Spiritus — krankhaft verändert — zur Ursache zweiter Krankheit werden. So degeneriert Cruor, lange zurückgehalten und gestaut, zu Menstrual- und Hämorrhoidalblut. Die ganzen sog. atrabilischen Krankheiten der Schulen sind nichts als Stoffwechselstörungen bei der dritten Verdauung, der Cruorbildung in der Leber. Die Ernährung der Organe ist nur sichergestellt, wenn Cruor und Schlagaderblut in bestimmtem — uns noch unbekanntem Mengenverhältnis zueinander stehen. Was man ferner abnormer Lebenswärme zuschreibt, kommt in Wahrheit einer Störung in der Assimilation durch das Gewebe zu. Ist diese Störung eingetreten, dann erst gesellt sich abnorme Hitze hinzu — genau so wenig wie diese Ursache der Entzündung eines von einem Dorn durchbohrten Fingers ist. Die Stoffwechselstörung gibt zur Bildung des Retentum Veranlassung, das Transmutatum wird als solches durch Störung der letzten Verdauung in Erscheinung treten, z. B. große Cysten, Geschwülste und Hypertrophien der Organe, Knochencaries, Gibbositäten, Exarthrosen.

Aus dem Transmutatum wird das *Retentum transmissum*, die letzte Gruppe, wenn das Retentum zur Absiedlung an ferne Orte, insbesondere die Haut, gelangt, also Metastasen setzt[2]. Mittler

---

[1] Retenta S. 584/585: degenerarunt a scopis naturae... vel ex bono cive degenerarunt in proditorem."

[2] Z. B. von der Leber in die Haut: „Saepe enim sic hepar ex retento noxio apostemata et vitia cutis foras sagittavit, quae multipliciter in via ratione transmissi degenerant, pellemque sic conquinant, ut quidquid demum ad eam cruoris pro alimonia distribuitur, in eodem contagii titulo corrumpatur. Cuiusmodi sunt ulcera, quae si solidentur, maiorem intus noxam minitantur. Retenta S. 587 (Francof. 1707).

dieser Metastasen ist der Latex, bestimmt zum Auswaschen der Organe von abnormen Restbestandteilen der Assimilation, der 6. Verdauung. Ihre Störung liegt daher als bedeutungsvollster Akt den zahlreichen Retenta transmissa zugrunde. Entartungen des Latex — seine propria libido — kommen als Hilfsursachen dazu.

Die verschleppten Retenta können als solche am entfernten Orte reizend wirken oder dem dortigen Archeus die krankhafte Idee, die zweite Krankheit, einpflanzen — im Gegensatz zur primären, rein archealischen Krankheit, die „objektiv und subjektiv" den Archeus betrifft, während die sekundäre „objektiv" den Archeus, „subjektiv" aber die Materie, sei sie flüssig oder fest, befällt.

Auf diese Weise können sich die Krankheiten in mannigfachster Art mischen und mengen. Das Robur inaequale — rein archealischen Ursprungs — kann z. B. ein Retentum transmissum auf ein bestimmtes Organ konzentrieren und fixieren, Torturae noctis durch Verunreinigung des Latex entstehen, Transmutata der 1. Verdauung auf die 2. einwirken und dadurch Fieber, Nausea, Ohnmacht erzeugen oder auf die 3. mit dem Erfolg von Hydrops, Kachexie, Gelbsucht, Beschwerden im Unterbauch, erschwertem Harnlassen oder auf die 6., wodurch Fieber, Attacken, Seitenstechen, Lungenentzündung entstehen. Umgekehrt können Transmutata der 2. auf die 1. Verdauung zurückwirken und Apepsie, Erbrechen bitterer Substanzen, Durchfall u. a. hervorrufen. Kachexie, Fieber, Gelbsucht sind Folgen des Einflusses von Transmutatis der 2. auf die 3. Verdauung; Blutbrechen, Durchfall, Hämorrhoiden die der 3. auf die 1. Herzpalpitationen, Syncope, Herzschlag, „si transmutata tertiae in quartam pergant". Schlagfluß, Lähmung, wenn bei der 1 Verdauung, der fermentativen und öffentlichen, i. e. der Ganzheit dienenden Magenverdauung, Transmutata entstehen, die auf die 6., private und assimilatorische Digestion des Magens wirken.

Übermäßige Magensäure der 1. Verdauung, unmittelbar auf die Milz wirkend, erzeugt Quartana durch Ausfällen gerinnender Substanz. Leidet die 6. Verdauung der Milz, so entstehen abnorme Schlafsucht, Träume, Benommenheit wegen ihres Einflusses auf die Gedankenbildung — die nichts mit Trunkenheit und Geistesstörung zu tun haben. Ein überaus wichtiger Beleg für die Bedeutung der HELMONTschen Krankheitslehre sind seine Erkenntnisse in der Lehre von der *Wassersucht* — nicht zum wenigsten, weil hieraus die wichtige Rolle zu ersehen ist, die HELMONT der *pathologischen Anatomie* zuerteilt.

Die *Leichenöffnungen* verfolgen für ihn einen unmittelbar *praktischen Zweck*: am Krankenbett zu helfen durch Überwindung alter eingewurzelter Irrtümer. Die Sektion ist nicht dazu da, ein klinisches Vorurteil, mit dem man an sie herantritt, zu unterlegen, also das *persönliche* Kausalitätsbedürfnis des Arztes zu befriedigen, noch hat sie einen Wert für den Toten selbst, wollte man ihn nicht deswegen zerstückeln, damit er nicht wieder aufstehen kann. „At solum pro medente aperitur cadaver, utque addiscat, haeres didactron solvit." Allein damit der Arzt zulerne, zahlt der Hinterbliebene das Lehrgeld und läßt den Leichnam öffnen. Die Mediziner aber, die nicht hinzulernen wollen, stehen mit gerümpfter Nase dabei, in der Hoffnung, der Tod des Patienten möge nicht zu sehr auf das Honorar einwirken[1].

Der Sektionsbefund ist *kritisch* zu verwerten! Sehr häufig werden agonale und postmortale Veränderungen als *Todesursachen* statt als Todesfolgen angegeben. Die Krankheit kann rein dynamisch-funktionell und ohne greifbare körperliche Spuren sein.

Andererseits ist der *negative Leichenbefund an der Leber und der positive an der Niere beim Hydrops* für HELMONT der Hinweis, daß dieser die Hauptrolle bei der Entstehung der Wassersucht zufällt. Läge sie bei der Leber, so wäre die Wassersucht auch nicht so gut beeinflußbar. Der Befund einer Nierenparenchymverstopfung zeigt jedoch nicht die Ursache, sondern selbst wieder eine Folge des Leidens an. Denn Steinverstopfung z. B. bedingt keinen Hydrops[2]. Ursache ist eine Beeinflussung des *Nierenarcheus*, die zu allerlei *Kreislaufstörungen* (Thrombosen, Blutungen — Hämatom der Hirnhäute verursacht Gesichtsödem u. a.) und damit zur Wassersucht führt. Diese scharfen Beobachtungen steigern sich *zur Vorwegnahme ganz moderner Urämielehren*, wenn HELMONT einen *allgemeinen Angiospasmus* voraussetzt („Hydrops morbus ... ad cuius incitamenta Archeus renum ideam indignationis format: cuius potestate ureteres *venasque occludit*; affluum

---

[1] Ignot. hydrops 10.
[2] Ib. 15. Nierenstein bewirkt keinen Hydrops.

laticem corrumpit ac divertit ... abdominis interim membranas, harum poros ita stringit, ut nihil penitus transmittant in mortem usque[1].“

Vom eigentlichen Hydrops sind die Zustände streng abzutrennen, die ihn vortäuschen, so die abnorme Gasansammlung (Tympanie) und die *Fettleber bei Abgemagerten*[2].

„Sicque nimirum morbos per causas, radices atque essentiam, juxta hospitia, in natura distributos ostendisse, calamum repono.“ So ist das große Werk getan, die Phalanx der Krankheiten nach ihren wirklichen Ursachen, ihrem Wesen, nach ihren Brutstätten geordnet.

HELMONTS Krankheitslehre, fraglos originell und glücklich für die Forderung seines Jahrhunderts, hat den Bruch mit der Komplexion konsequent vollzogen. Die *Krankheit* ist nicht Mischungs-, sondern *Stoffwechselstörung, vorzüglich örtlichen Charakters*, ist aber *nicht materiell bedingt*, sondern das Materiell-Mechanische und Stoffliche wird gesteuert vom Immateriell-Außermechanischen, Biologischen, Dynamischen, der *Ganzheit des Organs* (Archeus insitus) oder der *Ganzheit des Organismus* (Archeus influus). Auch den Metastasen wird die gebührende Rolle zugewiesen, im Blutserum als Vermittler eine bedeutungsvolle Hilfsursache von Krankheiten gesehen.

Hiermit wäre bereits aus dem ersten Katarrhtraktat, den Possen der Katarrhlehre, das Wesentliche von HELMONTS originaler Leistung, seine Krankheitslehre, herausgestellt.

2. Die Schrift über Asthma.

Die beiden *anderen Katarrhschriften — Über Asthma und Husten* sowie „*Tobende Pleura*“ — sind nach den gegebenen Voraussetzungen nunmehr leicht verständlich.

Das tritt schon im Anfang der Asthmaschrift hervor, der die *Lehre von den Lungenporen* — entsprechend der allgemeinen Durchatem- und Durchhauchbarkeit des Körpers — und die Feststellung der völligen Abwegigkeit der Katarrhvorstellungen, des Herabflusses von Feuchtigkeit aus dem Kopfe, wiederholt sowie den örtlichen Charakter der sog. Katarrhleiden betont.

Die Unkenntnis der Krankheitslehre und Krankheitsursachen

---

[1] Ib. 42 und 22.
[2] Ib. 48.

fand — wie HELMONT fortfährt — ihren zwangsläufigen Niederschlag in der unmöglichen Therapie, der Anwendung von Mitteln
gegen den Kopf, wo man auf Beeinflussung der Lunge hätte bedacht sein müssen. Noch törichter die Lecksäfte und Sirupe,
Rosen, Lattich und Fuchslungen, von denen man teilweises Eindringen in die Lungen voraussetzte und so von der weiteren Verstopfung der sowieso engen Röhren die Heilung erwartete.

Nein! Das Wesen des „*trocknen*" *Asthmas*, nach VAN HELMONT
in der Verstopfung der zum Thorax führenden, von den feinsten
Verzweigungen der Luftröhre gebildeten Poren, in Broncho-
stenose und Bronchalkrampf, gelegen, erheischt andere, tiefer in
die Ökonomie des erkrankten dynamischen Organprinzips ein-
greifende Verfahren. Sie haben nichts mit der Therapie des
Hustens gemein, der etwas ganz anderes darstellt und daher auch
andere Mittel erfordert.

a) Formen des Asthmas.

Zwei Grundformen zunächst des *Asthmas*, die bei allem zu
unterscheiden sind: das nur bei Frauen vorkommende, *hysterogene*
der Actio regiminis des Uterus zuzuschreibende[1] und das *andere
Asthma*, das *beide Geschlechter* heimsucht. Letzteres kann sein ein
rein nervöses *trockenes* oder ein *feuchtes*, bei allen möglichen
Lungenveränderungen vorkommendes Asthma.

Atemnot ist ein bei allen hysterogenen Störungen ungemein
sinnfälliges und häufiges Phänomen. Alle möglichen Gelegenheitsursachen bringen sie hervor: starke Gerüche, der Nordwind, Zorn,
Empfang trauriger Nachrichten, Süßwein, Beschimpfung u. a. m.

Auf jeden Fall kommt als bewegendes Moment keine „Actio
corporalis", nichts Materielles, kein Dampf und ähnliches in
Frage. Allein der „Nutus potestativus", der in Zorn, Traurigkeit
oder Furcht vom Uterus gegebene Befehl, die dynamische Steue-
rung herrscht über Enge und Weitsein, Öffnung und Verschluß
des Porenspiels der Lunge. Das hysterogene Asthma bedeutet
hier eine krampfhafte Bewegung, Verzerrung und Verrenkung
innerer Organapparate, wie sie der — kurz, aber treffend be-
schriebene (Abschnitt 15) — hysterische Krampfanfall in den
Extremitäten auslöst.

---

[1] Vgl. Actio regim. 43, 45; Aspirata 8, 11; Ignot. hosp. 94.

Die Unkenntnis dieser wichtigen Zusammenhänge und des
Asthmas durch die vielen Gelegenheitsursachen macht die Kranken
zu traurigen Versuchsobjekten völlig verfehlter und sie nur von
Hoffnung wie Geldmitteln entblößenden Therapie. Aber hartnäckig bleibt man bei der Schablone und Tradition. Diese steht
wie eine Mauer vor allen vernünftigen therapeutischen Erwägungen,
sie entschuldigt und rechtfertigt den gewissenlosen Schlendrian
der Asthmabehandlung. Soweit Einleitung, Status causae et
controversae, Vorhaben und Absicht des Autors der Asthmaschrift!

b) Asthmalehre vor HELMONT.

Was hat man *vor* HELMONT vom Asthma und den hysterischen
Leiden gelehrt und gewußt?

Die *hippokratischen Schriften*, wie *Aretaios*[1], verstehen unter
Asthma Atemnot schlechthin — Anhelitus, Orthopnoe —, das
mühsame Atemholen mit aufrechtem, die besondere Atemnot bei
horizontal gehaltenem Körper. Als Ursachen figurieren Kälte und
Feuchtigkeit der Luft, dickliche Humores, die die Luftröhrenäste
besetzt halten. Frauen neigen wegen ihrer feuchten und kalten
Komplexion mehr zu dem Leiden als Männer und insbesondere
Knaben. Bauarbeiter, Bergleute und Schmiede haben Asthma
als Berufskrankheit. Schweregefühl in der Brust, Mühe beim
Ansteigen, Wegbleiben der Stimme, Heiserkeit, später bleiche
Farben bei roten Wangen sind die Symptome. Die $\pi\nu\acute{\iota}\xi$ $\acute{\upsilon}\sigma\tau\varepsilon\varrho\iota\varkappa\acute{\eta}$[2]
(Suffocatio, strangulatio uteri), ein plötzlicher allgemeiner Anfall
von Engigkeit und Zusammenziehung, in den Leber, Zwerchfell,
Lungen, Herz schlagartig verfallen, entsteht durch Wanderung
und Unruhe der inneren Genitalien, durch Aufsteigen des Uterus
in die Hypochondrien und Lebergegend. Wie ein zweiter Mensch
im Menschen rührt sich der Uterus und bedrängt die Eingeweide.
Der Anfall überkommt den Menschen wie Epilepsie.

Dem Leiden ähnelt der Katochus, eine Pnix mit Aphonie, aber
dieser Katochus kommt auch Männern zu und kann daher nicht
aus den weiblichen Genitalien stammen.

CELSUS[3] erwähnt den ganzen Sachverhalt mit ähnlichen
Worten wie *Aretaios*.

---

[1] De caus. et signis. morb. diuturn. I, 11 $\pi\varepsilon\varrho\grave{\iota}$ $\ddot{\alpha}\sigma\vartheta\mu\alpha\tau o\varsigma$.
[2] Pseudo-HIPPOCRATES de natura mulieris 2, Aretaios. de caus.
et sign. morb. acut. II, 11. — [3] Medicina IV, 20.

Bei GALEN figurieren als Ursache des Asthmas dicke, schleimige Humores, die die Bronchen besetzt halten, und der krude Tuberkel, der auch als Folge von Schleimeindickung auftritt. Entzündungen im Thorax führen ferner zu mangelhafter Atmung[1]. Der „Suffocatio uteri", dem hysterischen Anfall widmet er einen Abschnitt im Buche de locis affectis[2] mit besonderer Berücksichtigung der dabei entstehenden Atemnot. Die Beziehungen von Atmungs- und weiblichen Genitalorganen werden besonders erwähnt[3].

SENNERT[4] spricht von den Dämpfen und dichten Gasen aus der Gebärmutter, die neben den kruden Tuberkeln und schleimigen Säften zur Asthmaursache werden. Allerdings möchte er sie wegen des plötzlichen Kommens und Gehens der Anfälle nur als Hilfsursachen gelten lassen, wenn sie sich aus den schleimigen Flüssigkeiten bilden. Auch abnorme Trockenheit des Lungengewebes, besonders bei Bergwerksarbeit, kann Asthma dadurch hervorrufen, daß die Lunge ihre Elastizität und Dehnbarkeit verliert. Bei einem Drucker hatten sie nach HEURNIUS die Konsistenz eines trockenen Apfels.

In ähnlicher Weise behandelte FERNEL[5] und JACOBUS SYLVIUS[6] das Asthma.

WILLIS[7] *(später als* HELMONT*)* weist die Rolle der Dämpfe aus Milz, Uterus, Gekröse oder sonstwoher entschieden zurück und nimmt dafür Spasmen auf nervöser Grundlage an (*Asthma convulsivum*). Daneben steht auch bei ihm das Obstruktionsasthma durch dickliche und zähe Flüssigkeiten, Eiter, ausgetretenes Blut, Knoten, Geschwülste, Steine.

Die Orthopnoe entsteht durch die zu große Blutwärme bei Bettruhe, die ein Mehr an Luftaufnahme verlangt, als die Luftröhre heranschaffen kann.

Dem Asthma convulsivum liegt eine „*Affectio spasmodica*" zugrunde, die alle atmenden Teile: Zwerchfell, Intercostalmuskulatur, Nerven, ja auch die Hirnursprünge dieser letzteren ergriffen hat.

---

[1] De difficultate respir I, 7; I, 9. De locis affectis IV, 9.
[2] VI, 5.
[3] Z. B. Comm. VI. Epid. Hippocr. IV, 4.
[4] Opp. omnia. S. 335.
[5] Cap. 10 Pulmonum morbi.
[6] Opera med. S. 21 Genevae 1630.
[7] Opp. omnia l. c. De asthmate S. 104.

Es folgt unregelmäßige Kontraktion und Erschlaffung der gesamten Atmungsmuskulatur durch Beeinträchtigung der zum Atmen bestimmten Spiritus animales. Die krankheitserregende Ursache entfaltet ihre schädlichen Wirkungen teils in den Muskelfasern selbst, teils in den Lungennerven, teils an den Ursprüngen dieser Nerven im Hirn. Hierbei ist die Ursache der Atemnot in horizontaler Lage die Ansammlung von Hirnflüssigkeit und ihr Druck auf die hinteren (das achte) Nervenpaare.

Ein pneumonisches kann sich schließlich mit dem konvulsivischen Asthma verbinden und mischen, wenn die verstopfenden Massen der Lungensubstanz auf die Lungennerven im Sinne der Krampferregung wirken. Auch kann nicht genügend in den Atmungsorganen verweilendes Blut das Hirn spasmodisch beeinflussen.

DE LE BOE SYLVIUS[1] führt alle Dyspnoe zurück auf Dämpfe und Blähungen, die im Dünndarm aus Schleim infolge von Einwirkung der Galle entstanden sind. Sie steigen aus dem Magen auf und werden dann der Atmungsluft beigemengt; teils gelangen sie auf dem Blut- und Lymphwege zu den Lungen. Hier bleiben sie hängen, hindern Entfaltung, wie Kollaps des Lungenparenchyms, und erzeugen Engigkeit, Asthma. Teils nimmt auch noch SYLVIUS den vom Kopf herunterfließenden Katarrh als Asthmaursache an. Auch Incubus und Strangulatio hypochondriaca (als hysterisches Asthma) gehen auf die „Halitus flatusve" zurück.

Bei PARACELSUS endlich ist ebenfalls die materielle Verstopfung der Lungenröhren Ursache des Asthmas[2]. Ein gewisser, aber in keiner Weise bewußter oder ausgesprochener Zusammenhang desselben mit der hinfallenden Krankheit („Suffokation") der Gebärmutter ist vielleicht darin erkennbar, daß beider Ursachen im Chaos, dem in der Luft wie dem in den Mineralen liegt, beide als „mercurialische Krankheit" auftreten. Der Uterus hat Bezüge zum ganzen Körper und allen Teilen; es ist ein doppelter Mikrokosmus in der Frau, der Uterus ist selbst ein Mensch, was an den oben erwähnten Spruch des ARETAIOS gemahnt, daß der Uterus im Menschen wie ein zweites Lebewesen beschlossen liege. Zwei Welten wohnen unter einer Haut bei den Frauen. Daher sind sie soviel mehr Leiden ausgesetzt als der Mann — was von

---

[1] Praxeos med. I, 32, 24. — [2] Bergsucht I, 1 ff.

HELMONT fast wörtlich übernommen wird. Das Astrum, also eine dynamische Ursache — macht die hinfallende Krankheit, den „Caducus matris", und durch Einwirkung auf das Astrum ist sie zu heilen. Soviel über die Geschichte des Asthmas vor HELMONT bzw. zu seiner Zeit und unmittelbar nach ihm (WILLIS).

Die *Katarrhe* wie die *Dämpfe* als *Ursache des Asthmas* sind es, denen HELMONT die Fehde ansagt. Er kommt zu einer originellen und fruchtbaren Lehre durch Ausnutzung seiner dynamistischen Grundanschauung und die enge Verbindung, in die er das Asthma mit den hysterischen Leiden bringt.

c) Kasuistik.

Die eigentliche Ausführung der Untersuchung beginnt mit der Wiedergabe einiger höchst markant geschilderter Krankengeschichten, in denen *alle wichtigen Formen des Asthmas in einigen typischen Repräsentanten* vorüberziehen (Abschnitt 21). Prodrome und Anfall, auch die Fernwirkungen (Hautjucken, Urticaria), eigenartige, aurahafte Sensationen in der Magengegend, werden meisterhaft geschildert. Hier kommt das Asthma durch *Trauma, Klimawechsel, Witterungseinfluß, Staubeinatmung,* bestimmte *Nahrungsmittel, seelische Aufregungen* wie nicht zurückgewiesene Beschimpfung (so das Asthma als Äquivalent des steckengebliebenen Affektes im Falle jenes ehrliebenden Bürgers, der von einem großen einflußreichen Herrn beschimpft wird, ohne aus Furcht die Beschimpfung gebührend zurückweisen zu können, Kap. 25), *familiäres* und *erbliches* Asthma, solches, das mit Affektionen der *Milz* (des Archeus des Duumvirats), auch Epilepsie und Geistesstörungen zusammenhängt.

Das Asthma erscheint so als *Typus archealischer Krankheit,* die den *Gesamtorganismus* betrifft, in alle Organe ausstrahlt und Fernwirkung überallhin ausübt, wie Hautjucken und Ausschlag, Zusammenziehung der Mundschleimhaut, Harnfluß und Stuhldrang, Darmspasmen u. a. m. Sie betrifft den Archeus des Duumvirates, das dynamische Zentrum des Körpers, dem all die Fernwirkungen zuzuschreiben sind, und von dem aus sie vorzüglich die Lunge und ihre Poren angreift.

Die geschilderten Krankengeschichten, nicht zum wenigsten die Rolle psychischer Beeinflussung, weisen überwältigend auf das dynamische Zentrum als Krankheitssitz hin.

d) Asthma als „Epilepsie der Lunge".

Als typischer *Morbus silens* und *latens* ist das Asthma der *Epilepsie* nahe verwandt, ja HELMONT bezeichnet es frei als die Fallsucht der Lunge. Auch die Epilepsie hat ihren eigentlichen Sitz am Magenmund — wie Sopor, Coma, Catochus, Catalepsis, Schwindel, Gähnen aus ihm stammen[1]. Auch das eintägige und hektische Fieber hat seinen Sitz hier. Und so ist der Giftstoff des Asthmas auch ein fieberartiger[2]. Bei der *Epilepsie* ist das *Gehirn*, beim *Asthma* die *Lunge* das vorzüglich betroffene Organ. Ein gleicher samen- und giftartiger Krankheitskeim ist es bei der Epilepsie und beim Asthma, der die Organe ergreift, nur graduell in seiner Wirkung unterschieden. Wenn Asthma entsteht, ist er zu schwach, um Epilepsie hervorzurufen.

So sind die Heilmittel gegen Asthma auch die gegen Epilepsie. Es leuchtet ein, wie hier das hysterogene Asthma als Vertreter der Hysterie die Kette zur Epilepsie schließt.

Auch Formes frustes werden beschrieben: wie isolierte Anfälle von Zusammenschnürung bei einer Edelfrau u. a. m.

Das bisher näher geschilderte — *trockne* — *Asthma* ist seinem letzten Wesen nach Störung des Duumvirats, und gemeinhin ohne sichtbare anatomische Veränderungen (49). Für das *feuchte Asthma* ergibt sich die Art seiner Entstehung in dem vorzüglich befallenen Organ, der Lunge, aus den anatomischen Befunden, wie sie vor allem bei Einwirkung der exogenen Asthmaschädigungen zu erheben sind. Diese, im Vorhandensein von Steinen, käsig-kreidiger Massen u. dgl. bestehend, weisen wiederum auf die *örtliche Stoffwechselstörung*, die Behinderung der sechsten Verdauung, der Assimilation des spezifischen Organnährstoffes hin. Besonders die verschiedenen Staubsorten wirken in dieser Hinsicht schädigend und erzeugen die Berufskrankheit der Bergleute, Metallarbeiter, Schmiede usf.

Die Anlehnung an die *Tartaruslehre des* PARACELSUS liegt auch hier wiederum offenbar.

Die Schrift über die Bergsucht und metallischen Krankheiten[3] ist neben den Kapiteln über die tartarischen Krankheiten einschlägige Quelle. Hier heißt es u. a.: Wer immer in diesen Bergwerken tätig

---

[1] De febribus 28/29. — [2] Asthma et tussis 31. — [3] S. S. 90, Anm. 1.

ist, wird von Asthma, Schwindsucht, Magengeschwür hingerafft, und man nennt diese Erzleute von der Bergseuche Ergriffene. Fernerhin mit Bezug auf den Tartarus und seine verstopfende Wirkung in den Lungen: Wie im Wein etwas verborgen gehalten ist, was man zunächst nicht mit Händen greifen kann, so auch im schädlichen Dunst der Gruben („Chao") ein Körper, der der Lunge nicht anders wie einem Weinfaß anhaftet und sie wie mit Schleim überzieht[1]. So entsteht der Gerinnungsvorgang, der die materielle Ursache des Asthmas wird. Daß bei PARACELSUS die Hauptformen der *Lungenphthise* als tartarische Krankheit figurieren, d. h. durch abnorme Gerinnungsprozesse und anschließende Verstopfung hervorgerufen, haben wir anderweit ausführlich besprochen[2].

Auf der anderen Seite ist der von HELMONT geschilderte anatomische Befund verhärteter Abfallstoffe in der Lunge keineswegs notwendiges Requisit der Asthmakrankheit überhaupt. Ihr dynamischer, auf das bewegliche Spiel der Lungenporen gerichteter Charakter läßt ja auch diese Befunde von vornherein als sekundär, wenn auch für die Erklärung des feuchten Asthmas sehr wesentlich erscheinen.

Noch viel weniger ist der Befund von Pleuraverwachsungen in der Lage, ein Asthma anatomisch zu unterlegen, da solche auch bei ganz Gesunden, ja ausgesprochenen Schnelläufern gefunden werden (47).

Überhaupt sind die *anatomischen Veränderungen* oft genug nur *Verlegenheitsbefunde,* den Tod zu erklären. Der Anatom, der nichts findet, ist ernstlich empört, daß der Tod ohne seine Erlaubnis eintrat. Er ist — gleich als ob er den Toten damit heilen könnte — bemüht, ein Organ als krank aufzufinden und so mit der Behauptung der Unheilbarkeit den Arzt über seine Unfähigkeit, die Angehörigen über ihre Trauer hinwegzutrösten. Vor allem wird als alte Veränderung gern ausgegeben, was in Wahrheit ganz frischen Ursprungs ist. Die eigentlichen krankhaften Veränderungen sind nach HELMONT Fäulnis- und Absterbeerscheinungen, die nach Aufhören der archealischen Lebenskraft des Organs, also nicht weitab vom Tode der Ganzheit rasch und schlagartig entstehen (48)[3].

---

[1] I, 1 u. ff.

[2] PAGEL, WALTER: Die Krankheitslehre der Phthise in den Phasen ihrer geschichtlichen Entwicklung. Beitr. Klin. Tbk. **66** (1927).

[3] Über HELMONTS durchaus *positive* Einstellung zur *pathologischen Anatomie* vgl. oben S. 105.

Mithin viel wesentlicher und pathogenetisch bedeutsamer sind beim Asthma die Einwirkungen auf den Magenmund als das dynamische Zentrum und die von diesem ausgehenden Impulse — gleichgültig ob sich später anatomische Veränderungen in Form des eingedickten und infolge von Porenverstopfung im Übermaß gebildeten und angesammelten Auswurfstoffes finden oder nicht. Das *eigentliche Asthma* ist das *trockene,* bei dem ein *Organbefund* zu *fehlen* pflegt, das *anfallsweise* auftritt und die *Fallsucht der Lunge* genannt wird. Das *feuchte Asthma* ist mehr die *Folge örtlicher Organerkrankungen,* ist chronisch und tritt weniger anfallsweise auf, betrifft vorzüglich alte Leute, Schwache und dem Tode Nahe, exacerbiert bei Nässe und im Winter und ist oft zweite Krankheit, geboren aus Angriffen irgendwelcher ubiquitärer Schädlichkeiten auf den durch Schleimfluß und Husten geschädigten „irrenden Wächter" des Organs.

So kann auch übermäßige geistige Arbeit und Mangel an Schlaf die Lunge so schädigen, daß sie dauernd Schleim bereitet und bei körperlichen Anstrengungen Atemnot verursacht (52).

Die *Erklärung* der sinnfälligen Tatsache, daß gerade *Berg-* und *Treppensteigen Atemnot* erregt, ist nicht so einfach. Die Schullehre von den bei der aufsteigenden Bewegung erzeugten Dämpfen, die die Organe einengen, sagt gar nichts. Denn erstens, wo sollen diese Dämpfe herkommen? Aus den Beinmuskeln oder den Speisen? Den Gefäßen oder Eingeweiden? Was sollen es für Dämpfe sein? Wasserdampf kann es nicht sein, da Schwitzen im Sommer die Kurzluftigkeit nicht verstärkt. Trockene (ölige) Ausdämpfung kommt auch nicht in Frage, da sie nur auftritt, wo Wasserdampf fehlt, was unter den Bedingungen des Lebens niemals der Fall ist; woraus sich übrigens die völlige Irrigkeit der alten Pulslehre von der Aufnahme von Luft und der Abgabe von Fuligo, rauchiger Ausdämpfung, seitens der Schlagadern erklärt: Wasserdampf und nicht Fuligo ist es ja auch nach HELMONT, der von den Lungen bei der Atmung abgegeben wird.

Ferner wenn die beengenden Dämpfe eine Folge der stärkeren Körperbewegung sind, warum entstehen sie nicht bei der viel stärkeren Motion des Bergabgehens? Wie sollen die Dämpfe — wenn sie von den Speisen stammen — vom Magen zum Herzen gelangen? Wieso bedrängen sie auch beim Kurzatmigen so rasch und plötzlich das Herz, während sie es beim gesunden Bergsteiger nicht tun? Sollten sie etwa bei diesem rascher durch die Haut diffundieren und warum?

Exogene verstopfende Substanz in den Bronchalästen wie ein endogenes, an den Luftröhrenmündungen verdichtetes Etwas sind auch keine ganz befriedigende Erklärung, da sie das plötzliche Kommen und Gehen des Asthmas nicht verständlich machen.

Helmont denkt zunächst an Abklemmungen der Schlagader durch den sich kontrahierenden Bauch der Schenkelmuskeln, sodann an unwillkürliches Atemanhalten und Atemunterbrechen beim Aufsteigen. Obschon ferner Stehen anstrengender als Gehen ist, macht doch das Stehen nicht kurzatmig. Fehlt doch bei diesem die Muskelbewegung (im Gegensatz zur tonischen Kontraktion). Die Muskelarbeit ist das Agens der Kurzluftigkeit. Hinzu kommt die Anspannung der Bauchmuskulatur, der vorzüglichen Atemmuskeln, so daß auch dadurch die Atmung eingeengt wird.

e) Rolle des Duumvirats.

Aber all das Mechanische sagt noch nichts über die *kausale Genese* des trockenen anfallweisen Asthmas. Diese liegt im Duumvirat, insbesondere der *Milz*. Von ihr aus erkrankt die Lunge sekundär. Das geht auch hervor aus manchen allgemeineren Beschwerden des richtigen Asthmaikers (Unlustgefühl nach dem Beischlaf — die Milz ist nach Helmont Sitz der Libido[1], gleichzeitiges Vorhandensein von Epilepsie, Milzstechen, Nervenschmerzen in der Hand u. a. m.).

Aus alledem folgt zwangläufig die *Eitelkeit der bisherigen Therapie*. Nicht mit den lächerlichen Palliativsirupen oder Versuchen, die Poren der Lunge zu öffnen, wird man hier zum Ziel kommen. Sondern die großen Confortativa und Restaurativa, die Arcana für veraltete Epilepsie und die irrenden Wächter sind die Mittel der Wahl beim trockenen, aber auch beim feuchten Asthma. Ist doch auch bei diesem etwas Dynamisches, Archealisches im Spiel und die Assimilation des Organnährstoffes in die richtige Bahn zu leiten, damit aus diesem nicht Schleim gebildet wird.

Hiermit wird die Besprechung des Asthmas beschlossen. Es folgt anhangsweise die *Abhandlung über den Husten*, der als solcher mit dem Asthma nichts zu tun hat, aber oft in seiner Gemeinschaft auftritt und mit ihm in wechselseitigem Bedingungs- und Begünstigungsverhältnis steht.

---

[1] Duumvirat 43. Über die Bedeutung der Milz als Sonne, Regent und Küchenwerkstatt des Magens vgl. sedes animae 23/24, als Nahrungsquelle: De vita brevi 5, als Sitz der Fieber: De febribus III, 18, als Quelle der fermentativen Verdauungskräfte des Magens Calor non effic. digerit 28, 30, 31; Sextupl. digest. alim. hum. 20; Milz als „Schlüssel" zur Cardia wie Leber und Galle zum Pylorus, ib. 40; als Erregerin von Hunger: Pylorus rector 21.

3. Über Husten.

Der *Husten* ist stets Folge organischer Lungenerkrankung. Als solche kann er selbständig auftreten. Oder aber — häufiger — er kommt im Gefolge des Schnupfens. Niemals dagegen ist, was ausgehustet wird, aus dem Kopf, Nase oder Hals herabgeflossene Katarrhmaterie. Wenn vielmehr der Husten infolge von Schnupfen oder „Katarrhen" der Siebbein-Nasen-Raschen-Kehlkopfschleimhaut auftritt, verdankt er seine Entstehung einer dynamischen, nicht materiellen Beeinflussung des Wächters der Lunge, insbesondere von seiten des Hirnwächters.

Dieser ist von dem Siebbeinkatarrh angegriffen oder in Mitleidenschaft gezogen. Der Kopf macht dann seine Actio regiminis, seinen Herrschereinfluß auf ihm botmäßige Teile — und das ist in erster Linie die Lunge — geltend. Beide Organe — Lungen und Hirn — verbindet die Gleichartigkeit des spezifischen Nährstoffes und die Gleichartigkeit in der Sekretion: der serösen, auch schleimigen Flüssigkeit, die von seiten des Hirns an der umschriebenen Stelle der Siebbeinschleimhaut zutage tritt.

Hier machen sich bei HELMONT fraglos noch alte paracelsische Vorstellungen bemerkbar, die ihn zur scheinbaren Inkonsequenz gegenüber seinen eigenen Thesen verleiten. PARACELSUS lehrte, daß die Außenluft mit all ihren Bestandteilen, das Chaos, nicht nur die Atemwege bestreicht, sondern auch feinste Teile zum Hirn gelangen, das ebenso luftbedürftig wie die Lunge sei. Was dem Hirn zuträglich ist, erzeugt in der Lunge Schleimbildung und „Katarrh", und zwar örtlich (auch PARACELSUS hatte sich ja schon praktisch von den alten Katarrhvorstellungen emanzipiert[1]). Emunctorium, Drainageorgan des Hirns, ist die Nase[2]. Es mag hierbei die alte GALENIsche Vorstellung vom Pneumagehalt der Hirnkammern bzw. der Ein- und Ausatmung des Hirns in den vorderen Ventrikeln (OREIBASIOS[3]) mitgewirkt haben.

Auf Grund dieser Tradition dürfte HELMONTs Vorstellung von der Mitleidenschaft erwachsen sein, in die das Hirn durch den

---

[1] Vgl. PAGEL, W.: Zur Geschichte der Lungensteine und der Obstruktionstheorie der Phthise. Brauers Beitr. **69**, 321 (1928).

[2] Bergsucht II, 2, 3; III, 4, 1.

[3] Vgl. SUDHOFF, W.: Geschichte der Lehre von den Hirnventrikeln. Arch. Gesch. Med. **7**, H. 3. Vgl. auch MEYER-STEINEG: Studien zur Physiologie des GALENOS. Arch. Gesch. Med. **5**, 172 (1912). Zugunsten des Blutweges, auf dem das Pneuma ins Gehirn gelangt, läßt GALEN seine ursprüngliche Annahme der Pneumaeinatmung durch das Hirn wieder fallen. Die vorderen Hirnkammern bereiten durch $\dot{\alpha}\varkappa\varrho\iota\beta\dot{\eta}\varsigma$ $\pi\acute{\epsilon}\psi\iota\varsigma$ das Seelenpneuma aus dem $\pi\nu\epsilon\tilde{\upsilon}\mu\alpha$ $\zeta\omega\tau\iota\varkappa\acute{o}\nu$ (Kühn 3, 395 ff.).

Schnupfen gezogen wird, und von den dynamischen Beziehungen, die Lunge und Hirn als luftaufnehmende Organe verbinden. Daraus erklärt sich wohl auch die Annahme gleichen spezifischen Nährmaterials, die HELMONT macht. So wird auch die Ausscheidung der serösen und schleimigen Flüssigkeit durch das Hirn verständlich, die HELMONT aber im „Irrwitz der Katarrhlehre", dem „Irrenden Wächter" und anderweit zu bekämpfen nicht müde war. Der scheinbare Widerspruch löst sich, wenn man bedenkt, daß es ja weniger das Hirn selbst als der dem Hirn vorgesetzte Wächter es ist, der aus dem zugeführten Blutserum Schleim erzeugt. HELMONTS Meinung ferner von der Bildung einer kleinen Schleimmenge an der dem Siebbein auflagernden, umschriebenen Stelle der Hirnbasis ist doch himmelweit verschieden von der Schullehre, die den Schleim zum typischen Exkrement des Hirns gemacht und darüber hinaus statt der örtlichen Schleimbildung in der Lunge die Katarrh- und Hustenmaterie als Hirnexkrement in diese hat herabfließen lassen. In der exakten Erkenntnis und scharfen Zurückweisung dieser Irrlehre, in ihrer Ersetzung durch einen seiner Zeit weit vorauseilenden Lokalismus, bleibt HELMONTS Grundverdienst bestehen.

Nach alledem hat sich die Bekämpfung des gewöhnlichen Hustens in erster Linie gegen die Entzündung der Siebbeingegend zu richten. Im übrigen ist der Husten wie das Seitenstechen (Pleuritis) zu behandeln, insofern er als örtliche Lungenerkrankung genau wie dieses entsteht — durch Beeinträchtigung des Wächters vor den Toren der Lunge infolge von kaltem Wetter oder Verderbnis der Luft. Die sich infolgedessen bildenden Stoffwechselschlacken müssen durch Anregung der Atmung zum Auswurf kommen, damit nicht die Bildung einer Vomica oder von Schwindsucht durch Atrophie der Gefäße und Parenchyme die Folge ist.

Der Schleim aber stammt letzten Endes aus dem Latex oder — aber nur bei hohem Grad der Krankheit und nach Übergang in Schwindsucht — dem Cruor. Er entsteht aus ihm durch die fermentative Wirkung des Custos errans, so wie aus einer Eiweißlösung eine Gallerte wird. Dieser Schleimbildung grundsätzlich nahe steht die Jauche- und Eiterbildung aus dem Cruor (73).

So ist und bleibt *alles ein örtliches, nicht aber ein metastatisches Leiden.*

Die *Therapie* hat sich um die Beeinflussung des örtlichen Stoffwechsels in einem Organ zu drehen. Enthaltsamkeit von zu kräftigen Speisen, um nicht zuviel Grundmaterie für Abfallstoffe zu bilden, vor allem aber die Arcana *Paracelsi*, um die Krankheit direkt wie durch Reinigung auszutreiben und sympathetisch-„magische" Mittel zur Regeneration der geschwächten Organkräfte, die die Arzneistoffe des PARACELSUS nicht leisten können, bilden die Therapie (69 ff.). Eitel aber die Anwendung der Cauterien, die nur scheinbar zuweilen helfen, indem sie den Latex vermindern, aber in keiner Weise den Zerstörer im Hause treffen, eitel vor allem die Abkochungen exotischer Hölzer (Sassafrass, Zarza, China), die Tränke und Lecksäfte, die nur Cruorsubstanz verwässern, nicht aber den „Katarrh" austrocknen — wie sollte auch Feuchtes durch Wässeriges zu trocknen sein? — und nun und nimmermehr an die Sitze der Krankheiten gelangen können. Wenn man sie wenigstens inhalierte! Aber auch davon ist nicht die Rede. So kann einem Trunk beigemischter Schwefeldampf nützlich wirken, so wie er ein Weinfaß von Fäulnis befreit (77). PARACELSUS hatte ja den Tartarus in den Bronchen mit dem Rückstand in den Weinfässern verglichen.

4. Tobende Pleura.

Mit schärfster Kritik gegen die Schule, ihre Lehre und Praxis, anhebend, schließt auch der Traktat über Asthma und Husten mit einer bitteren Anklage.

Die *Tobende Pleura* nimmt sie auf. Gehört doch auch das Seitenstechen zu jenem großen Krankheitswirrwarr, bei dem der Name Katarrh mühsam eine Einheit vorzutäuschen hatte. Als Blut- und Eitergeschwür (Apostema), also Produkt des Katarrhflusses, wird es dennoch als selbständige Krankheit gerechnet. Vor allem in pathogenetischer Hinsicht besteht völlige Unklarheit. Wie kann das Herabtropfen von Katarrhmaterie oder ihr besonderer Salzgehalt eine plötzlich einsetzende, akut entzündliche Erkrankung hervorrufen? Sollte die herabtropfende Materie die Gewalt einer pfundschweren Masse entfalten, um das Abreißen der Serosa von den Rippen und die Bildung einer Höhle hervorzurufen, um sich mit Schleim und Eiter anzufüllen? Wo sind die Wege, auf denen diese Flüssigkeit herunterkommt, wo haben die Wassermassen im Schädel Platz, die zur Bildung des Exsudats oder von Ascites benötigt werden? Wo ist die Höhle beim Seitenstechen, in der sich die Katarrhflüssigkeit sammelt? Wie kann eine aktive Handlung, das Abreißen der Pleura von den Rippen, die Extravasierung von Blut passive Folge eines Herabträufelns von Schleim sein? Wo aber nicht der Schleim, da ist es eben die Vena azygos, die man als Übeltäter bei der Pleuritis beschuldigt, einfach nur deswegen, weil sie unter dem Rippenfell entlang läuft.

FERNEL[1] als Repräsentant der Schullehre[2] betont in der Tat in der Pathogenese des Seitenstechens die „Destillationes" neben der Phlegmone und den Flatus. Die Phlegmone nimmt ihren Ursprung vorzüglich aus dünnem, galligem Blut, das aus der Hohlvene in die Azygos und von dort aus in die feinen Zwischenrippenvenen mit Heftigkeit einschießt, die Wände der Gefäße eröffnet, austritt, die Muskeln der Seite oder Rippen und Pleuren ergreift und so Phlegmone und damit die eigentliche Pleuritis erzeugt. Ergießt sich das Blut in die äußere Brustmuskulatur, so entsteht ebenfalls — äußere — Pleuritis, womit Seitenstechen schlechthin gemeint ist.

Seitenstechen infolge Katarrhs betrifft stets auch die äußeren Teile und wird erregt durch kalte Flüssigkeit aus der Höhe vom Kopfe her, die über Nacken und Schultern herab in die Muskeln der Seite mal vorn, mal hinten fällt. Dieses Leiden, noch nicht die eigentliche Pleuritis, kann bei hartnäckigem Bestehen sich auf die inneren Schichten fortsetzen und echte Pleuritis unter Umständen mit blutigem Sputum hervorrufen. Der dadurch erzeugte Schmerz veranlaßt in einem fehlerhaften Kreislauf neue Anschoppung von Blut.

SENNERT[3] unterscheidet die echte Pleuritis — Entzündung durch Verderbnis der Säfte, besonders des Blutes — mit anatomischem Befund von dem Seitenstechen ohne anatomische Unterlage. Auch von ihm wird die Rolle der unpaaren Vene ausführlich gewürdigt.

ARGENTIERI[4] verlegt die Pleuritis primär in die innere Rippenbinde, sekundär werden Nachbarmuskeln und Rippen, schließlich das Herz ergriffen. Dann entsteht zum Schluß eine Allgemeinerkrankung und infolge der Mitleidenschaft des Herzens Fieber. Die Pleuritis erscheint vor allem als Krankheit eines tiefer ge-

---

[1] Univ. Med. de part. morb. et symptom. **5**, 11.

[2] Die Geschichte der Lehre vom Seitenstechen entwickelt VAN SWIETEN, Comment. in Boerhaavii aphor. Lugd. Bat. 1745, Bd III, S. 13ff.

[3] a. a. O. S. 311.

[4] Opera omnia. Hanoviae 1610. S. 21—49.

legenen Teiles, in den ein höherer — hier der Kopf — als stärkeres Organ eine ihn belästigende Materie auf dem Blutwege hinabwirft[1]. Letztlich ist jedoch der ganze Körper der Schuldige, der die Säfte im Kopfe ansammelt, von wo sie an die Seiten abgegeben werden.

WILLIS[2] nimmt eine Neigung des Blutes zur Stockung und Entzündung an und setzt eine phlegmonenerzeugende Verstopfung der kleinen Gefäße infolge dieser Blutbeschaffenheit voraus. Der Thorax erkrankt besonders leicht, da er Sitz des Lebensfeuers ist. Er kann sich nur schwer von dampfartigen Zuflüssen und sonstigen, den Kreislauf hindernden Stoffen reinigen. Auf ganz ähnliche Weise wie die Pleuritis entsteht die Lungenentzündung, wenn die Verstopfung innerhalb der Lungengänge entsteht. Aderlaß ist daher bei beiden die erste Anzeige.

Diese theoretischen Vorstellungen sind es, gegen die sich HELMONT als die Grundlage vor allem der Aderlaßtherapie wendet[3]. Diese hilft allenfalls durch die starke Schwächung des Körpers, die auch die Aktivität der Entzündung abschwächt. Sie wirkt also durchaus palliativ und nicht kausal. Sie ist daher höchst gefährlich und verderblich. Der an sich geschwächte Körper verträgt die Blutentziehung nur schlecht, sie macht die Krankheit nur schlimmer. Den Zufluß von Blut nach der erkrankten Stelle kann der Aderlaß nicht aufheben, auch wenn man die gesamte Blutmenge aus der Ellenbogenvene abzapfte. Das regenerierte Blut würde kraft der Verbindung aller Gefäße untereinander sofort auch wieder zur Entzündungsstelle fließen.

Auf die Entzündungsstelle aber, die Sedes, den Locus morbi, nicht auf das Blut, kommt es an.

Auch die Erklärung, die PARACELSUS vom Seitenstechen gegeben hat, ist völlig unzureichend, da fiktiv. Ein Salz, von der Eigenschaft arsenikalischen Schwefels, soll nach ihm das Seitenstechen hervorbringen. Es ist aber überhaupt nicht bekannt, geschweige denn im Blute der Kranken nachzuweisen.

PARACELSUS behandelt die Pleuresis in den zwei Büchern: Über die Krankheiten, die durch Stein entstehen[4] gemeinsam mit der Angina. Es handelt sich bei ihm offenbar nicht allein um Seiten-

---

[1] Man vgl. die oben wiedergegebene Lehre AVICENNAS S. 56.
[2] Pharm. rat. S. 86.
[3] Tobende Pleura. Abschn. 7 ff.
[4] 2. Buch, 2. Tract., Cap. 5.

stechen, sondern um Schmerzhaftigkeit, Unruhe in allen Gliedern, Stechen im Kopf, Erblassen, Frost, Hitze mit Zittern und anderem mehr. Die Pleuresis des PARACELSUS ist nicht Geschwür der Lunge, kommt überhaupt nicht dem Thorax und seinen Organen allein zu, sondern es gibt eine Pleuresis der Lunge, der Leber, der Milz, des Kopfes. Die Pleuresis des Hirns z. B. macht große Abscesse an den Ohren. Ganz allgemein beruht die Pleuresis auf Entmischung gewisser mineralischer Bestandteile, die als ogertinisches Salz bezeichnet werden. Überhaupt spielen die Salze und ihre Entmischung aus dem Hyliaster eine große und bedeutungsvolle Rolle in der Entstehung zahlreicher, mit Absceß und Geschwür verbundener Krankheiten, worauf sich HELMONTS Bemerkung vom Hautjucken bezieht, das PARACELSUS wegen dieser vielen Salze hätte ergreifen müssen.

HELMONTS *eigene* Auffassung der Pleuritis[1] geht von der sauberen Trennung des Ersten und Zweiten, der Ursache und Folge aus. Er entwickelt sie an seinem bekannten *Beispiel vom eingestochenen Dorn*[2], der Schmerz, Pulsieren, Blutzufluß, schließlich Anschwellung, Fieber, Eiterung hervorruft. Was ihm dieses Dornengleichnis für seine Krankheitslehre bedeutet, haben wir oben entwickelt. Hier zeigt es ihm an, wie das Wesen der Pleuritis recht eigentlich in ihrem Erreger, jenem Dorn, beschlossen liegt und nicht in dem sekundären Abriß der Pleura mit Erguß. Der Dorn, auf den es ankommt, ist abnorme Säuerung. Diese entspricht einer Tendenz zum Sauerwerden die der Cruor an Ort und Stelle, durch den Organarcheus oder allgemein empfängt. Ein Error loci in der Verdauungstätigkeit, indem die erste, die saure Fermentation, wie sie der Magenverdauung zukommt, hier an die Stelle der sechsten Verdauung tritt. Diese dient ja, wie wir sahen, der Assimilation und Bereitung des organeigenen Nährstoffes in den Küchenwerkstätten der Organe selbst. Sie wird hier bei der Pleuritis fehlerhaft vollzogen. Der Archeus, das dynamische Prinzip des Organs, ist also der Dorn, der erste Erreger der Pleuritis und damit auch der Angriffspunkt zu ihrer Bekämpfung und Heilung. Der verletzte Archeus verdirbt den Cruor bzw. Latex im Sinne der Säuerung. Die übrigen Organe weisen einen solchen fehlerhaften und nach Art saurer postmortaler Fäulnis ergriffenen Cruor zurück. Am ersten Orte der Krankheit, dem Brustfell, ist er dagegen in der Lage, verschwärend und verheerend zu wirken. Der verdorbene Cruor beeinflußt die Pleura im Sinne einer *Krampferregung*. Es

---

[1] Tob. Pleura 13. — [2] Siehe S. 76ff.

kommt zu einem abwechselnden Spiel von krampfhafter Zusammenziehung und Erschlaffung. Bei ersterer reißt das Brustfell ein und bildet das Geschwür. Die Feinheit der Pleuramembran, die auch den Besitz eigener Küchenwerkstätten verbietet, macht sie besonders angreifbar. Der Cruor gelangt infolge seiner Säuerung zu rascher Gerinnung und Ablagerung an Ort und Stelle. In dieser Form tritt wiederum die *Tartaruslehre* bei HELMONT in Erscheinung[1].

Eine solche Pathogenese kann naturgemäß den Aderlaß als Indikation nicht rechtfertigen, sondern muß ihn verdammen.

Über dem Dolor, Calor, Affluxus sanguinis der Schulen ist der Erreger und der Krankheitssitz vollkommen vergessen.

HELMONTS *Mittel* sind anderer Art als die bisherigen, wie er sagt, spezifische. Das sind der Geschlechtsteil des Hirsches, Opium, vor allem aber Bocksblut[2]. Dieses als Heilmittel und als Substanz, die an Härte noch den Diamanten übertrifft, hat eine alte Geschichte, die E. O. v. LIPPMANN lückenlos entwickelt haben dürfte[3]. HELMONT steht auch hier noch mitten im alten Glauben, der schon vor ihm, aber vor allem in seinem Zeitalter lebhafte Gegnerschaft gefunden hat (ROGER BACON, CARDANO, THURNEISSER, CESALPINO, SCALIGER u. v. a., vgl. LIPPMANN).

Das Trinken von Blut, besonders von Stieren und Ochsen, ist ja eine heute noch beliebte Volkssitte, ja sogar ärztliche Verordnung, insbesondere gegen Brust- und Abzehrungskrankheiten. Der Glaube an die besonderen, zum Teil auch giftigen Arcana im Blute ist ebenfalls uralt. Ich brauche nur an das giftige Stierblut und seinen Gebrauch im Altertum zu erinnern, das höchst scharfsinnig von PETERS[4] als Quelle von Cyankali bei Mischung mit der Asche von Opferaltären, von KANNGIESSER[5] als anaphylaktisches Gift, von

---

[1] Es sei nochmals (vgl. oben S. 9) darauf hingewiesen, daß HELMONT die Tartaruslehre aus empirischen Einzelfeststellungen heraus ablehnt: so weil die Harnsteine keine Bestandteile der Nahrung enthalten, aus denen der Tartarus sich bilden sollte („Tartarus non in potu." „Alimenta tartari insontia"). Die Steinbildung beruht auf besonderer Neigung des Harns, zu gerinnen („Duelech"). Diese Gerinnung hat aber keine Ähnlichkeit mit der Ablagerung des Weinsteins im Faß, sondern entspricht dem Ausfall von Harnbestandteilen bei Versetzung mit Reagenzien (Alkohol!).

[2] Vgl. Sextupl. digest. alim. hum. 76.

[3] Beitr. z. Gesch. d. Naturw. und Technik. S. 213. Berlin 1923.

[4] PETERS, H.: Das giftige Stierblut des Altertums. Ber. dtsch. pharmaz. Ges. **23**, 4, 243; 7, 491 (1913).

[5] KANNGIESSER: ebenda S. 441 u. 501. Man vgl. u. a. die einschlägigen Ausführungen STEMPLINGERS: Die Transplantationen in der antiken Medizin. SUDHOFFS Arch. Gesch. Med. **12**, 33 (1920) sowie die älteren von H. L. STRACK: Das Blut im Glauben und Aberglauben

LEWIN[1] aber nur als Träger richtiger Gifte herausgestellt worden ist. Auch HELMONT hält das Stierblut für giftig[2], da es durch die Wut des Stieres gleichsam infiziert und vergiftet sei.

IV. HELMONTS Lehre unter dem Gesichtspunkt der weiteren Entwicklung.

Blicken wir *zurück* auf die *drei Katarrhschriften* HELMONTS, um seine *Lehre* und *Leistung* unter dem *Gesichtswinkel der weiteren Entwicklung* zu würdigen! Hier erscheint HELMONT zunächst nicht als der exakte Forscher, der durch mühsame Kleinarbeit an den gegebenen anatomischen und physiologischen Tatbeständen Altüberkommenes, soweit nötig, richtigstellt und erweitert, soweit möglich. Tiefer schöpfend und universaler greifend, schießt HELMONT vielmehr weit über dieses Ziel hinaus.

Seine geistige Struktur verbietet ihm die Zufriedenheit mit dem Detail und kann nicht von diesem Ausgang wie Ende nehmen. Wie alles andere, ist auch seine Katarrhlehre, sind die dieser gewidmeten Traktate Teilglieder eines großen Ganzen, Provinzen einer Monarchie, in der ein eigener, origineller Geist das Einzelne nach dem Belieben seines umspannenden Blickes ordnet — und oft genug vergewaltigt. In diesem Monarchat fraglos Erbe und Folger eines Älteren und Größeren, des PARACELSUS, weiß er es doch in seinem Reichtum in besonderer Weise auszugestalten, auszubauen, zu mehren und der Denkweise einer ganz neuen Zeit gegenüber zu behaupten. Dieser dabei nicht fernstehend, sondern von ihr zum Besten des Eigenen manches glücklich ergreifend, ist er doch weit von ödem Eklektizismus und der Verleugnung der eigenen, überall mächtig durchbrechenden Originalität entfernt. So entsteht eine Anschauung, die sich mechanistischer, kausal eingestellter Arbeitsweise bedient, um der höheren, in anderer Sphäre gelegenen biologischen Gesetzlichkeit gerecht zu werden, in der „der Aufstieg nach oben nicht schwieriger ist als der Abstieg nach unten", in

---

der Menschheit. Mit besonderer Berücksichtigung der Volksmedizin und des jüdischen Blutritus. 5.—7. Aufl. München 1900; endlich die wichtigen, für die moderne Therapie Weg weisenden Angaben von BIER: Münch. med. Wschr. 1929.

[1] Die Gifte in der Weltgeschichte. Berlin: Julius Springer 1920.

[2] De magn. vuln. curat. 129.

der die physikalische Kausalität wie die mathematische Notwendigkeit höheren Befehlen gehorchen.

Daß dabei vielerlei empirisch Falsches — man denke nur an HELMONTS Atmungsphysiologie — an Stelle von bereits richtig Vorliegendem gesetzt, an primitiven, dem Heutigen völlig unmöglichen Vorstellungen in Theorie und Praxis festgehalten wird[1], oft betonter Subjektivismus, Frömmelei, persönliche Eitelkeit, Übertreibungen, wo nicht freie Erdichtungen die Verlegenheit um Tatsachen bemänteln müssen, wer wollte das nicht der Fülle bedeutender und weit der Zeit vorauseilender Konzeptionen zugute halten, die HELMONTS zielbewußter geistiger Arbeit und keinem anderen zu danken sind?

1. Bedeutung seiner Katarrhlehre.

Hinsichtlich des *Katarrhs* bleibt zunächst sein *negativ kritisches Verdienst* und seine *Priorität* unangefochten, bleibt bestehen, daß er durch die — von ihm „theoretisch" mißachteten — Methoden des Experiments und der Ratio, Analogieschluß und Beobachtung, formal logische Erörterung und gesunden Menschenverstand die Absurdität und Unmöglichkeit der alten Katarrhlehre als Grundlage sowohl der katarrhalischen Krankheiten im engeren Sinne wie einer Fülle weiterer, ganz heterogener Krankheiten vielfachst und zur Genüge erwiesen hat. Dieser Nachweis nimmt dementsprechend den überwiegenden Teil des Traktates ein.

Diesem negativ kritischen Verdienste von größter Tragweite gegenüber steht das *Positive*: nicht *Schleimherabfluß*, sondern *örtliche Schleimbildung!* Was in PARACELSUS' Lehre von den *Tar-*

---

[1] Man hat HELMONT auch gern vorgeworfen, daß er keine Notiz von HARVEYS Entdeckung des Blutkreislaufs genommen hat. Tatsächlich hat er in der Pulslehre wichtige Reformen angebahnt, indem er den Zweck des Pulses im Gegensatz zur antiken Lehre nicht in der Abkühlung der eingepflanzten Wärme, sondern im Gegenteil in der Verbreitung der tierischen Wärme, dem Transport des Blutes von der rechten zur linken Kammer sowie der Bereitung des Arterienblutes und des Spiritus vitalis sah. HELMONT erkannte die Unhaltbarkeit der eingepflanzten Wärme und der Luftaufnahme durch die Arterien. Er widerlegt diese Dinge umständlich (z. B. Blas humanum 29). — Es mag sein, daß seine Eigenbrödelei und eine gewisse Gleichgültigkeit gegen die Verwirklichung der mechanischen Gesetze im Körper ihn an der epochalen Entdeckung HARVEYS vorübergehen ließ.

tarischen Krankheiten mehr geahnt und gesehen war, kommt hier zu bewußtem, selbständigem Ausdruck, zu Vertiefung, Fortführung und Anpassung an eine Fülle tatsächlicher Beobachtungen auf verdauungsphysiologischem Gebiet: das abnorme Krankheitsprodukt ist Folge örtlicher Stoffwechselstörung, ist Beeinträchtigung im Austausch von Organ- und Säftestrom, in der Assimilation der spezifischen Nährstoffe, die das Organ kraft seines dynamischen Prinzips aus dem Angebot „auswählt", gestaltet und in seinen Küchenwerkstätten zubereitet, so die Haut und der Nagel in der am Nagelbett bzw. der Hautbasis befindlichen Keimschicht, der Zahn in der Wurzel usf.

In dieser tatsächlich neuartigen und ungeahnt fruchtbaren Auffassung ist kein Platz für die alte Säftemischung und Entmischung, die abnorme Wärme oder Kälte von Leber, Magen und Hirn, das Überdestillieren vom Magen aufgestiegener Speisedämpfe zu Katarrhflüssigkeit in dem als Destillierhelm kraft seiner Kälte wirkenden Gehirn, kein Platz für den Vampyrismus, mit dem die völlig kopflosen Vorstellungen der Ärzte die Kranken betrogen und schädigten. Physiologische Grundtatsachen waren hierzu erstmalig festzustellen, so daß der Kehldeckel beim Schluckakt fest abschließt, daß der Magen im Gegensatz zur Lunge nicht Wasserdampf (Vapor), sondern Gärungsgase (Gas sylvestre) abdunstet, die unmöglich zu dem Hirn Zutritt haben, daß nicht Wärme die Verdauung macht, sondern nur den fermenthaltigen Magen anregt, daß abnorme Hitze nicht Ursache, sondern Folge einer Krankheitsursache — ganz allgemein des eingestochenen Dornes — ist u. v. a. m.

HELMONTs Auffassung vom Katarrh ist dem sachlichen Gehalt nach eigentlich nur noch um die *Kenntnis der Schleimhäute* — im wesentlichen durch CONRAD VICTOR SCHNEIDER (daher SCHNEIDERsche Membranen) — vermehrt worden. Das hat man gern, hat insbesondere SCHNEIDER selbst, aber auch VAN SWIETEN[1] u. a. verkannt.

SCHNEIDER hält dem HELMONT zu Unrecht vor, er selbst habe gelehrt, daß der Schleim durch die Kammern des Hirns, durch das

---

[1] Comment. in Boerhaavii aphor. Lugd. Batav. 1745 ad § 1261. IV, S. 316. Vgl. a. VAN SWIETENS Polemik gegen HELMONT bezüglich der Entstehung der Gicht. Ibidem und die bezüglich der Pleuritis III, S. 13.

Infudibulum und schließlich zu Mund- und Nasen-Rachenraum gelange und dadurch kund getan, daß er die wahren Abflußwege des Schleims nicht kenne[1]. Hiermit meint Schneider offenbar Helmonts Lehre der Schleimabsonderung am Siebbein auf Grund direkter Luftreizung des Hirnwächters. Gewiß hat hier Helmont wie in vielen anderen Einzelheiten unter dem Einfluß *paracelsischer* Grundeinstellung den empirischen Tatbestand vernachlässigt und deshalb geirrt. Die Bedeutung der Schleimhäute hat er gewiß nicht genauer gekannt. Jene Stelle ferner, an der Helmont von der Schleimanfüllung der Hirnbasis als Hindernis der Katarrhverdichtung an diesem Orte spricht[2] ist offenbar nicht als Helmonts eigene Meinung, sondern als Widerspruch aufzufassen, den er der Schullehre vorwirft, nach der hier das Emunctorium des Hirnexkrementes gelegen sei.

Helmonts Verdienst um die Katarrhlehre als Ganzes wird durch all das nur wenig geschmälert, wie sehr auch Schneider aus begreiflichen Gründen um eine solche Schmälerung bemüht sein mag. Das gleiche gilt auch von Schneiders Vorwürfen hinsichtlich Helmonts *Priorität*.

Über höchst vage Andeutungen gegen die Lehre vom bestimmenden Einfluß der Wärme und Kälte auf die Flüsse sind die von Schneider genannten Autoren — Argentieri, Langius, Mercatus, Claudius, Piso und auch Botallus — nicht hinausgekommen, mag auch letzterer die These vom Aufsteigen der Dämpfe zum Hirn wegen des Geschlossenseins der Speiseröhre verworfen haben. Schneider hätte auch noch Ingrassia hinzufügen können, der den direkten Katarrhabfluß vom Türkensattel in den Nasen-Rachenraum leugnete. Ja, nach Schneider hat schon Hippokrates das Geschlossensein der Speiseröhre und die Offenheit des Kehlkopfes als Erklärung der größeren Häufigkeit von Heiserkeit gegenüber von Magenkatarrhen verwendet. Auch habe Fallopia die Nähte des Schädels für undurchgänglich erklärt. Endlich hält Schneider alte Sachen der Aufwärmung für bedürftig, wie daß Galen ja nur das Hirn actu warm, aber potentia kalt sein ließ u. a. m.

Es ist klar, daß Schneider, ganz Kind seiner mechanistischen Ära, der dynamistischen Richtung Helmonts nicht gerecht werden konnte.

Für Schneider gibt es natürlich keine archealischen Kräfte, auf denen die Metastasen beruhen, d. h. in Helmonts Sinne die Beeinflussung eines Organprinzips durch ein anderes. Nach Schneider vielmehr breitet sich die Katarrhmaterie einfach mit

---

[1] De catarrhis Wittenberg 1660. II, 6 Vapores per suturas non exeunt.   S. 390.
[2] Cat. delir. 13.

dem Blutstrome aus. „Katarrh ist Symptom vermehrter Ausscheidung aus dem Blute[1].“ Seine Muttersubstanz liegt stets in diesem, der Katarrh sei beschaffen wie er will. Ist dem Blut etwas Abnormes beigemischt, so sorgt die Natur für Ausscheidung: „Natura est rectrix, boni sanguinis conservatrix, mali exactrix[2].“ Beim Zustandekommen des Katarrhs liegt größtes Gewicht auf den Schleimhäuten und Drüsen, die schon normalerweise ein wenig Flüssigkeit ausscheiden.

Das ist im großen und ganzen auch unsere heutige Katarrhlehre, von der HELMONT gewiß entfernter war als die SCHNEIDER, LOWER, WILLIS. Aber die allgemein-pathologische Einordnung unter das Prinzip der örtlichen Stoffwechselstörung, geleitet durch besondere vitale Kräfte, führt ihn trotz des Zurückbleibens in der Einzelheit über seine empirisch glücklicheren Nachfahren hinaus.

Diese betonten einschließlich SCHNEIDER über Gebühr die Metastasierung, gegen die sich HELMONT mit Recht gewandt hatte.

So, um nur einige Beispiele zu nennen, B. M. FRANCK[3], nach dem der Liquor in den Hirnkammern durch zu langen Aufenthalt Schärfe annehmen und mit dem Blutstrom in entfernte Teile verschleppt Katarrh erzeugen kann.

Des ferneren nimmt er in der Hirnsubstanz, SYLVIschen Lehren getreu, feinste Drüsen an, die die Spiritus animales als feinste Blutbestandteile absondern sollen. Verstopfung der Drüsen erzeugt Katarrh des Gehirns wie Apoplexie, Paralyse, Sopor, wenn die Störung höhere Grade erreicht; bleibt sie mäßig, dann erfolgt Verschleppung der scharfen, zu dünnen oder viscösen Materie auf dem Blutwege und Erzeugung von Katarrh. Gleiches kann sich in den Drüsen der Plexus, der Hypo- und Epiphyse ereignen. Mithin die alte, vorhelmontische Lehre vom Hirnfluß, nur daß die Wege desselben jetzt andere sind, und daß dieser nicht mehr der alleinige Erzeuger des Katarrhs ist. *Auch das ist symptomatisch für die geringe werbende Kraft, die HELMONTs Ideen zu entfalten vermochten.*

Langsam setzt sich die Verwerfung der alten Katarrhlehre durch. Noch 1635 gibt WEINREICHN[4], Doktorand von *Rolfink*, die alte Definition des Katarrhs: „defluxio humoris excementitii a cerebro ad nares os, pulmones, praeter naturam proveniens ab expultrice cerebri ad ea, quae sibi molesta sunt, expellendum irritata“.

---

[1] L. c. IV, 1, 2.
[2] L. c. II, 7, S. 463.
[3] De catarrho Diss. Altdorf 1690.
[4] Disput. pathol. sec. ord. Rhazae de re med. ad regem Mansor. libr. nono sexta de catarrho. Jena 1635.

CHR. M. LANGE[1] folgt TRINCAVELLIUS[2] mit der Annahme, das Hirn neige zur Produktion von Schleim wegen seiner natürlichen Kälte und Feuchtigkeit. Störungen darin führen zur Ablagerung roher Massen. Der Magen dampft wie ein Sumpf aus. In ihm brodeln die halb- oder schlecht verdauten Flüssigkeiten. Die immer vorhandene Wärme trägt die Dämpfe zum Hirn empor. Der Consensus der Teile sorgt für Feuchthaltung des Hirns durch den Magen. Fast wörtlich wiederholen sich diese Thesen in weiteren Traktaten und Dissertationen der Zeit[3]. Bei SYLVIUS sind die Katarrhe im alten Lehrsinne eine Säule seiner Pathologie.

Einen *großen Fortschritt* bedeuten die Erhebungen von WILLIS. Seine Hirnanatomie hatte die Unmöglichkeit der von den Alten für den Katarrh angegebenen Hirnabflußwege, insbesondere durch das Keilbein aufgewiesen[4]. Sodann bezweifelt er das Hineingelangen von Flüssigkeit in Luftröhren und Lungen. Er ist erstaunt, daß man auf diese vom Altertum überlieferte Irrlehre immer wieder stößt, obschon sie der Hirnanatomie ins Gesicht schlägt, und notorisch alle in den Organen des Kopfes angesammelten Flüssigkeiten auf eigenen Wegen zur Abfuhr, niemals aber in die Lunge gelangen. Vielmehr sondere die Schleimhaut der Luftröhre und Bronchen, ihre Drüsen und Blutgefäße, ihrerseits das ab, was ihnen zuviel an Blutflüssigkeit zugeführt werde. Kalte Luft, saurer Trank u. a. erzeugen solchen Blutzufluß. An sich harmlos und durch kräftiges Auswerfen zu beheben, kann die Störung bei Anstauung und Fäulnis der Auswurfmaterie zu Säfteverderbnis und Phthise führen[5].

Unter dem Einfluß dieser Ausführungen, nicht zum wenigsten der sich durchsetzenden Lehre von den Schleimhäuten und Drüsen als absondernden Organen fällt die alte Katarrhlehre. LYSTHENIUS[6] bestreitet dem Hirn, die Quelle der Katarrhe zu sein, einmal weil es keine Exkremente bildet, sodann weil ihm geeignete Behälter solcher Exkremente und endlich Wege zur Abfuhr fehlen. LYSTHENIUS nimmt vielmehr das Blut und linke Herz als Transportmittel bzw. Bildungsstätte der Katarrhmaterie an.

---

[1] Diss. praes. MICHAELIS. Leipzig 1643.
[2] L. 3 de cur. corp. hum. aff. rat. c. 4.
[3] So z. B. G. B. METZGER: De catarrho suffocativo Basel 1650.
[4] Cerebri anatome XII, S. 301 ff. op. med. et phys. Lugduni 1676.
[5] Op. posthum. Pharmac. ration.
[6] Diss. med de catarrho narium ad normam recent. dogmat. Jenae 1660 subpraes. ROLFINK.

Ganz vergessen sind HELMONTs Verdienste um die Katarrhlehre in der weiteren Forschung *nicht* geblieben. C. OEHMB[1] betont HELMONTs Lehre von der Wichtigkeit der Lymphe, des Latex, bei Entstehung der Katarrhe. Verhinderung der rückläufigen Lymphbewegung ist nach OEHMB der Grund des Katarrhs. Jedes Organ, in dem Lymphe kreist, kann auch zum Sitz von Katarrhen werden. Es ist klar, daß diese Anschauungen auch für die Pathogenese der Tuberkulose bedeutungsvoll werden, wie wir sie zu jener Zeit etwa bei MORTON[2] und anderen antreffen. Die Bevorzugung der Drüsen durch die Tuberkulose, ja die Drüsennatur der tuberkulösen Herde überhaupt wird durch Auffassungen vom Katarrh, wie wir sie hier vorfinden, verständlich.

Bei Zurückweisung der alten Lehren von der Dampfbildung in Magen und Leber als Grundlage des Katarrhes werden die HELMONTschen Beweisgründe von OEHMB übernommen.

Dieser geht ferner sogar soweit, einen Weg aus dem Gehirn durch die Siebbeinplatte einzuräumen, da bei Hirnerkrankungen Blut und Eiter auch aus der Nase hervorquellen können.

2. Verdienst um die Kenntnis des Asthmas.

Soweit die Lehre vom Katarrh *nach* HELMONT! Auch in der Theorie und Beschreibung des *Asthmas* kommen ihm große Verdienste zu. Die tiefe Verankerung, mit der er das trockene, anatomisch nicht unterlegte Asthma im vegetativen Nervensystem festlegt, der Vergleich mit einem hystero-epileptischen Krampf der Bronchen, seine Abgrenzung vom feuchten Asthma, der Atemnot, die auf dem Boden aller möglichen anatomischen Veränderungen der Lunge entsteht, ist scharf begründet und vorbildlich vollzogen. Hinzu kommen die in den lebhaftesten Farben gehaltenen Schilderungen aller erdenklichen Asthmaformen. Die Zurückweisung materieller Absiedlungen, besonders von Dämpfen, als Ursachen des Asthmas zugunsten rein dynamisch-vegetativer nervöser Beeinflussung ist im besten Sinne modern und eilt wie überhaupt die ganze Auffindung der innersekretorischen und vegetativen Impulse seinem mechanistisch eingestellten Jahrhundert weit voraus. Gewiß hat es vor ihm an Ansätzen hierzu

---

[1] Diss. med. de catarrhis Leipzig 1675 praes. J. BOHN.
[2] Phthiseologia 1683.

in Galens Lehre vom Konsens der Teile, von den auf dem Wege des Nervus vagus gesteuerten Beziehungen zwischen Hirn und Eingeweiden, ferner in Paracelsus' Lehre vom „inneren Apotheker", Fernels Konzeption der organismischen Ganzheit und Konstitution u. a. m. nicht gefehlt. Helmont jedoch hat diese Dinge nicht nur zur Erklärung von Einzelerscheinungen benutzt, vermehrt und ausgebaut, sondern zur Grundlage eines hierdurch originellen, in manchem Punkte auch heute noch ernst zu nehmenden Systems der Krankheitslehre gemacht.

In seiner Asthmaschrift kommt das wohl am wirksamsten und deutlichsten zum Durchbruch.

In dem an sie angeschlossenen Traktat über *Husten sowie dem über Seitenstechen* wird die örtliche, entzündliche Natur nochmals herausgestellt und mit aller Energie betont. Entstammt auch die bei diesen Krankheiten ausgeschiedene Materie dem Blutserum, so liegt doch der *Akzent* stets auf den *örtlichen Veränderungen*, wie sich ja Helmont überhaupt *gern gegen die Lehre von der Säftefäulnis* besonders im *Fieber* wendet[1].

3. Allgemeine Bedeutung Helmonts.

Mit alledem scheint mir aber auch Helmonts *allgemeine Bedeutung* gegeben zu sein. Sie liegt nicht allein in seiner philosophischen Grundansicht, obschon auch diese beachtlicher ist, als man nach den üblichen Darstellungen der Philosophiegeschichte annimmt[2], nicht in seinen naturwissenschaftlichen Entdeckungen und Konzeptionen, obschon sie, wie wir sahen, ungemein befruchtend waren, sondern vor allem in seiner Biologie und Krankheitslehre. Diese ist nicht sowohl vitalistisch — denn Leben schreibt Helmont allen Naturdingen zu — und auch nicht animistisch, denn Helmont kennt kein Besonderes, das den Organismus von außen her leitet — als vielmehr dynamistisch, indem er dem Körperlichen immanente unkörperliche Prinzipe in selbständigen, nicht durch Ursachen oder Ziele festgelegten Entwicklungsprozessen wirken läßt und so die beiden Klippen von einseitigem

---

[1] De febribus II, 29 und 31.

[2] Man denke nur an seine manchen Leibnizschen und auch Kantischen Gedanken (Welt des Scheins) vorahnende Erkenntnistheorie, von der mir seine Konzeptionen über die Zeit (Duratio) besonders bedeutsam erscheinen.

Kausalismus und Teleologie, von beschränktem Mechanismus wie
Vitalismus glücklich vermeidet. In der Pathologie führt ihn diese
Einstellung zu einem Lokalismus, der jeder mechanistischen
Scheinerklärung abgewandt ist. Wie weit Helmont dank dieser
seiner Einstellung gelangt, zeigt seine spezielle Pathologie fast
jedes Organs und Systems, um nur *ein* bedeutsames, wenig
gewürdigtes Beispiel zu nennen: die Erkenntnis der nephro-
genen Entstehung der Wassersucht durch Gefäßverschluß[1].
Helmont, an und für sich Gegner anatomischer Erhebung,
soweit diese oft mit ganz nebensächlichen und terminalen Veränderungen zufrieden, den alleinigen Anspruch auf die Erklärung von Krankheit und Todesursache erhebt und so nicht
selten zum Hindernis therapeutischer Bemühungen wird —
Helmont gelangt so kraft seiner Betonung des Krankheitssitzes
und des gestörten Gewebsstoffwechsels im Letzten weit über die
einseitigen chemiatrischen und mechanistischen Bestrebungen
seiner Zeit auf der einen, über die öden Material- und Fallsamm-
lungen der damaligen pathologischen Anatomie auf der anderen
Seite hinaus.

Helmonts zeitlose Bedeutung liegt somit in der *vormorga-
gnischen* Auffindung und Nutzbarmachung der *lokalen* Angriffs-
punkte der Krankheitsursachen und des lokalen Krankheits-
geschehens im biologischen Zentrum der betreffenden Stelle.
Daraus erklärt sich auch die vorzügliche Betrachtung der *Krankheitsursachen* bei Helmont, die bis zur Identifizierung von Krankheit und Krankheitsursache geht. Nicht die *Krankheit als Schädigung von Form und Funktion*, wie bei Galen, sondern *Form und
Funktion des Schädigers* stehen bei Helmont vorzüglich in Rede.

Dabei schützt ihn sein metaphysischer und biologischer Weit-
blick vor einseitiger, insbesondere einseitig morphologischer oder
physiologischer Überbewertung des Lokalismus. Trotz aller Onto-
logie in der Krankheitslehre bleibt immer der *kranke Mensch* der
Gegenstand seiner Forschung und seines therapeutischen Be-
mühens, wird niemals die Krankheit zu einem blutlosen Ab-
straktionsbegriff. In diesem Sinne ordnet sich das Örtliche dem
Allgemeinen unter, findet der lokalistische Gedanke Einordnung

---

[1] Vgl. unsere Ausführungen S. 75, 105 sowie Richter, P.: Beiträge zur
Geschichte des Scharlachs. Sudhoffs Arch. Gesch. Med. **1**, 166 (1908).

in die Konzeption des von zentraler Obrigkeit geleiteten organischen Getriebes. Als solche zentralen Steuerungen hat HELMONT unzweifelhaft die „Innere Sekretion" und das „Vegetative Nervensystem" aufgefunden, wie das aus seinen zahlreichen feinen Beobachtungen, vor allem des *Asthmas*, hervorgeht. So ergibt sich bei HELMONT eine universale Perspektive der Krankheitslehre, die in der Synthese von Örtlichem und Allgemeinem, Physischem, Psychischem und Psychophysischem liegt.

In diesem Sinne scheint uns HELMONTS *System* eine kaum wieder erreichte *Geschlossenheit* der Durchführung zu besitzen. Sie ist im letzten gewonnen durch die enge Verbindung, die das dynamische Prinzip mit dem Stoff eingeht, ohne daß es einen selbständigen Charakter behält wie etwa STAHLS *Anima*. Gewiß ist diese schließlich nichts anderes als die *antike Physis*[1] und ein veränderter, nach bestimmter Richtung fortgebildeter Archeus[2]. Beide jedoch, Archeus und Anima, haben gerade durch ihre Verschiedenheit ein besonderes Geltungsbereich. HELMONTS — mehr monistisch gedachter — Archeus bedarf nicht der künstlichen Brücken, auf denen STAHLS — dualistisch konstruierte — Seele zum Stoff der organischen Körper gelangt. Dafür grenzt STAHL — fortschrittlich — Organisches und Anorganisches ab und behält das Lebensprinzip ersterem, insbesondere dem Menschen, vor — auch wenn es „Natura" schlechthin genannt wird. Bei HELMONT dagegen erscheint ja die *ganze* Natur belebt.

Der gekennzeichnete Unterschied muß sich auch in der Krankheitslehre auswirken. HELMONTS Pathologie ist einheitlich und geschlossen; in der Pathogenie folgt leicht ein Glied aus dem anderen. Die empirischen Einzelheiten bauen sich reibungslos dem System ein. STAHL ist mehr auf die mechanischen Impulse, Tonus, Bewegung, Kreislauf, die immateriellen, zielgerichteten Antriebe des Lebensprinzips auf die Materie, gewiesen, HELMONT kann sich mehr an das Immanente, das chemisch Fermentative halten.

---

[1] STAHL: Theor. med. Halae 1708, S. 44. Vgl. SPRENGEL: Versuch einer pragmatischen Geschichte der Arzneykunde. 3. Aufl. 5,1; 1828, S. 314 ff., ferner von Neueren: BIER: Gedanken eines Arztes über die Medizin. IV. Die Seele. Münch. med. Wschr. 1927, Nr. 16, S. 684, und KOCH, RICH.: War GEORG ERNST STAHL ein selbständiger Denker? SUDHOFFS Arch. 18, 1 (1926).

[2] Vgl. die treffende Kennzeichnung von DIEPGEN: Geschichte der Medizin. III. 1919, S. 70.

Die Zusammensetzung der Körper hat für Stahl in zweiter Linie, als Folgen der Seelenfunktion Belang — daher seine Geringschätzung von Anatomie und Chemie. Helmont kann in der Form und dem Aufbau den unmittelbaren Niederschlag der Funktion, ein mit ihr Gleichzeitiges, diese selbst erblicken.

Trotz aller *Gegensätze* Stahls zum *Cartesianismus*, trotz der ausdrücklichen Verneinung des rationalen Charakters (λογισμός) der Anima im Gegensatz zu ihrer Sinnhaftigkeit (λόγος), kraft deren sie wirkt, und der offen genug bekannten Geringschätzung der mechanisch-chemischen Lebenserklärungen, bleibt der Eindruck einer Abhängigkeit Stahls von *Cartesius*. Die Stahlsche Lehre scheint bei Descartes' Trennung von Denken und Ausdehnung, Seele und Leib Anregung zu empfangen. Das erhellt auch aus Stahls Streit mit Leibniz. Dieser betont neben der ersten Entelechie des Körpers, der Seele, seine zweite Entelechie, die ihm immanente Bewegungskraft und gibt damit implizite Helmont recht.

Auch neben den übrigen Systemen einer späteren Zeit, ja heute noch, besteht das Helmontsche mit Würde — man denke nur an die vagen Konzeptionen Hoffmanns sowie den Eklektizismus Boerhaaves und der späteren *Vitalisten*.

Auch mit der *Lebenskraft der Vitalisten* hat Helmonts Archeus manche Gemeinsamkeit. Wenn man die Schilderung Autenrieths, des gefeierten Tübinger Klinikers und Physiologen, vom Anfange des 19. Jahrhunderts liest, die er von der bei Ohnmachten und Erfrierungen von Gliedern aus dem Körper und seinen Teilen entfliehenden und später wieder zurückkehrenden Lebenskraft entwirft[1], so kann man Helmontsche Ausführungen über den Archeus vor sich zu haben vermeinen. Hier liegt die alte klassische Lebenskraftlehre vor in der Form, in der sie vor allem von Lotze[2] vor dem Forum seines naturwissenschaftlichen Zeitalters unmöglich gemacht wurde. Diese Lehre kann man als ontologische Auffassung der Lebenskraft bezeichnen und den Konzeptionen eines Reil[3], aber auch denen von Treviranus[4] u. a.

---

[1] Ansichten über Natur- und Seelenleben. Stuttgart und Augsburg 1836. Vgl. Helmonts Archeuslehre. Oben S. 22.

[2] Rud. Wagners Handwörterbuch der Physiologie. I, 9. Braunschweig 1842.

[3] Arch. Physiol. 1, 1796.

[4] Biologie oder Philosophie der lebenden Natur. I. Göttingen 1802.

gegenüberstellen. Diese entsprechen eher begrifflichen Reservaten, die vor dem Phänomen des Lebendigen gemacht werden als den Erscheinungen einer besonders geformten und gemischten Materie oder als dem Mittelglied zwischen den Reizen der Welt und dem Körper, als dem Auslöser seiner Reaktionen. Demgegenüber nimmt der ursprüngliche Vitalismus der Schule von Montpellier (BORDEU, BARTHEZ), von FRIEDR. CASIMIR MEDICUS[1], von von Sir GILBERT BLANE[2], von BRANDIS[3], ja noch von JOHANNES MÜLLER[4] u. a. eine wirkliche meßbare Kraft, ein Ens an und gerät damit in Gefahr, die Besonderheit der Lebenskräfte gegenüber den unbelebten wieder aufzuheben, von denen ja der Vitalismus ebenso wie STAHLS Animismus Ausgang genommen hatte. Und hierin besteht auch wiederum der *grundsätzliche Unterschied von Lebenskraft und Archeus*. Dieser ist eine allgemeine Naturkraft, die Lebenskraft dagegen auf das Organische beschränkt. Darin liegen gleichzeitig die großen Vorzüge und die großen Schwächen der HELMONTschen Lehre, aber auch die des Animismus und der in Opposition zur Anima und in einer Art Rückkehr zum Archeus aufgekommenen Lebenskrafttheorie.

In der harmonischen Erfassung von normaler und pathologischer Form und Funktion steht bei HELMONT die Einzelheit unter dem Gesichtspunkt des Allgemeinen und im Sinne seines gekennzeichneten Lokalismus wird er zum eigentlichen Vater eines modernen, *des anatomischen Gedankens*.

Anhang.

I. Leben.

Zum Schluß seien die wichtigsten Daten von HELMONTs äußerem Lebens- und Entwicklungsgang aufgeführt, so wie er ihn selbst schildert.

„Von zartester Kindheit an habe ich", sagt HELMONT von sich, „Wissenschaft und Forschung dem Erwerbe von Reich-

---

[1] Von der Lebenskraft. Mannheim 1774.
[2] Elemente medizinischer Logik. Übers. v. V. A. HUBER, mit Vorrede von BLUMENBACH. Göttingen 1819.
[3] Versuch über die Lebenskraft. Hannover 1795.
[4] Hb. Physiol. des Menschen. 4. Aufl. 1, 24. Koblenz 1844.

tümern vorgezogen[1]. Diese, und das gilt vor allem für die Heilkunst, fließt nicht aus den Büchern, dem Wortglauben und der Überlieferung der Schule, sondern sie wird vom Himmel her, vom Vater des Lichtes, dem Fähigen und Bereiten offenbart[2].

Diese beiden Grundsätze sind die Leitsterne seines Lebens und Wirkens, in dem Eigenbrödelei, Übertreibung, manche Eitelkeit und Pietismus hervortreten, aber wahrhaft frommer Sinn, ehrliche Demut, selbstloses Wahrheitsstreben, Verachtung der Vox populi und der herrschenden Meinungen nicht zu verkennen sind.

1577[3] als JOHANN BAPTIST VAN HELMONT, Herr auf Merode Royenburg, Oorschot, Pellines, geboren, jüngstes Kind und Frühwaise (1580), aber dennoch sorgfältig erzogen, rasch mit der Universität (Löwen), fertig und dem was sie bieten konnte, dem Buchstaben und dem „Arteficiose altercari", im 17. Jahre schon zur Magisterwürde reif. Aber überdrüssig des überlieferten Wissens und voller Zweifel an ihm, überdrüssig vor allem der Astronomie, Logik und Algebra. Alle Aussicht auf Amt und Würde ausschlagend. Ein Suchender, zeitweise von den damals in Löwen nur geduldeten Jesuiten (MARTIN DEL RIO) und ihren naturphilosophischen Vorträgen gefesselt, dann auch von ihnen enttäuscht — auch hier hatte es sich nur um Worte gehandelt. Mehr befriedigt von der Privatlektüre SENECAS und EPIKTETS; stets von zarter Gesundheit und schwankendem Entschluß; immer noch unerfüllt und voll Sehnsucht, von Gott die Kräfte erflehend, zum Letzten in Wissenschaft und Forschung zu gelangen.

Im Traum seine Vermessenheit ahnend, von der Gewißheit durchdrungen, daß nur durch göttliche Wahl und Offenbarung sein Ziel zu erreichen. Von Recht und Sitten der Völker und ihrem Studium enttäuscht, durch Zufall zur Medizin (DIOSKORIDES) gelangend, die Unvollkommenheit vor allem der Kräuterkunde durchschauend — in bezug auf Heilkraft, Eigenschaft, Anwendungsart, Indikation der Pflanzen, vom Hyssop bis zur Ceder.

---

[1] „Ego quidem a teneris adhuc ossibus scientiam ante divitias habui." Promiss. authoris 888, 4 ff.

[2] Ebenda.

[3] Oder 1578 vgl. RIXNER und SIBER, SPIESS und STRUNZ zu dieser Frage.

Lächerlich FERNEL und FUCHS mit ihren Lehrbüchern; HIPPO-
KRATES, GALEN, die *Araber* mit ihren Folianten. Jahre mit ihrem
sorgfältigen Studium verschwendet. Die gegenwärtige Medizin:
Unsicherheit in der Theorie, Kopflosigkeit in der Praxis. Stunden-
langes Disputieren über jede Krankheit nach allen Regeln der
Kunst — im praktischen Leben nicht fähig, einen kranken Zahn
wieder in Ordnung zu bringen oder Krätze zu heilen. Höchst
töricht daher auch seine eigenen Vorlesungen, die er rein theoretisch als „Doctor legens" in Löwen um 1599 über Chirurgie
hielt!

So auch der Medizin gründlich überdrüssig, der heidnischen
Afterwissenschaft, die zur Bemäntelung der menschlichen Ge-
winnsucht herhalten muß, mit sich und seinem Leben zerfallen,
auf die richtige Wendung seines Laufes durch Gott immer noch
hoffend, unstet auf zehnjährigen Reisen, wo auch nichts als Unwissenheit und Feigheit. Hier aber durch einen alchimistischen
Vaganten auf die unerhörte neue Feuerkunst hingewiesen, empfängt
HELMONT seine göttliche Berufung zur Medizin. Er schildert sie
als Traumerlebnis wie folgt[1]: „Als ich nun einmal sehr ermüdet,
hingegen aber auch gähling durch großen Trost erquickt war,
geriet ich gleichsam in einen Schlaf, und es kam mir vor, als
wäre ich in einem königlichen Palast, der alle menschliche Kunst
weit übertreffe. Es war aber daselbst ein hoher Thron, mit einem
solchen Liecht von Geistern umgeben, daß niemand hinzukommen konnte. Derjenige aber, der auf dem Sitz des Thrones
saß, der hieß, Er ist. Und der Schemmel seiner Füße hieß, die
Natur. Der Türhüter an diesem Palaste hieß, der Verstand.
Derselbe gab mir, ohne etwas zu reden, ein Büchlein aus undurch-
sichtigem, gemischtem Erz (electro), das hieß: ein noch nicht
aufgetaner Rosenknopf. Und obgleich der Türhüter kein lautes
Wort von sich hören ließ, so wußte ich doch, daß ich solches
Büchlein essen sollte. Drum reckte ich meine Hand aus und aß
es[2]. Es schmackte aber so herb und erdenhafftig, daß es mir
gleichsam die Kehle zusammenzog; und ich solches mit sehr
langsamer Arbeit hinabschlingen kunte. Mich dauchte aber

---

[1] Auffgang der Arzneykunst. S. 1123. Die Kraft der Arzneien.
[2] Vgl. Apokalypse 10, 8—10, wo ein Engel dem Johannes ein
Büchlein gibt mit dem Auftrag, es zu essen. Es wird im Munde süß
sein wie Honig, im Bauche aber grimmen.

darauf, es würde mir mein ganzer Kopf gleichsam durchsichtig. Und drauf gab mir ein anderer Geist höherer Ordnung eine Flasche, darinnen war etwas, das mit einem Wort genannt wird Feuerwasser. Welcher Nahmen etwas gar einfältiges, absonderliches, unveränderliches, unzertrennliches, unwandelbares und unsterbliches zu verstehen giebet. Ich wuste aber nicht was ich damit tun sollte: und hörete auch ferner nichts weiters davon; vor großem Schrecken aber über so herrlichen Dingen, zog sich mein Hals gantz zusammen und das Wort blieb mit auf der Zungen stecken. Als ich nun endlich meine gebührende Ehrerbietigkeit vor dem Thron abgeleget, bemühete ich mich, auf vielerley Weise zu versuchen, was doch das in der Flasche seyn möchte. Und siehe, da war vor der Türe des Palastes die Feuer-Kunst, ein hurtiges altes Weib, so den Schlüssel hatte: die tat aber auswendig nit eher die Türe auf, biß vorher inwendig der Türhüter den Riegel weggeschoben: welches er auch nicht eher tath, biß ihm von dem Liecht des Thrones her ein Zeichen gegeben ward. Wenn aber jemand an die Tür klopffte, und die Beschließerin nichts dabey meldete, so antwortete der Türhüter: Ich kenne euch nicht. Die aber durch die Fenstergitter hineinzugucken trachteten, wurden mit Finsternis geschlagen und fielen so bald gantz ohne witz herab: derer viel irreten hernach so rum, und wusten zwar viel zu versprechen aber ohne allen Grund. Als ich nun lange Zeit stillschweigend allda stund, führete mich darauf eine Hand (deren übrigen Leib ich nicht sahe) zu einem lustigen Garten. Da geriethen plötzlich alle Gewächse der Welt an mich, eben als wenn ein jegliches nur in einem Stücke bestünde.

In diesem Angriff fühlete ich in mir alle Gewächse in der gantzen Welt: Nichts war als wenn ihre Beschaffenheiten eine Würckung gegen mich täten; und ich ihr Gegenstand wäre: (denn ich allein wäre nicht genug gewesen, sie alle zu ertragen) sondern es schien als wenn ein jedes auf mir, als auf einer Schaubühne sein Spiel spielete. Und wolte nur Gott! daß ich sie mit der Feder wohl erklären könte. Denn erstlich erkannte ich, daß alles was hitzig, kalt, feucht und trucken heist, als kurze Zeit währende Eigenschafften in die Dinge kommen, wenn dieselben schon in ihrem Stande sind, nicht anders als die Farben..."

Weite Reisen führten HELMONT zunächst nach der Schweiz und Savoyen. Er kehrt 1602 zurück — im Besitz chemischer

Arzneien, die er vielfach praktisch heilend und helfend anwendet.
Das Jahr 1604 findet ihn, angesehenen Naturforscher, in London,
wo sich ihm die Hofgesellschaft öffnet .1605 ist er wieder in Brüssel.
1615 erscheint in Leyden der „Dagheraad" (s. S. 2, Anmerkung),
1621 der 4 Jahre vorher konzipierte Traktat über die magnetische
Heilung der Wunden. Wie sehr dieser den wegen seiner herben
Kritik und Polemik von Feinden umlauerten HELMONT verstrickt
und ihm in seinen Folgen die letzten Lebensjahre verbittert
hat, haben wir oben (S. 97) ausgeführt.

Ein Jahr widmet er der Pest und ihrer bisher völlig vernachlässigten Behandlung. Erst 1609.wird HELMONT nach vollzogener
Ehe und ärztlicher Promotion (Löwen) in Vilvorden seßhaft —
ganz dem Studium der Natur und ihrer Kräfte hingegeben, fern
vom Trubel der Welt. Emsig die Arbeit, schlaflos die Nächte!
Fleißiges Studium des PARACELSUS, des bewunderten, aber wo
für nötig gehalten, schonungslos bekämpften Vorbildes[1].

1642 erschienen zu Köln als Frucht seiner Peststudien die
Fieberschriften („Febrium doctrina inaudita"), die wegen ihrer
kühnen Sprache, der rücksichtslosen Anklagen des Jahrhunderts
und des ganz neuartigen Inhalts Aufsehen und viel böses Blut
erregt haben müssen[2]. Wie sich auch immer die verderbte Zeit
zu meinem Werke stellen mag, so heißt es in der Vorrede zum
Fiebertraktat, die vorliegenden Abhandlungen werden, wie der
gefallene Würfel, entscheiden, wozu Gott meine Arbeiten gesandt
hat. Die gewohnt sind, Blut und Kraft ihrer Kranken zu schwächen, werden nur schwer von ihren Gewohnheiten abzubringen
sein. O dächten sie nur an das Heil ihrer Seele und die Sache
der Witwen und Waisen, die allen überantwortete.

„At cum huius aevi, tanta sit iudiciorum protervia et singularis
quaedam insolentia, metui sane, ne opus meum ulcerosum hoc
saeculum admiserit. Indicabit hic tractatulus velut iacta tessera,
quid Dominus de meis laboribus statuerit. Interea qui iam con-
sueuerunt in suis venarum ac virium diminutionibus, durum erit
forsitan ab assuetis recessisse. Rogo saltem, viderint, qualiter animas
suas causamque viduarum et pupillorum omnibus commendatam,
custodiverint."

---

[1] „Libros Paracelsi derisa obscuritate obsitos investigavi, illumque
hominem admiratus sum et nimio honore prosecutus: donec tandem
daretur intellectus operum et errorum . . ." Promissa aut. III.

[2] Vgl. Brief von MOREAU 7. 3. 1642, abgedruckt bei BROECX a. a.O.
S. 309. 1852.

1644 folgte eine zweite Ausgabe dieser streitbaren Schrift zusammen mit „De lithiasi“, „Tumulus pestis“ und „Scholarum humoristarum passiva deceptio“. Unter ihnen enthält besonders der „Tumulus pestis“ Rückblicke auf das, was HELMONT bewegt, was er gewollt und erreicht zu haben glaubt. Er hat die Welt voll von Betrug erkannt. Auf seiner langen Suche nach der Wahrheit in allen menschlichen Verhältnissen, Religionen und Bedingungen hat er wohl Wahrheiten gefunden, nirgends aber die Wahrheit selbst:

„. . . Vidi quidem in numeris atque mensuris veritatem, certam ac immutabilem. In rebus creatis denique essentiam quidem et proprietates rerum veras atque bonas: sed ipsam veritatem, utut apud homines inquirerem, nusquam inveni. . . . Tandem cum considerassem, quod Deus ipse esset nuda veritas.“

Aber die Wahrheiten der Heiligen Schrift sind auf Erden genau so unbekannt wie die Wahrheit selbst, verdorben durch die dem Fleisch nachgiebige menschliche Auslegung. Wer hält heute noch die andere Backe dem Schlagenden hin, wer zieht heute noch seinen Rock aus, um damit den Armen zu bekleiden, als sei er Christus selbst?. So erklärt sich unsere Unwissenheit und Machtlosigkeit den Epidemien, insbesondere der Pest gegenüber[1]. Die Wahrheit ist wie in einer Höhle verborgen. GALEN betrat sie mit einer schwachen Lampe, drang aber nicht weit, sondern erschrak und stürzte so, daß sein spärliches Licht erlosch, das Öl verrann. Dann kehrt er zu der vor der Höhle wartenden Schar seiner Jünger zurück und erzählt diesen des Langen und Breiten von Dingen, die er gar nicht sah und kannte, und hätte er sie selbst gesehen, nicht geglaubt hätte. Ähnlich erging es AVICENNA. Die Mißerfolge und Unfälle ihrer Führer verboten den Jüngern den Eintritt. Sie zogen es vor, die alten Lehren ihrer Meister nachzubeten, als selbst Wahrheit zu suchen. PARACELSUS, seine große Fackel rasch an der Wand befestigt, dringt weiter vor als alle anderen. Er sieht viel mehr als sie, aber mit dem Schrein der Wahrheit beschäftigt, sinken ihm die Kräfte. Die Höhle hat sich mit Rauchschwaden erfüllt, die ihn zu ersticken drohen. Dann kommt HELMONT ohne Fackel, mit kleiner, am Gurt befestigter Laterne, um nicht das Schicksal seines Vorläufers zu

---

[1] Tumulus pestis Vorwort.

teilen. Selbst schwach, aber gestützt von einem, der hinter ihm
kam und den Rückzug deckte, sieht er ganz anderes als die lange
Reihe der Ahnen. Aber HELMONT steht allein dem Ungeheuren,
Neuen gegenüber. Seine Kräfte reichen nicht aus, bei seinen
Mühen von den Fledermäusen in der Höhle gestört, muß er wieder
heraus, genau wie die Vorgänger und ohne die Frucht gepflückt
zu haben. Ja noch schlimmer, hätte er länger verweilt, so hätten
seine Augen — an die völlige Finsternis gewöhnt — dem Tageslichte
den Dienst versagt.

Aber die eine große Wahrheit hat er aus der Höhle mitgenommen,
„quod omnes humanis duntaxat freti auxiliis ambularemus in densis
tenebris, per vias ignotas, difficillimas ambages et semitas noctis. . .“
Der wahre von Gott erwählte Arzt jedoch geht eigene Wege. „Is
enim ad honorem domini praeparabit dona eius, ad solamen proximi:
ideoque commiseratio erit dux eius. In corde enim possidebit veritatem et scientiam in intellectu. Charitas erit soror eius et miseri-
cordia Domini illuminabit vias suas . . . et non erit spes lucri in
cogitationibus suis. Dominus enim est dives et liberalis dabitque
centuplum in mensura cumulata . . . Replebit os suum consolationibus
et tuba verbum eius, a qua fugient morbi . . . et morbi in conspectu
eius tanquam nix in meridie aestatis, valle aperta . . .“[1]

Trotz aller Arbeit und Erfolge in Forschung und Wirken, aber
niemals selbstgewisse Sattheit und Zufriedenheit mit der erreichten
und erreichbaren Staffel! Ihm ruft vielmehr die innere Stimme
zu: „Was du mit deinem Sinne umspannst, ist nichts; weniger
als nichts, was du erstrebst im Angesicht des Höchsten. Er kennt
die Grenzen allen Strebens, du aber sei bedacht auf dein Heil[2].“
HELMONT verzehrt sich in Arbeit, um zum Schluß mit der Spruch-
weisheit zu erkennen, daß vergeblich die Mühe, die Wissenschaft

---

[1] Ebenda im Beginn.

[2] „ . . . in somnium deductus sum et vidi totum universum, in
conspectu veritatis, tamquam aliquod informe chaos . . . et hausi
inde conceptum unius verbi, qui significabat mihi, quae sequuntur:
Ecce tu, et quae vides, sunt nil, quidquid urges, minus quam ipsum
nihilum, in conspectu altissimi. Ipse scit fines omnium rerum agendarum; tu, tuae saluti saltem intendas. Imo in isto conceptu erat
praeceptum intrinsecum, quod fierem medicus et quod mihi daretur
quandoque ipsum Raphael . . . ac deinceps per triginta solidos annos
subsequentesque ordine noctes laboravi, meis impensis ac vitae detri-
mentis, ut vegetabilium et mineralium naturas atque proprietatum
cognitiones, adipiscerer . . . Tandem cum Salomone cognovi me
frustra adhuc plerumque spiritum meum torsisse vanamque esse
scientiam omnium, quae sub sole sunt, vanas curiositatum indaga-
tiones . . .“ Studia authoris 20.

eitel, umsonst die Erforschung der verborgenen Dinge. „En sic adolevi, factus vir et nunc quoque senex inutilis et ingratus Deo, cui omnis honor!"

HELMONT übergibt seinem Sohne seine Schriften zur Veröffentlichung und stirbt in Einsamkeit in seinem 67. Jahre am 30. Dezember 1644.

II. Die Späteren und HALLER über van HELMONT.

Zu Lebzeiten wie nach dem Tode ist HELMONT mehr geschmäht als gelobt worden — kein Wunder, daß seine aufrüttelnden, rücksichtslos umstürzenden und gewöhnlich weit übers nächste Ziel schießenden Konzeptionen den Beifall der herrschenden Doktrin ebensowenig finden konnten, wie seiner oft barocken Phantasie und seinem Dynamismus das dem Stoff und seiner quantitativen Abmessung zugewendete Zeitalter gerecht werden konnte. Für den großen Haufen hat HELMONT heute wie ehedem umsonst gelebt. Dennoch hat er, haben seine Werke Anziehung und Einfluß ausgeübt auf beste Köpfe — mag man nur SYLVIUS, WILLIS STAHL, LEIBNIZ, KAAU BOERHAAVE und VIRCHOW nennen und ganz absehen von den G. THOMSON, DOLAEUS[1], CHARLETON[2] und GREMBS[3], die ja so etwas wie eine HELMONT-Schule mit allen dazugehörigen Dogmatisierungen und Verwässerungen verkörpern. Als Natur und Wahrheitsforscher zu groß, um in einseitigen Mystizismus und blanke Schwärmerei zu verfallen, als Philosoph zu geistig im Format, um mit dem Weltbilde des Nur-Naturforschers zufrieden zu sein, war ihm nicht die geschlossene, Schule machende Einseitigkeit, die suggestive Genügsamkeit und popularisierende Einfachheit gegeben[4].

Sparen wir daher die Besprechung oder gar den Abdruck des HELMONT-Spiegels der Mit- und Nachwelt!

Hier sei nur abgedruckt, was HALLER[5] von HELMONT und seine Katarrhschriften schrieb:

---

[1] 1651—1707 in Limburg und Hanau. Encyclopaedia medica 1684.

[2] CHARLETON: Spiritus gorgoneus in sua saxipara exutus. Londini 1650.

[3] Arbor integra et ruinosa hominis 1657.

[4] Vgl. die kurze vortreffliche Würdigung HELMONTS in JULIUS PAGELS Geschichte der Medizin. S. 250. Berlin 1898 sowie M. B. VALENTINI, Introductio in HELMONTS Opp. omnia. l. c. S. 2.

[5] Bibliotheca medicinae practicae Tom. II, ab 1534—1647 Bernae et Basileae 1777. Vgl. auch Biblioth. anat. I, S. 421. Tiguri 1774:

„ . . . Vir acuti ingenii, in detegendis aliorum erroribus acris, in colligendis eventis suae causae faventibus ingeniosus, non expers anatomes, certe frequens incisorum cadaverum testis, in parandis medicamentis solers, ut per sua etiam experimenta passim causas morborum indagare susciperet. Audax ceterum affirmator, credulus, nisi aliter juberet sectae incrementum, vanarum curationem enarrator, felicium eventuum et specificorum auxiliorum nimius laudator.

. . . cuius maior subruendis Gelenicis scholis felicitas fuit, quam cuiusquam priorum.

. . . Archeum, cui administrationem corporis humani commisit, etiam nostro aevo dominantem reliquit; calida medicamenta et acidorum contraria et elixiria atque medicamenta, parva in dosi efficacia, arte sua parata, in quotidianam praxin introduxit, in theoriam fermenta; tum in sua propria schola tum in Sylviania, cuius plurima placita ab Helmontio repetita fuerunt. Vocabula insolita, parum definita, vagas ideas et arbitraria plurima merito carpas.“

Asthma et tussis, memorabilis libellus, etsi hypothesi non purus est. Fuse de catarrho: non descendere a capite: maleque capiti medicamenta admoveri in asthmata, in tussi. Asthma verum asthma uterinum. Asthmatis multa exempla. Asthma cum urina aquea, orthopnoea, absque ullo capitis vitio. Aliud absque sputo sanatum. Cui quoties decumbebat asthma ingruebat, montanis locis gravius cum saliva salsa, ut post aliquod spumosa sputa paroxysmus evanesecret. Asthma ab accepta iniuria. In comitiali morbo ante lapsum in ore stomachi sensus. Asthma esse a contractis pulmonis poris absque defluvio. Pulmonem etiam in bene valentibus pleurae adhaerere, etiam in cursore expeditissimo. Alias e certis cibis asthma, manifesto ab ore stomachi natum, ut a duumvirato asthma sit. Coryzam se tollere sternutatorio pulvere cum helleboro. Mucum in pulmone ipso generari. Parcius, qui screaret cum parco victu. Fumum sulfuris in potu exceptum commedat.

Pleura furens: ut spina infixa dolorem et inflammationem, sic

---

„Vir nobilis, acris ingenii et paradoxus, magnae in re medica et potius in physiologica conversionis auctor. In evertendo fuisse feliciorem quam in adstruendo. Eius opiniones F. Sylvius ornatas et hactenus mitigatas in medicam artem introduxit, in qua late regnarunt.“

calcar aliquod pleuram lacerans pleuritidem facit. Nihil contra pleuritidem venae sectionem facere. Iterum pleuritis est aciditas peregrina concepta in archeo. Degenerationi ergo in aciditatem debere obsisti et spinam auferri, pulverem de virga cervi vel tauri, succo cichorii, flore papaveris potissimum tamen cruore hirci suspensi, de incisis vasis seminalibus manante. Contra clysterum in dysenteria usum. Ut in se ipso iam senex pleuritidem sanaverit.

Catarrhi deliramenta. Pulmo primum moriens. Multa mala praeter omnem rem catarrho a scholis tribui, pectoris, partium aliarum, pulmonum. Mucum in pulmone et in omni quidem loco adfecto ipso generari. Pulmonem non minui. Male in experimento ostensum, infusi per os humoris aliquid in vivo cane in asperam arteriam descendere. Nullas esse catarrho vias. Anglice seorsim prodierunt vertente G. CHARLETON. Lond. 1650. 4* B. Bodl.

Anmerkung bei der Korrektur.

Auf die reichen Beziehungen des HELMONTschen Weltbildes zur *Scholastik* sowie der älteren und zeitgenössischen *Mystik* wurde mit Rücksicht auf die Bearbeitung dieses Gegenstandes durch GIESEKE (vgl. S. 7) nicht näher eingegangen. Nur kurz sei zu S. 28, Anmerk. 2, bemerkt, daß sich HELMONTS Stellung zur antiken Kosmogonie deckt mit der mancher Araber und Hoch-Scholastiker (AVICEBRON, IBN GHAZZALI, ANSELM, ALBERT).

Auf der anderen Seite bestehen starke Beziehungen zu mehr abseitigen Strömungen, z. B. in der Lehre vom Teilhaben am Göttlichen mittels der Versenkung zu HUGO und RICHARD von ST. VICTOR (vgl. S. 31, Anmerk. 3). Wie überhaupt in HELMONTS Weltbild scholastische und mystische Elemente zu bemerkenswerter Verschmelzung gelangen.

Irrwitz der Katarrhlehre.

1. Wer ist Herr der Krankheiten und der Natur? Es wird nunmehr Zeit, den großen Sammeltopf von Krankheiten, die man einem vom Kopf sogar bis in die äußersten Fußspitzen hemmungslos herabfließenden Katarrh zuschreibt, als Altweibermärchen, wo nicht Erfindung des Menschenfeindes nachzuweisen — erfunden, um durch Verdunkelung der wahren Krankheitsursachen die Mittel zu deren Heilung zu verbergen. Jedenfalls ist die Schulmedizin bis heute in heidnischem Irrtum befangen und auf Abwegen hinsichtlich Entstehung, Stellung, Art und Weg des Herabflusses, der materiellen Grundlage, Möglichkeit, der Orte, Organe, der Beseitigung und der Heilmittel des Katarrhes. Was auf falscher oder unmöglicher Voraussetzung steht, ist eben falsch und absurd. Daher auch die trügerische, auf das Brenneisen gesetzte Hoffnung, wie ich noch an gehöriger Stelle ausführen werde.

Zwar ist die Natur jedes einzelnen selbst Heilbringer in Krankheiten, der Arzt nur ihr Bediener, wie es bei HIPPOKRATES heißt. Doch gilt dies nur von Erkrankungen, die die Natur auf eigene Initiative heilt. Wo sie aber daniederliegt und sich nicht an ihren eigenen Kräften aufzurichten vermag, da bleibt der von der Güte Gottes zum Arzt Erwählte — ihm wiegen alle Krankheiten gleich schwer, und er hat *das* für alle Krankheiten gültige Heilwissen unter *den* vielen erworben —, da bleibt er, sage ich, nicht länger Diener, sondern wird Interpret, Lenker und Herr. Gepriesen sei der Name meines Herrn Jesus in Ewigkeit, der stets seine Gnadenfülle den Unverständigen, in ihrer Niedrigkeit Unterworfenen gewährt.

Nun ist zwar die Natur des Menschen — obschon für krankhafte Eindrücke vorzüglich empfänglich — insoweit empfindungsbegabt, auch auf Abwehr derselben bedacht; wo aber Krankheiten aufgenommen sind und überhandnehmen, stirbt der Mensch oder lebt weiter, unglücklicher noch, als wäre er tot, wenn ihn nicht der Arzt wiederherstellt. Aber nicht jedem Arzt gelingt es, sein Ziel zu erreichen — nur den Berufenen, Auserwählten, Geübten und Fertigen. Der Zeit des HIPPOKRATES war die Vollendung naturgemäßer Heilkunst noch fern, auch heute ist sie nur Gegenstand von Verachtung und Hohn. Daher ist dem HIPPOKRATES nicht übelzunehmen, wenn er gemeint hat, die Natur erledige als Herrin und Meisterin das ganze Geschäft der Krankheit.

2. Eine Anzahl Grundvoraussetzungen. Anderweit habe ich ferner angeführt, daß schon vom Mutterleibe an jedem Gliede als Zubehör und Lenker ein „Spiritus insitus" vorstehe — ein anderer aber, der „Spiritus influus" vom Herzen ströme, Wecker und Ermunterer des Insitus, aber dennoch nur verfügbar und dem Einzelorganismus dienend, wenn ihn der Insitus erst gestaltet hat. Ebenfalls an anderer Stelle habe ich dargetan, daß jedes Organ nur nach Maßgabe der Kraft seines eingeborenen Ferments existiere, und daß Umwandlungen zu neuen Lebensfolgen nur durch Vermittlung dieses Fermentes zu erwarten stehen. Daraus erhellt, daß alles Leben von geistigen Kräften anhebt und gesteuert ist, daß Schwächung im Stoffwechsel der Glieder abhängt von Verminderung der geistigen Kräfte und ihres Prinzips (Ferments) — nach jenem Bibelwort: mein Geist (die Hülle des Ferments) wird geschwächt werden und (um deswillen) meine Tage verkürzt. So wird ein Glied, welches in gesunden Tagen keine sichtbaren Abfallstoffe hervorbringt, viel dergleichen und unaufhörlich produzieren, wenn es in der Kraft des ihm innewohnenden Ferments verwundet, verletzt, vermindert oder in seiner Entfaltung verhindert ist. Daraus folgt, daß einer Verschiedenheit der Verletzung und der Ursachen der Verletzung eine solche in Form und Menge der Abfallstoffe entspricht.

3. Schluß. *Nicht also aus einer Quelle, dem menschlichen Kopf nämlich* (von dem nach der Phantasie der Schulweisheit die Katarrhe herabfließen), *sondern aus eigener, jedem Körperteil innewohnender Krankheitsbereitschaft, eigener Unstimmigkeit, durch örtliche Einwirkungen hervorgerufen, entstehen die Krankheiten.*

4. Bekräftigung aus Beobachtungen. So rezidivieren auch schon geheilte Wunden und werden nicht selten zu Geschwüren und Abscessen. Bei Witterungswechsel brechen sie noch nach langen Jahren auf und schmerzen. So wiederholen sich Husten, Seitenstechen, Bluthusten, Erysipele. So greifen außerordentliche Gebirgskälte oder anderes, wie plötzlich einsetzende Nachtluft, Sumpfschwaden oder ein aus Bergwerken aufsteigender Dunst die inneren Prinzipe (Fermente) von Gehirn und Lungen schlagartig an, so daß sie für das ganze Leben zu Brutstätten abnormer Abfallstoffe werden. Auf diese Weise entstehen auch in Augen, Ohren, Zähnen, Rachen Abfallstoffe auf Grund lokaler, abnormer Tätigkeit dieser Organe — nicht jedoch sind es Schleimmassen aus dem Gehirn. So beginnen auch Husten und Asthma und bestehen bei fortgesetzter Einwirkung einer Schädlichkeit auf das Mark eines Organs.

5. These. Und das nicht auf Grund Schleim*herabflusses* vom Gehirn, sondern durch Schleim*bildung* in der Lunge infolge Beeinträchtigung der örtlichen Urkräfte.

6. Lunge als „Primum moriens". Ist doch die Lunge mehr als alle anderen Organe Einwirkungen von außen her ausgesetzt, wodurch sie auch am raschesten altert und stirbt, wie man vor allem an der Neigung der alten Leute zu Husten und am Rasseln von Sterbenden sieht, auch wenn die Todesursache außerhalb der Lungen gelegen war. Diese Sonderstellung der Lunge besteht, weil sie dauernd die rohe Luft aufsaugt und als nächster Nachbar ständig ihre Kräfte dem belasteten Herzen bereit halten muß und sich deswegen bald erschöpft.

7. Grund der Abweichung von der traditionellen Lehre. So weiche ich vorwiegend darin von der Schullehre ab, daß ich die in Rede stehende Krankheit den *festen Teilen*, als Behälter der Säfte, nicht aber den in ihnen enthaltenen Säften selbst zuschreibe. Denn sie sind Produkte krankhafter Beeinflussung des Archeus. Sodann weiche ich auch darin ab, daß ich *das Leiden als örtliches bewerte* und nicht als mitgeteilt, d. h. als zweite Krankheit, von seiten des Kopfes.

8. Leiden des Alters und ihr Grund. Husten bei alten Leuten läßt nur wenig Hoffnung auf Wiederherstellung: weil sich in den äußersten Ästen der Luftröhre, soweit sie der Lunge angehören, soviel Abfallstoff angesammelt hat, daß nicht nur die Rohre verstopft, sondern auch das lokale Ferment gestört und in seiner Kraft gemindert wird. Dadurch werden wiederum von Stunde zu Stunde weitere Abfallstoffe erzeugt — eine reiche Quelle neuen Hustens. Im Greisenalter ist er kaum den gewöhnlichen Mitteln zugänglich. Dringen doch diese auch gar nicht bis zu den ergriffenen Orten vor. Auch entbehren sie jeder Heilkraft.

Es handelt sich mithin bei der Bildung derartiger Abfallstoffe um *örtliche* Störungen der Teile. Jede Beeinträchtigung eines Teiles aber — sei sie angeboren oder erworben — geht einher mit Verminderung des vitalen Prinzips. Daher rührt der Ausfluß von Abfallstoffen solcher Teile.

9. Schädlichkeit der Abführkuren. So komme ich dazu, die fortgesetzten Purgationen bei diesen Erkrankungen für zwecklos und schädlich zu halten, da sie sich mehr gegen die Produkte, weniger gegen die Ursachen der Krankheiten richten. Dann aber vor allem, weil die Produktion derartiger Abfallstoffe nicht auf Abführmittel hin schwindet. In keiner Weise berühren sie jedenfalls die eigentliche Krankheit in uns und fassen das Übel an der Wurzel, vielmehr betreffen sie nur Folgezustände. An den eigentlichen Kern aber kommen sie nicht heran. Auch ist zu bedenken, daß, wenn einmal die Abführmittel für zwei Tage anscheinend helfen, dann ja auch die Masse des Gekrösevenenblutes vermindert ist, weniger Nährmaterial zu den Lungen gelangt und so die Notwendigkeit zu husten, sich verringert. So setzen die Abführmittel durch dauernde Schwächung den allgemeinen Kräftezustand herab.

10. Der traurige Stand der Heilkunde. Zu späte Erkenntnis der Tröpfe. Weil die Ärzte dieses zum Beispiel an den Folgen des angewandten Haarseils merken und zur Erkenntnis kommen, den Kranken wegen Erschöpfung ihrer Körperkräfte nichts genutzt zu haben, entlassen sie diese zu diätetischer Behandlung und der allein seligmachenden Hilfe einer blanden Küche, auch mal zur Wiederholung der Fontanelle und zur Heranziehung milder Abführmittel. Die Kranken sollen dann weiterhin „ärztlich", und das will sagen, elendiglich leben. Damit geben sie wenigstens zu erkennen, die Küche sei den unsicheren Arzneimitteln der Apotheken vorzuziehen und predigen auf Grund der Erfahrung Enthaltung von diesen, als Schädlichkeiten.

11. Der schamlose Schluß ex iuvantibus et nocentibus. Aber mit derartigem Vampyrismus sollten sie es genug sein lassen; man sollte nicht mit denselben Mitteln noch einmal versuchen, dem Kranken Hoffnung, Körper, Gefäße, Kräfte und Geldbeutel zu erschöpfen. Wären sie doch ihrer eigenen Grundsätze eingedenk, die den Heilplan vorzüglich nach dem, was schadet und nützt, einstellen — obschon diese Regel schamlos und Kurpfuscherpraktik ist —. Mögen sie wenigstens mit Hilfe dieser Regel von ihren alten Kunstfehlern endlich loskommen! Und weder beim Husten noch bei der Schwindsucht auf Mittel zurückgreifen, die eingesehenermaßen noch nie jemand geholfen haben. Ruhen würden dann endlich die Abführkuren, Aderlässe, Niespulver, Schleimlösungsmittel, Lecksäfte, Dekokte von China, Sarsaparilla, Sassafras. Auch das Kauterium an der Kranznaht des Schädels und andere hierhergehörige unzuverlässige Hilfsmittel, die der Arzt heranzieht, um nicht ganz umsonst sein Scherflein einzustecken. Hätten sie doch bloß aus ihrem Verfahren gelernt, daß sie auf Zweitwichtiges, auf Effekte, wie Absetzung der Abfallstoffe, ihre Um-, Ableitung und Vorbeugung sinnen und damit öffentlich zeigen, daß ihnen die eigentlichen Ursachen verborgen geblieben, und sie nicht durch Beseitigung der Ursachen die Kranken methodisch kuriert haben. Sie hätten dann begriffen, daß die Regelung der Diät ein recht schwaches, langsames und verzweifeltes Heilmittel ist für einen so schweren, schon eingenisteten Feind, ja Hausherrn im Körper. Kein Wunder daher, wenn das Volk im Hinblick auf die Eitelkeit solcher Kuren sagt: Die beste Medizin sei, die Medizin zu meiden.

12. Irrtümer der Ärzte. Oftmals haben sie mir beim Durchlesen ihrer Hunderte von medizinischen Konsilien leid getan, besonders wenn sie nach dem neunten Buch des Almansor die Krankheiten vom Scheitel bis zur Sohle durchnehmen und in der Meinung und Prahlerei, gründlich die Hauptursache zu erforschen, einfach irgendeine natürliche oder erworbene Störung anschuldigen, dabei aber unsicher und zweifelhaft sind, ob sie diese bereits als Krankheit oder als der in Rede stehenden Erkrankung vorausgehende Ursache aufstellen sollen. Damit sie sich wenigstens nicht irren, schuldigen sie in allen möglichen Krankheiten Hitze und Kälte zugleich an.

Beinah überall wird die Kälte des Magens allein oder kombiniert mit Hitze der Leber herangezogen: daraus sollen die Katarrhe entstehen, sich auf verschiedene Körperteile ausdehnen, und ihnen dichten sie alle möglichen Krankheiten an. Nicht nur für beinah alle inneren Leiden soll das gelten, sondern auch für die Erkrankungen der Haut.

So sieht aus, was die Schulen ihre Jünger in Theorie und Praxis lehren. Es müssen für die Leiden der Augen, Ohren, des Rachens, der Zunge, Zähne, Brust, Arme, Lenden und Glieder die Katarrhe herhalten. So fanden Husten, Schwindsucht, Asthma, Seitenstechen und Lungenentzündungen, Apoplexien, Lähmungen, plötzliche Todesfälle, Lungengeschwüre, Blutspeien ihre von vornherein festgelegte Ursache in den Katarrhen. So kommt der Magen zu Erbrechen, Nausea, Apepsie, auf diese Weise Leber und Milz zu Störungen ihrer Tätigkeit. Denn der Herabfluß eines unverdaulichen Schleims vom Kopfe stellt die (Ader-) Verstopfungen, Hartleibigkeiten, Hydropsien, Geschwüre, Skirrhen, Fieber, Dysenterien in eine Reihe mit den Katarrhen.

13. PARACELSUS' Inkonsequenz. Ihre Quellen. Diese Katarrhlehre hat auch PARACELSUS in der Hauptsache unterschrieben, obschon er sonst mit dem Tartarus und der Entdeckung der Tria prima Triumphzüge aufführt; er hat aber den Begriff der „Flüsse" immer offen anerkannt, in Unsicherheit schwankend.

14. Das Altweibermärchen von der Entstehung des Katarrhs. Diese eigentlich ernsthaft beklagenswerte Fabel von den Katarrhen haben die Schulen recht hübsch hergerichtet und geben sie von Hand zu Hand weiter, damit sie den Schein der Wahrheit erhalte. Ja, es streiten mit mir die Toren, jene Ärzte, die selbst Behandlung nötig hätten, des langen und zum Überdruß breiten über ihre Katarrhe. Ich habe nun aber wirklich genug davon, sie einzeln von ihren Vorurteilen abzubringen und auf das wahre Licht der Lehre zu weisen. Wie frische Honigscheiben den Geruch, so strömen sie ihre eben angenommenen Lehren aus. Darum schweige ich lieber still und rede besonders den Autoritäten gegenüber nicht über Krankheit, Ursache, Arten, Heilmittel — auch auf die Gefahr, daß ich durch meine stumme Haltung gegenüber der federleichten Theorie der Schulen den Schein erwecke, nichts Besseres zu wissen und mit allem einverstanden zu sein. Anderweit jedoch möchte ich aus meiner anderen Überzeugung kein Hehl machen, und daß die Einfältigen die Heilkunst nicht begreifen können und ich darauf verzichte, ihr Lehrmeister zu sein. Nur wundert mich täglich, daß niemand bis jetzt die maßlose Unwissenheit der Ärzte bemerkt hat, sondern diese Träume der Griechen die christliche Welt hinter sich her zu lächerlichem, lügenhaftem und der menschlichen Gesellschaft gefährlichem Unsinn verlockt haben.

Verlegt man doch die erste Quelle der Katarrhe in Kälte des Magens, abnorme Wärme der Leber und unterwirft den größten Teil der leidenden Menschheit der Tyrannei des Vorurteils. Die Sache soll sich so abspielen: Der Magen, bei der Verdauungstätigkeit von der Leber unablässig erwärmt, gibt Dämpfe nach dem Kopf zu ab. Das Hirn dagegen sei von Hause aus kalt und in der Lage des Deckels auf einem siedenden Gefäß oder nach Art eines Destillierhelmes, in welchen die Dämpfe aufsteigen, um in Wasser überführt zu werden. Da solches naturnotwendig herabfließen muß, wird es zur wichtigsten und allgemeinen stofflichen Grundlage des Katarrhs.

15. Das Heer der sog. Katarrhleiden. Wenn es in die Augen, Ohren, den Rachen, die Zähne usw. herabfließt, so merken es diese Teile mit Schmerzen, in der Nachbarschaft des Gehirns, ihres obersten Tyrannen, gelegen zu sein. Wenn es dagegen in die Lungen fließt, wird es zur Ursache von Husten, Atmungsstörungen, schließlich Schwindsucht, Herzklopfen und führt so zu plötzlichem Tod. Fließen aber die Katarrhe in den Magen herab, dann hat dieser die Sache zu büßen, durch Verdauungsstörungen, Erbrechen, Appetite, Kardialgien, Ohnmachten, Verstopfungen, Durchfälle, Abgang unverdauter Massen, Brechdurchfall, Koliken, Atrophien, Wassersuchten, Skirrhen, kurz alle Leiden des Bauches. So erhalten auch die Fieber, die Fäulnisprozesse in den Blutadern und der Milz, die Nieren- und Blasensteine ihren ersten Anstoß durch den Katarrh. Wenn aber die Katarrhe in die Bucht des Kleinhirns herabfließen, dann tritt plötzlicher Tod und schlagartige Lähmung ein. Wenden sie sich jedoch einmal über den Nacken herab in die Nerven, Schlagadern, Muskeln, dann kommt es bald zu den verschiedensten Formen der Arthritis, Pleuritis, Gliederlähmungen und Konvulsionen. So will man schließlich auch die chirurgischen Krankheiten, die verschiedenen Arten der Schmerzen, Abscesse und Geschwüre als Brut der Katarrhe auffassen. Kann die Materie aber nicht herabfließen und das Gehirn sich nicht von seiner Last durch Husten und Schnupfen befreien, dann besteht Schlafsucht, Bewußtlosigkeit, Starrkrampf, Lethargie, Schwindel, Schlaganfall, Schwund von Gedächtnis und Sinnen.

16. Die Folgen für die Menschheit. Außer den geschilderten Störungen der Hitze und Kälte und dem daraus notwendig geborenen Katarrh wissen die Bücher der Ärzte, ihre Gespräche, Beratungen und Besprechungen, ihre Lehre und ihr Handeln nichts zu melden. Und darum dreht sich die ganze heutige Heilkunst in der Angel der Purgationen, Aderlässe, Skarifikationen, Bäder, des Schwitzens, der Fontanellen und überhaupt nur um die Schwächung des Körpers und seiner Kräfte bzw. Austrocknung der Katarrhflüssigkeiten.

17. Das Sklavenlos der Kranken. Darum holen sie die China- und Zarzawurzel mit dem Sassafrasholz aus dem äußersten Osten zur Bereitung austrocknender Tränke her, richten Diätetik und Arzneiverodnung nach Maßgabe der Hitze und Kälte ein. So kommt es, daß sie die Kranken nicht mehr aus den Händen lassen, sie wie Sklaven in lebenslängliche Abhängigkeit bringen, obschon ihnen Hoffnungslosigkeit gewiß ist.

18. Die gewöhnliche Ausflucht der Schulen. In ihrer Unkenntnis der eigentlichen Gründe und Wurzeln mühen sich die Ärzte vergeblich

und zweifeln schließlich an der Möglichkeit von Kur und Heilung,
weil die natürliche Kälte des Magens der Hitze der Leber widersteht,
und so, was dem Magen nützt, der Leber schadet und umgekehrt.
Da all das Erfindungen zum Verderb der Menschen, zur Zermürbung
des Staates und der Familien sind, sehe ich meine Aufgabe in der
Reform dieser verruchten Ketzerheilkunde von Grund aus. Um so
mehr war dies meine Pflicht, als diese Seuche ganz Europa seit den
Tagen GALENS erfüllt. Lernen doch die Vornehmeren diese Doktrin
mit Hilfe eigens gemieteter Lehrer, und was sie lernten, lehren sie
andere, und so verkünden sie alle Krankheiten als Früchte der
Katarrhe.

19. 13 Thesen. Ich möchte zunächst Thesen aufstellen, wie es in
den Schulen selbst üblich ist:

a) Der Magen des Menschen, solange er im lebenden Körper ver-
bleibt, ist warm und seine Schleimhaut mit Feuchtigkeit bedeckt.

b) Jedwede warme Flüssigkeit in uns läßt von sich aus sich selbst
heraus einen Dampf aufsteigen.

c) Der vom Magen nach oben ausführende Weg ist allein die
Speiseröhre, eine nach Röhrenart vom Magen bis zum Rachen ausgespannte Membran, die der des Magens ähnlich ist.

d) Die Speiseröhre selbst ist und bleibt in ihrem ganzen Verlauf
feucht und geschlossen (wie auch sonst leere Räume geschlossen sind)
und entbehrt nicht anders als die Blase eines eigenen besonderen
Inhaltes. Die Schlundwände liegen also einander an wegen des
Zwanges der Natur, die kein Vakuum duldet. Denn stände der
Schlund offen, müßte er notwendig leer sein, solange er in sich keine
Speise, Trank oder Luft beherbergt. Daß er aber nicht offensteht
oder Luft enthält, geht z. B. daraus hervor, daß nach jedem genossenen Bissen die Luft, die dann unter demselben sein müßte, an-
gepaßt an die Form des Bissens zurück und in den Magen gedrängt
werden müßte, und ebenso oft Aufstoßen erfolgte wie Bissen vorhanden sind. Endlich, da die Schleimhaut des Schlundes feucht ist,
muß sie notwendig in sich zusammenfallen, es sei denn, sie würde
durch irgendeine Kraft auseinandergehalten, was sich aber weder bei
den Sektionen zeigt noch irgendeinen Sinn hätte.

e) Der Magenmund schließt sich durch natürliche, nicht willkürliche Bewegung.

f) Vom oberen Verdauungsschlauch ist anatomisch nichts anderes
bekannt, als daß er eng, unten durch den Pylorus, d. i. die untere
Magenöffnung, verschlossen ist und am Halse des Menschen in unmittelbarer Nachbarschaft sehr vieler Gebilde liegt.

g) Der Schlund schöpft keine Luft, wie er sie auch nicht enthält.
Er fällt zusammen durch die Eigenbewegung seiner feuchten Schleimhaut und den Mangel an Inhalt.

h) Er öffnet sich nur, wenn er Speisen hindurchläßt. Sind diese
zu trocken, so bleiben sie im Gange hängen und gehen nicht leicht
hinunter, wenn man nicht einen Trunk hinterher schickt. Würde

unterhalb des Bissens Luft enthalten sein, so müßte dies Aufstoßen zur Folge haben. Die Speiseröhre aber steht nur an ihrem Anfangsteil — im Bereich des Kehlkopfes — offen.

i) Unten schließt sich die Speiseröhre nicht nach eigener Maßgabe, daher öffnet sie sich auch nur, wenn sie durch Anstoß von anderweit, durch Eintritt oder Ausstoßen eines Fremdkörpers von außen oder durch Hunger erweitert wird.

k) Keine Luft, noch viel weniger ein Dampf, treten aus dem Magen heraus ohne das Geräusch des Aufstoßens.

l) Wenn die dem Magen gehörige Wärme Dampf erzeugt, so treibt sie ihn doch nicht so heftig vor- und aufwärts, daß sie imstande ist, die geschlossene Öffnung des Magens und die Speiseröhre auszudehnen und zu öffnen. Im gegenteiligen Falle müßte es zu dauerndem Aufstoßen kommen.

m) Im Magen nicht anders als in anderen lauwarmen Hohlräumen verdichtet sich jeder wässerige Dampf bei geringem Druck eher zu Tropfenform, als daß er eine gefältelte Membran der Länge nach entfaltet und ausdehnt. Daher sind es nicht Dämpfe, sondern vielmehr die Luft, „Spiritus sylvester" oder „Gas", die Aufstoßen hervorrufen.

n) Bei Annahme eines von der Leber stammenden Spiritus im Blute müßten alle Blutadern durch die ihnen innewohnende Wärme, sei es in der Lebergegend, sei es in ihren äußersten Verzweigungen, Katarrhe erzeugen — diese würden dann von den Schulen nicht berücksichtigt sein.

20. 19 Schlüsse aus diesen Thesen. Aus diesen oft bekräftigten und auch anatomisch evidenten Thesen folgt vor allem:

a) Daß kein Dampf aus dem Magen in den Kopf getragen wird, und den Katarrhen daher die ihnen unterlegte materielle Grundlage fehlt.

b) Wenn solche Blindheit die Welt gefangenhält in ganz offenliegenden Dingen, was muß man da nicht alles von den verborgenen erwarten.

c) Daß bei Unterstellung der Schullehre ein gesunder und warmer Magen viel größere und reichlichere Katarrhe erzeugt als ein kranker und irgendwie kälterer, was zunächst den Schulen entgegenzuhalten ist.

d) Daß man den Magen mehr durch Erkältung als Erwärmung beeinflussen müsse.

e) Daß alle Menschen notwendig mit Katarrhen behaftet und dauernd leidend seien.

f) Bestehen sie doch alle aus dem warmen und feuchten Schlunde, Gehirn, Magen und sind auf gleichen Zuschnitt gearbeitet.

g) Daß jeder Mensch, dem Schweine gleich, natürlicherweise bei jedem Schritt aufstieße, weil die unablässig herrschende Wärme und Feuchtigkeit den dauernd entwickelten Dampf notwendig nach oben herausließe.

h) Daß auch, wenn der Dampf aus dem Magen die Speiseröhre

erweiterte, und sogar ohne Aufstoßen zur Höhe stiege, er doch ganz und unmittelbar durch Mund und Nase ausgeblasen würde, bevor er auf dem engen und verschlossenen Wege der Nasenschleimhaut ins Gehirn aufstiege. Daß jeder Dampf, von der genossenen Speise und aus dem Magen stammend, notwendig bei jedermann nach den Speisen und ihren Produkten riechen und daher dem Betreffenden und seiner Umgebung lästig fallen würde. So daß auch, wenn die Ructus einen Geruch ausströmen, folglich die Atemluft eines jeden vermischt mit dem Dampf der Speisen übel röche.

i) Da bei Aufstoßen „Gas sylvestre" verfliegt, das viel feiner als der Dampf ist und dennoch das Gehirn nicht angeht, es sei denn, es würde bei geschlossenem Munde durch die Nase ausgestoßen, werden die Dämpfe sicherlich noch viel weniger zum Gehirn geführt.

k) Wenn der gasförmige Ructus niemals vom Schlunde aus auf geradem Weg zum Gehirn gelangt, sondern nur durch das Geruchsorgan — wie er auch nur bei geschlossenem Munde Geruch ausströmt — so wird ein Wasserdampf um so weniger von selbst direkt zum Kopf geleitet werden.

l) Daß der Dampf, die materielle Grundlage des Katarrhs, nur bei geschlossenem Munde in den Kopf bzw. das Geruchsorgan aufsteigen würde. Daher bei offenem Munde kein Platz für die Katarrhmaterie vorhanden wäre, und das Mundöffnen das einfache Heilmittel des Katarrhs darstellte.

m) Da sich ferner zwei Körper am selben Ort unmöglich gegenseitig durchdringen können, und der Weg vom Rachen zum Gehirn eng ausgefüllt (in diesen Teilen gibt es kein Vakuum), oben verschlossen und nicht durchgängig ist (auch angehaltener Atem geht nicht aufwärts zum Kopf), kann mithin der Dampf nicht zur Hirnbasis gelangen. Wie ja auch beispielsweise eine oben verstopfte Röhre — über heiße Dämpfe gehalten — diese doch nicht aufsteigen läßt wegen der Luft, mit der sie erfüllt ist.

n) Angenommen aber, der Dampf kann aufwärts steigen, so wird er dennoch keine ebene oder konkave Fläche finden, über der er sich zu Tropfen verdichtet. Noch viel weniger etwas, das sich einem Destillierhelm oder Deckel vergleichen ließe. An der Hirnbasis vielmehr, wohin wir den Dampf jetzt einmal aufsteigen lassen, ist ein enger Teil, Becken oder Trichterboden genannt, der je zwei Abflußkanäle, nach vorn, zur Nasengegend und nach hinten zum Nacken zu entsendet. Die beiden hinteren Öffnungen würde der Dampf antreffen. Doch sind sie ja stets mit Schleim erfüllt, feucht und triefend, als die eigentlichen Aufführwege des Schleimes aus dem Gehirn. Und deswegen wäre, auch wenn selbst der Dampf aufstiege, kein Platz vorhanden zur Kondensation der Katarrhflüssigkeit.

o) Wenn ein Dampf — seine Entstehung im Magen als möglich angenommen — selbst dorthin aufgestiegen wäre und sich auf so schmalem Raum zu Tropfen verdichtet hätte und zugleich mit dem Schleim herabflösse, so könnte er nur weniger Schaden anrichten als

der Schleim selbst, das gehörige Abscheidungsprodukt des Gehirns·
All das könnte die herrschende Schullehre auf Grund anatomischer
Untersuchung sehen und durch Überlegung als mathematisch
zwingend erkennen (wenn sie nur darauf kämen): dennoch gehen sie
hin, haben Augen und sehen nicht, haben Ohren, und es steht zu
befürchten, daß sie nicht hören wollen.

p) Wenn auch die Ructus aus den gasförmigen Bestandteilen der
Speisen bestehen und ihren Geruch vor sich hertragen, so verdichtet
sich jedoch jeder beliebige Speisendampf zu gänzlich geschmackloser
und unschädlicher Flüssigkeit. Destilliere z. B. Schleim oder Speichel
bei milder Wärme, wie sie etwa dem Magen eignet, sicher wirst du
nichts anderes erhalten als eine geschmacklose und dünne Flüssigkeit
und noch viel weniger einen salzigen, sauren oder scharfen Katarrh.

q) Obgleich der Schleim in den Rachen gerät und diesen, wenn
er (der Schleim) krankhaft entartet, in verschiedenster Weise angreift, so kann weder dieser Schleim, noch die Tatsache seines Herabtropfens das Wesen des Katarrhs ausmachen. Nicht mehr als der
von den Nieren herabtropfende Urin ist er als Katarrh zu bezeichnen.
Wenn deswegen geschmackloser, salziger, scharfer oder saurer, dünn-
flüssiger oder dicker Schleim zu Teilen fließt, denen er natürlicherweise zwecks Ausscheidung zukommt, so ist er sicher nicht als Katarrh zu bezeichnen, wenn er auch die Teile angreift, wie auch der
Urin, wenn er die Blase krank macht.

r) Um wieviel weniger ist für Katarrh zu halten der Fluß eines
erdichteten Saftes oder einer erträumten Ausscheidung, erzeugt und
befördert auf unmögliche Weise, an unmöglichen Stellen und auf
naturwidrigen Wegen.

s) Wenn das Gehirn während des Lebens nicht kalt ist, entfällt
die Voraussetzung für Kondensierung des Dampfes. Wenn es weniger
warm ist als die übrigen Teile, sucht dann der Dampf gleichsam sinn-
voll und mit Wahlvermögen den kälteren Teil auf? Etwa weil er
mehr das Bestreben hat, sich zu verdichten als an Ort und Stelle zu
bleiben?   .

t) Oder wird der Dampf überall von allen wärmeren Teilen ins
Gehirn als einen kälteren Teil getrieben? So würde also beim Gesunden bereits ein dauernder und unaustreiblicher Sturm herrschen.

21. Aufzeigung im einzelnen. Setzen wir nun mal alles das voraus (was sich nichtsdestoweniger unmöglich ereignen kann), so würden
die Katarrhe doch nicht herabfließen können. Besonders nicht draußen
zwischen Schädel und Haut. Denn wenn die Schulen selbst lehren, die
Dämpfe oder die dem Katarrh zugrunde liegende Materie stiege vom
Magen zur Hirnbasis auf und erreiche dort eine ebene — eingebildete
und bisher vom Anatomen nicht gefundene — Fläche, so würde sie
sich an Ort und Stelle auf dem Gewölbe verdichten und von hier
sofort nach der Kondensierung tropfenweise herabfließen.

22. Ein Widerspruch. Das ist schon weit von der Annahme entfernt, als ob der feindliche Ankömmling, der reine Unrat, dem Hirn

fremd und so vieler Krankheiten Ursache, an der Hirnbasis in Wasser
übergeht und von dort durch den Körper des Hirns selbst durchdringt bzw. in wässeriger oder Dampfform auf der erwähnten Fläche
nur sein Spiel treibt. Doch nicht in Gestalt von Dampf: denn als
Dampf gelangt er ja vom Magen bis zur Hirnbasis und wird durch
die Kälte des Ortes verdichtet — so wird er bei gegebener Kälte ein
Wasser bleiben und nicht wiederum zu Dampf.

23. Allerlei Widersinn. Wenn also jener Dampf schon dort infolge der Kälte des Ortes zu Wasser geworden ist, so ist nicht glaub-
lich, daß diese Flüssigkeit in Feindlichkeit nach innen schlägt und
noch viel weniger, daß sie so feine Form annehme, um gegen den
Willen der Teile, Gehirn, Hirnhäute, Nähte, Schädelknochen und
Beinhaut zu durchdringen, unter der Haut aufgehalten zu werden
und herabzufließen.

Denn abgesehen von allen anderen unvermeidbaren und zahlreichen Ungereimtheiten — wird jenes Wasser wie Regenwasser ungeeignet sein, zähe und schleimige Katarrhe hervorzurufen. Gewiß
würden die aus ihm entstehenden Katarrhe beim ersten Hauch der
Wärme verschwinden, schneller als Schweiß, es müßten dann die
Galenisten nachweisen, die aus dem Dampf des warmen Magens gebildete Flüssigkeit sei beständig und chemisch nicht zu verflüchtigen;
auch daß sie salzig und scharf durch bloße Berührung mit jener
Fläche geworden sei, die noch niemals das Seziermesser aufgedeckt
hat. Sodann würde die Haut des Schädels — poröser als dieser —
jene Flüssigkeit rascher, als daß aus ihr das vermeintliche Übel entstehen könnte, durch Ausdünstung oder Ausschwitzen ausscheiden.
Auch hängt die über dem Schädel ausgespannte Haut letzterem zu
fest an, als daß die Abschüssigkeit des Ortes allein genüge, den Katarrh herabzutreiben und die Haut vom Knochen abzulösen. Also
hat wohl diese aus einem Dampf des Magens geborene Flüssigkeit
einen Antreiber hinter sich, der sie durch Gehirn, Hirnhäute, Schädelknochen und Beinhaut hindurchtreibt! Aber dieser Antreiber dürfte
keine Wärme sein, denn dann würde es mit der Flüssigkeit wieder
vorbei sein, sie würde wieder zu Dampf werden, der ja durch die
Kälte des Hirns angeblich zu Wasser verdichtet werden soll.

Nun schreibt man ja schließlich die Katarrhe den Greisen, Schwachen und kälteren Orten als besonders häufig zu. Also wird jener
Antreiber die Kälte sein, die anderweit die Teile zum Zusammenziehen bringt. Und sie müßte dieses Wasser ganz gegen die Ordnung
der Dinge durch das Hirn, und zwar in Form von Wasser treiben. Und
es müßte dieser Antrieb im Wasser stecken, das aus bloßen Magen-
dämpfen stammt oder auch im Hirn, das sich dem ankommenden
Wasser samt seinen Häuten und dem Schädel öffnet. Da man endlich
von jeder derartigen, aus Dampf verdichteten Flüssigkeit sagt, sie
hinge an der Basis des Hirns und könne sich dort nicht halten, sobald
sie Tropfengröße übersteigt, so müßte sie dann entweder sofort

tropfenweise herunterfallen oder das Gehirn — seines Amtes ver-
geßlich — sich mit dieser Ausscheidungsflüssigkeit verunreinigen.

Dann würde außer dem Antreiber die Flüssigkeit noch eines
Führers bedürfen, der die Haut ablöst und von den Rippen abhebt,
daß er ihr beim Abwärtsfließen einen Platz schafft — beispielsweise
bei der Pleuritis! Es wäre also ein Führer wie ein Antreiber in der
Flüssigkeit, mächtiger als unser Blas.

24. Allein die Unwissenheit ist die Mutter des Katarrhs der Schulen.
Um welchen Preis immer ich mithin die Träume der Schulen über
die Katarrhe feilhalte, niemand kauft die falsche Ware, wenn ihr die
Larve der Glaubwürdigkeit abgerissen ist. Und ich konnte mich bis
jetzt nicht genug wundern, daß sich die ganze Welt durch die Katarrhe narren ließ. An eine so törichte, nichtige, ja ganz unmögliche
Sache hat man lediglich aus Unwissenheit ihre weitgehende Gläubigkeit verschwendet. Und nur weil die approbierten Schulen auf der
vergeblichen Suche nach der Generalursache, der der gesamte Krank-
heitskatalog zuzuschreiben war, diese Katarrhphantasien den Gläu-
bigen überantwortet hat.

25. Sie ist ebenfalls Quelle ihrer Therapie. Aber wenigstens ist es
salziger Schweiß, durch den Flüssigkeit zur Katarrhmaterie wohl eher
werden kann als jener erdichtete Dampf, der durch soviel Umwege
geleitet werden muß und auf tausend Unerfindlichkeiten gegründet,
kaum noch möglich erscheint. Dann läge auch die angemessen salzige
Beschaffenheit der Flüssigkeit als Ursache von Schmerzen näher als
das geschmacklose Wasser, das durch erdichtete Dämpfe nach oben
gelangt. Endlich: wenn das Wasser durch Gehirn, Meningen, Schädel
und um die Knochenhaut wandert, ist es dann wohl schon zu ermüdet, um auch die Haut zu durchdringen? Oder wird es den Weg
verfehlen? Und wann wird die schweißtragende und poröse Haut
gegenüber einer Flüssigkeit, die den Schädel zu durchdringen ver-
mochte, dicht halten? Wenn sie sich aber unter der behaarten Decke
sammelt, würde sie entweder zu einer Schleuse anschwellen oder
dauernd in Form eines dünnen Fadens herabfließen. In geringer
Menge vorhanden, würde sie mit dem Schweiß abdunsten, bildet sie
eine größere Ansammlung, so würde sie sich bald dem tastenden
Finger verraten. Wenn sie von dort wegflösse, müßte sie wenigstens
am Endziel ihres Weges eine Anschwellung von destilliertem süßen
Wasser erzeugen. Niemals aber könnte sie in die Muskeln herab-
gelangen oder sich in kürzerer Frist zwischen den Muskeln ansammeln,
da diese von ihren eigenen Binden umgeben sind. Es gibt also auch
keine Möglichkeit und keinen Weg, daß destillierte Flüssigkeit durch
Herabfluß zwischen Haut und Schädelperiost bis zu den Intercostalmuskeln Seitenstechen (Pleuritis) erzeugt. Sie, die völlig reizlos unter
Haut und Haaren ruhte, würde nun in kurzer Zeit unter den bekannten
Schmerzparoxysmen Pleuritis hervorrufen und nur durch ihr bloßes
Gewicht die Pleura, die an den Rippen durch Fasern befestigt und
angewachsen ist, abheben: eine ungeheure Kraft würde hier durch

bloßes Herabfließen zur Wirkung kommen. Endlich kann der Katarrh nicht zu den Zähnen und ihren Nerven gelangen. Da die Nerven, die beiderseits von der Hirnbasis in den Kiefer treten, sowohl an ihren Eintrittspforten wie im Innern so knapp ihre Höhle ausfüllen, daß diese eine richtige Kapsel bildet, so besteht für den Herabfluß von Flüssigkeit kein Platz, um so weniger, weil Wasser in ein schmales, in der Tiefe verschlossenes Loch nicht eintritt. Und noch viel weniger wird es zu einem einzelnen, gewöhnlichen und dazu zuweilen noch cariösen Zahn hinfließen, um ihn anzugreifen.

Auch in die Wangen müßte der unter den Haaren angesammelte Katarrh herabsteigen, wo nicht unter das Zahnfleisch, ohne sich mit dessen Fleisch und Blut zu mischen, am Bett des Nerven entlang und schließlich unter dem Fleisch an den Knochen des Kinnbackens zu irgendeinem Zahn hin. Gesetzt auch, dieses Wasser rinne von oben nach unten und werde zur Ursache von Schmerzen im Oberkiefer, so könnte doch auf keine Weise und zu keiner Zeit diese Flüssigkeit ohne lebendige Kräfte den Unterkiefer angehen. Wenn weiterhin der Katarrh zu den Augen oder Ohren sich herabbegeben soll, so würde wohl eher und leichter die feindliche Materie von der erdichteten Fläche an der Hirnbasus in die Hirnkammern durchbrechen, dort sich ansammeln und dann schneller Tod als Ophthalmie verursachen.

So spielt sich — denke ich doch — das Seitenstechen nicht zwischen Haut oder Fascie und Intercostalmuskulatur ab (wohin die Flüssigkeit noch eher auf geradem Wege von der Schädelhaut fließen könnte als in die Tiefe), sondern vielmehr in jenen schrägen Intercostalmuskeln bzw. zwischen ihnen und der Pleura, die die Rippen umgibt und bekleidet. Auf welchem Wege sollte der Katarrh vom Kopfe aus hierher gelangen?

Ich unterstelle, daß der Schleim auch bei Jungen und Gesunden über den Weg des Rachens in den Magen herabgerate. Doch hat dies mit dem Katarrh nichts zu tun. Denn nicht entsteht der Schleim von jenem zu Tode gehetzten Dampf aus dem Magen, sondern er ist ein unnützes Exkrement, durch Irrtum des Wächters entstanden, wie am gehörigen Orte nachgewiesen.

26. Scham führt die Schulen zu Inkonsequenz. Ich unterstelle außerdem, daß bei der Arthritis und auch sonst nicht selten die Ausscheidung einer salzigen Flüssigkeit eine Rolle spiele. Aber nur der Latex (Blutserum) ist Schmied, Materie und zugleich Ursache der Gebrechen, nicht aber ein Aufstieg von Dämpfen aus dem Magen ins Hirn, nicht Vermehrung der Säfte noch die erdichtete Destillierung mit Galle gepaarten Schleims. Offenbar schämen sich die Schulen selbst, den überall mit Hirn erfüllten Kopf als die Sammelstelle der Katarrhe und damit den Ursprung aller Krankheiten anzuschuldigen: deswegen sahen sie im Magen die dauernde Brutstätte von Dampf und Katarrhmaterie.

Weil sie nun bei Gesunden den Magen unschuldig befanden, für die Arthritis plötzlich aber im gesunden Körper Katarrhe beschuldigen, sind sie betreten, murmeln etwas in ihren Bart und wagen sich — dessen wohl bewußt — nicht mit der Sprache heraus. Sie borgen sich scharfe Galle und salzigen Schleim vom Cruor aus, lassen dabei in der Schwebe, ob diese Säfte von der Leber herzuleiten sind und in den Venen vom Cruor getrennt, in die Gelenke getrieben werden, oder ob wirklich vom Kopf eine Flüssigkeit oder ein Schleim oder sonst etwas Undefinierbares unter der Haut dorthin gelangt. Sind sie doch höchst unsicher und darum noch mehr verworren, weil sie nicht wissen, welches denn jene trennende Kraft der Säfte, welches der Vermittler ist, der diese als gesunde, vom Cruor säuberlich geschiedenen Säfte auch nur in einige Glieder verschlägt, bald diesen, bald jenen Teil auswählt, einen schwächeren oder daniederliegenden verläßt, sich von Tag zu Tag einen neuen kürt, vor allem aber die knotenbehafteten und verstopften angreift.

27. Leugnung der Schulgrundlehren. Was also immer die Schulen über die aus dem Magen sich erhebenden Dämpfe als Katarrhmaterie schwatzen, ist Altweibergeschwätz. Denn niemals ist der Magen kälter als gehörig, als wenn es ihm am verdauenden Prinzip fehlt, welch letzterem — nicht aber der Wärme — die Verdauung zuzuschreiben, wie ich an anderer Stelle ausführlich dargetan habe.

28. Woher die Wärme der Leber? Auch die Leber wird niemals durch übermäßige, etwa ihr innewohnende Hitze zur Schadenquelle: denn in uns ist Wärme, nur insoweit Leben besteht. Deswegen wird der Kadaver nach Erlöschen des Lebens bald kalt. Krankhafte Steigerung der Leberwärme dagegen ist nur von nebensächlicher Bedeutung. Ein Beispiel: Angenommen, ein kalter Dorn sei in einen Finger gestochen (ein anderweit schon bei der Fieberlehre gewähltes Beispiel), so wird bald infolge des Schmerzes ein Pulsieren, erhöhte Wärme und Anschwellung bestehen. Dies geschieht aber nicht, weil der Dorn kalt ist, auch nicht, weil das benachbarte Blut diesseits des Dornes heiß ist. Vielmehr wird die Wärme, vom Gesichtspunkt des Dornes aus gesehen, als hinzutretendes Ereignis auftreten. Das übertrage man auf die Leber: Wenn sie ins Glühen kommt, hat sie ihren Dorn, welcher nicht Anwendung von Kälte, sondern womöglich seine Beseitigung anzeigt. Denn in keiner Weise bringt Abkühlung Hilfe, sondern zieht nur die Krankheit selbst bis zur Hoffnungslosigkeit hin. Und dies sollten die Schulen ernstlich zu Herzen nehmen, dies und die eitle Erfindung von der Wärme der Leber und jene vielen hieraus entsprungenen Irrtümer der Behandlung.

29. Bestätigung durch die Nutzlosigkeit der Heilmittel. So sollten sie auch ernst zu Herzen nehmen, daß vergeblich und wirkungslos jene, man denke nur — an Kopf, Magen und Leber wegen der Katarrhe angebrachten Heilverfahren sind. Der Katarrh hat danach nicht die materielle Möglichkeit, nicht den Ort und Weg, die Gewohnheit und Erlaubnis, ins Gehirn, durch die Meningen und den

Schädel vorzudringen. Denn niemals kommt einem Exkrement Ort oder Recht der Aufstapelung zu: Tägliche Trepanation wäre dem Katarrh recht, wie dem Eiter billig.

30. Betrachtung der Zahnleiden. Aber warum hört der Katarrh auf zu fließen, sobald man einen Zahn herausgerissen? Etwa weil er den Weg verloren hat? Aber wenn die Materie dort unten vorrätig ist, wohin soll sie dann fließen? Oder auf welchen Körperteil wird sie sich nun legen, sie, die vorher durch jene schmächtigen Öffnungen einzutreten pflegte, durch die die Nerven außen wie innen, oben wie unten, in die Kiefer einstrahlen. Oder sollte vielleicht nach Herausreißung des Zahnes der Magen aufhören oder nicht mehr wagen, weiterhin Dämpfe und den Stoff für Katarrhe zu liefern? Oder entfloß dem Zahne folgend zugleich mit dem Cruor sämtliche Materie der Katarrhe, auch der zukünftigen? Oder ist es die Verstopfung der Alveole durch rasch nachwachsendes Fleisch und Verlegung des Ausganges, die den Katarrh aufhören macht? Aber es suchte ja der Katarrh auch nicht Ausgang durch das Hartgebilde des Zahnes. Warum wird er nicht in der nächsten Nachbarschaft zwangsläufig Eitererreger? Warum befällt er oft einen anderen Zahn nach Herausnahme des einen? Oder ändert sich der Flußkanal nach Entfernung des Zahnes und kann der Katarrh nicht zum Nerv des ausgezogenen Zahnes und in das dort nachgewachsene Fleisch fließen? Der Weg durch den Zahn hindurch sollte ihm also leichter sein als durch das nach der Zahnextraktion nachgewachsene Fleisch? Warum hält er nicht an dem Weg fest, den er sich einmal geebnet hat und bewahrt sich nicht einen Ausgang, *bevor* das Fleisch nachgewachsen ist? Kläglich wird er vom Zahnreißer zum Besten gehalten, wenn er in der Absicht, zum Zahn herauszufließen, diesen gezogen findet und nun gezwungen wird, auf demselben Wege zu einem edleren Teil hin kehrtzumachen und zur Strafe für den Wundarzt diesen Körperteil peinigt.

31. Die Nahrungsaufnahme seitens der Zähne und Nägel unterscheidet sich von der anderer Organe. Der Zahn schmerzt also nicht infolge Katarrhs, sondern weil er entweder durch Entblößung vom Zahnfleisch überempfindlich geworden ist, oder weil sonst schlecht verdaute Materie seiner ihm eigenen (spezifischen letzten) Nahrung in der Gegend um die Zahnwurzel herum in Fäulnis gerät. Daher der Schmerz. Darin unterscheidet sich ja auch die Verdauung, die Zähne und Nägel vollbringen, von der Verdauung anderer Teile, daß sie nämlich an ihren Wurzeln in eigenen Speiseküchen statthat.

32. Unmöglichkeit des Katarrhzuflusses zu den inneren Organen. Daß aber der Katarrh in die inneren Organe, den Magen, die Lunge, Leber, Nieren, Blase, Blut- und Schlagadern, Muskeln und Sehnen nicht herabsteigt, steht hier geradewegs angesichts der Behauptung über seine Entstehung — nach Widerlegung und Entlarvung der Katarrhmaterie als bloßer Finte —, aber auch deswegen fest, weil vom Kopfe besonders zum Magen nichts gegen unseren Willen herabfließen kann, was nicht durch Auswerfen zu beseitigen ist. Nur Unvorsichtige schlucken Schleim, der vom Kopfe herabkommt. Und der Katarrh hat gewiß nicht das Streben, den Schlaf abzuwarten und so einen Unvorsichtigen zu überrumpeln. Weg mit solchen Fabeln!

33. Der Schnupfen. Was also auch immer vom Kopfe nach unten zum Rachen strömt, ist natürlicher oder veränderter Schleim — gemäß den Störungen des Wächters. Doch ist dieser Schleim hinsichtlich seines Charakters als Exkrement dem durch Husten entleerten Auswurf fremd. Was soll mithin die Unachtsamkeit der Schulen, mit der sie die Besichtigung der durch Husten entleerten Sputa anbefehlen, daraufhin, ob sie wässerig, schaumig, hell, flüssig, weiß, geballt, gelb oder grau oder kugelig oder zerfließlich sind. Warum, möchte ich wissen, schließen sie danach auf Zustände der Brust oder Erkrankungen der Lunge, wenn die Sputa herabfließende Exkremente des Kopfes sind, d. h. Katarrhe? So erzeugt ein Katarrh des Siebbeins, auf eine beliebige Schleimverstopfung folgend, weiterhin unreifen und wässerigen Schleim, deswegen weil die Natur dort reichlich Latex zum Abwaschen des verstopfenden Etwas hinschickt. Wenn dessen Materie vom Magen geliefert wurde, warum tobt der Magen — selbst gesund — durch Aussendung von Dämpfen gerade bei Verstopfung des Siebbeines[1]? Auf welche Weise sollen diese Dämpfe ein weniges oberhalb des Gaumens verdichtet werden und dann zur Stirn in Form einer salzigen Flüssigkeit zum Abwaschen der Schädlichkeit von dem zugehörigen Knochen am Geruchsorgan gelangen? Woher nehmen denn die an sich geschmacklosen und unschuldigen Dämpfe bei ihrer Wandlung soviel Salz in Lösung und dann weiter unten zum Ausfällen auf, um durch ihre Schärfe nicht selten Anginen und andere Rachenentzündungen zu erregen?

34. Absurde Ergebnisse der Annahme des Magens als Katarrhquelle. Warum wird die aus dem Magen sich erhebende Materie, mit der nichts geschehen, als daß sie aus ihrer eigenen früheren Dampfform durch Verdichtung in, wie handgreiflich bewiesen, geschmackloses Wasser verwandelt wurde, bei ihrer Rückkehr in den Magen soviel Beschwerden bereiten, sie die kurz vorher zusammen mit dem übrigen Chymus ihm noch willkommen war? Woher diese Feindschaft? Vom Gehirn, jenem hervorragenden Organ, das so reich ist an Grundvoraussetzungen für das Lebendige[2]?

---

[1] Wortspiel: insanit — sanus.

[2] Das *Hirn* ist bei HELMONT *Vollstrecker der im Duumvirat befehligenden Seele und des Archeus*, ist *Vorratskammer für die Gedanken* („tanquam memoriae theca". Ius duumvirat. 34). Auf der anderen Seite empfängt es *selbständig* die *Sinneseindrücke*. Die *Bewegungsimpulse dagegen* entsendet es als „Membrum exsecutivum conceptuum animae". „Sed quoad sensum possidet in se facultates me-

Aber wenn der Dampf nur die unterste Fläche des Hirns berührt, dann rasch, sobald er volle Tropfengröße erreicht hat, hinabfällt und nichts Drittes vorhanden ist, was den Tropfen zurückhält, so wird mithin nicht in jener kurzen Frist, nicht infolge Berührung mit dem etwa gefährlichen Körperteil, noch schließlich infolge hier statthabender Aufnahme irgendeines Keimes die Verderbnis jener schuldigen Materie entstehen. Man müßte dann beweisen, daß außer der tropfbaren Verdichtung des Dampfes noch etwas anderes dazwischenkommt. Das hat man aber bisher nicht für nötig gehalten zu beweisen.

35. Katarrhfluß zur Lunge. Da man überall soviel Fabeln über die katarrhalischen und Lungenleiden zu ungeheuren Bänden, Ratschlägen und Verordnungen aufgebauscht hat, ist es meines Amtes, diese Lehre als die nachlässigste, törichteste und gefährlichste von allen herauszustellen. Hat man doch bisher kein Verbrechen leichter genommen als den Mord, durch Sorglosigkeit vollbracht, wenn nur die Erde die Schuld deckt, und die Mörder sich mit der Überlieferung der Lehrsätze entschuldigen. So nimmt ja geradezu ein Moloch die Katheder ein und hat die Welt bisher mit den Katarrhen genarrt. An ihnen fehlen bzw. sind falsch die Materie, Entstehung, der Ort, die Ursache, das Zustandekommen, Behältnis, der Weg und ihre Ansammlung. Daher niemand anders dies lehrte als die alte Schlange, der Vater der Lügen, zum Verderben des Sterblichen.

36. Was im Anfang des Schnupfens abgesondert wird und was später. Denn, was vom Kopfe fließt, ist Schleim und reines Exkrement. Nicht aus dem Magen ist er dorthin gelangt. Der Schleim ist weiß, dicklich, schwerflüssig, wenn der Wächter des Gehirns gut imstande ist. Liegt er aber danieder oder ist in falscher Richtung beeinflußt, so ist der Schleim wässerig, scharf, salzig, rauh, gelb, zäh usw. Er läuft aus seinen Behältern auf dem Wege herab, der für ihn am geeignetsten ist. Denn im Anfang des Schnupfens ist es nicht reiner Schleim, der in Wasserform herabtropft, sondern salziger Latex, durch den die Natur abzuwaschen sucht, was dem Siebbein, dem Nachbarn des Gehirns wie ein feindlicher Fremdling innewohnt, wie ich bereits ausführte. Sodann ist das Gelbliche und Dicke, was bei Abklingen des Schnupfens herabfließt, nicht dasselbe wie zuerst der Latex und nicht dort lange zurückgehalten und eingedickt — wie die Schulen lehren, da sonst die ganze Schädelhöhle, selbst vom Gehirn entleert, als Behälter für solche Exkrementmenge kaum ausreichte. Denn von Augenblick zu Augenblick vermehrt sich dieser Schleim, der nach Farbe, Geruch, Konsistenz und Schärfe durchaus von dem gesunden abweicht. Lächerlich also, jenen üblen, schon reifen Schleim von dem früheren Latex als Eindickungsprodukt abzuleiten, da er doch auf Grund andersartiger neuer Erkrankung er-

---

moriae, voluntatis et imaginationis" (Sedes animae 32). Die Seele sendet ihre Strahlen ins Hirn (,,Intellectus radiat luminaliter in caput'').

wuchs. Daß aber im Beginn des Schnupfens Latex eine Rolle spielt, ist klar. Denn bald nach Ablauf von zwei Tagen wird der Stuhl trockener, der Urin spärlicher. Endlich hinterläßt der Latex — in der Wärme abgedünstet — kaum Schleim, er hat soviel Schleim, wie er mit sich führt, nicht mehr.

37. Unmöglichkeit der Hustenlehre der Schulen. Wie und was es aber auch immer sei, was vom Hirn herunter in den Rachen fließt, nicht ein einziger Tropfen davon betritt die Lunge, ohne vorher Erstickungsgefühl hervorzurufen. Wenn ein einziger Wassertropfen bei unvorsichtigem Schlucken in den Kehlkopf gelangt und hier dem Trinkenden Erstickungsgefühl erweckt, warum sollte das nicht die Menge derartigen Schleimes tun, die gleich darauf ganze Becken erfüllt. Denn es ist abwegig, daß im Schlaf von wenigen Stunden ganze Becken von Schleim unmerklich in die Lunge ohne Eintreten von Erstickungsgefühl herabbefördert werden sollten. Früher — als Anfänger von den Schulen hinters Licht geführt —, habe ich derartige Kranke so gelagert, daß sie zwischen Kissen auf dem Gesichte schliefen, in der Hoffnung, der Schleim würde durch die Nasenlöcher ablaufen, der sonst in die Lungen geflossen wäre — bis dahin hoffte ich auf Schutz vor dem Katarrh. Doch am folgenden Morgen lachte der Auswurf Hohn meiner Unwissenheit. Da fand ich, daß die Kurzluftigkeit, die den Atmenden zu gerader aufrechter Haltung zwingt, die Lehre vom Katarrh Lügen straft und als wertlos überführt. Denn sie würden bei zurückgebeugter und horizontaler Lage, bei der die Katarrhmaterie zwar ausgeworfen würde, ersticken.

38. Ursprung der Auswurfmaterie bei Lungenleiden. Da begann ich zu merken, daß *jegliches* erkrankte Glied, wo nicht ein Zuviel an Exkrement, so doch einen schädlichen Auswurfstoff bildet. So entströmt dem verschiedenfachst erkrankten Auge ein Zuviel an Sekret und scharfe Tränenflüssigkeit. Bei Verschluß des Rachens durch Angina entströmt der Zunge dauernd ein zäher Faden. Daher glaubte ich, auch die Lunge folge diesem Gesetz der übrigen Organe, so daß sie, gereizt, verletzt, gestochen, durch kalte, scharfe Luft oder ein Gas bedrückt bzw. erkrankt, verschiedene Zeichen des Überdrusses von sich gibt auf Grund eigener abnormer Tätigkeit. Nicht jedoch konnte es so sein, daß alle jenen üblen Auswurfstoffe von dem meist gesunden Gehirn unmerklich innerhalb der dünnen Wände der Luftröhre herabströmten. Da wunderte ich mich, daß die Schulen zwar beim Schnupfen die Erkrankung eines Organs und den Auswurf des dem Kopfe eigenen Exkrements annehmen, dabei aber nicht das gleiche auf die Lunge wie die übrigen Glieder ausdehnten. So sei alles, was der Lunge entströme, dem Gehirn zuzuteilen, es fließe — lächerlich! — unbemerkt in die Luftröhre hinab, würde unter der Hand beim Herabfließen eingedickt und meist ohne Entstehung von Atemnot dort festgehalten, solange es unreif ist. Wo doch zuweilen in einem Monat mehr durch Husten ausgeworfen wird, als der ganze Brustraum fassen kann. Mithin sind die gelben und grauen Sputa der Schwindsüchtigen auf Fehler der Lebenskraft in den Lungen und Abartung des Cruor zu beziehen, auf die Abmagerung des ganzen Körpers folgt.

39. Eitelkeit der von Unwissenheit erdachten Mittel. Vergeblich daher und zu beklagen die Anwendung von Kopfmitteln, nutzlos die Tränke kühlender Ptisana, der Brust- und Lecksäfte, der Sirupe und alles dessen, was durch Schluckakt in den Magen gelangt. Weil es auf diesem Wege vielfachen Änderungen unterworfen ist, ehe es zu dem erkrankten Teile gelangt.

40. China- und Zarzatrank trocknen die Sekrete nicht aus, noch verhindern sie deren Bildung. Was ist törichter als die Anwendung des Trunkes aus indischen Wurzeln zur Austrocknung der Katarrhe, was sollen China, Zarza oder Guajak in Form eines Trunkes austrocknen? Oder sollen sie etwas austrocknen, das ausgetrocknet nicht noch gefährlicher ist als in flüssiger Form?

41. Einige weitere, hieraus entspringende Absurditäten. Was rufen sie zur Austrocknung von Dingen auf, deren Entstehung durch ein vorbeugendes Heilmittel eigentlich hintangehalten werden muß, und die, wenn einmal vorhanden, nicht Austrocknung, sondern Beseitigung erheischen? Warum richten die Schulen ihr Augenmerk immer auf die Folgen, nicht die Ursachen? Und wenn derartige fremde, exotische Heilmittel durch Verminderung von Schweiß zum Nachteil des Kranken den Latex vermindern — heißt das, das Heft an die Wurzel legen? Durch schmale Kost und reichliches Schwitzen mindern sie zunächst den Cruor und verursachen darauf Magerkeit und Schwäche — was die Schulen fälschlich auf Austrocknung überflüssiger Säfte bezogen, indem sie meinen, daß sich Austrocknung mit Bildung und Austreibung krankhaften Auswurfstoffes und Gleichbleiben der Cruormenge vereinen lasse. Wird aber dadurch die eigentliche Störung, der Werkmeister und Verwandler überwunden, der in der Lunge aus dem gehörigen Cruor die schwindsüchtigen Sputa erzeugt? Wird er sich zur Ruhe legen? Wird er gemildert werden? Wird er ablassen? Nicht ein bißchen wird jener Werkmeister unter der Einwirkung extremer Abmagerung von seinem Toben nachlassen. Wende ab, gütiger Gott, das Verderben, das die unwissende heidnische Schule und ein auf seinen Vorteil gieriger Pöbel verschuldet.

42. Worauf bei Lungenkranken zu achten. Zu beheben ist mithin die sich ausbreitende krankhafte Einwirkung (die ich den inneren Verderber in der Lunge nennen möchte), die die Wände der Blutadern, die Knorpel der Luftröhre und die Lunge vollständig ihres Nährmateriales beraubt und sie sofort und dauernd in verschiedenartigsten Unrat verwandelt. Wenn aber Blutspeien vorherging und ein Geschwür da ist, dann lerne, die Mittel bereiten, mit denen Paracelsus die Schwindsucht behandelte. Ich meine, was per os eingenommen, den Krebs und Fraß heilt — dazu gehört auch die Behandlung des Lungengeschwüres. Denn was durch Einnehmen ein

Geschwür des Schenkels oder Fußes heilt, warum soll es nicht auch gleiches in der Lunge wirken? Doch was tun die Schulen? Sie kennen nicht die Ursachen, sie kennen nicht die Heilmittel, und mit gerümpfter Nase spotten sie des schweißtreibenden Merkurs, des honigsüßen und feuerbeständigen und der flüchtigen Lilientinktur. So auch über die Milch bzw. den Wirkstoff der Perlen.

43. Die falsche Lehre von der Bewegung der Lunge. Wenn nicht der ganze Körper mit einem besonderen Balsam benetzt wird, werden innere Geschwüre niemals geheilt. Denn die Lunge — am ehesten alternd und sterbend — erholt sich und entgeht nur sehr schwer einmal drohendem Tode und spottet deswegen der gewöhnlichen Heilmittel. Daraus folgt ja ein Fehler der Schulen nach dem andern. Ehe sie mit ihren Mordmitteln den Schaden erkennen, zeihen sie die Natur der Fehlerhaftigkeit und den glorreichen Schöpfer schläfriger Versäumnis.

Sie diktieren, daß die vier Lappen der Lunge wie Blasebälge, solange Leben besteht, dauernd ausgedehnt und zusammengedrückt würden — zum Zweck der Atmung, so daß ausgeblasene oder eingeatmete Luft in die Lungen gezogen würde und nicht weiter zum Thoraxraum gelange. Was ihnen beim Heilgeschäft nicht bedenkliche Unwissenheit wie bequemer Unterschlupf war. Denn sie versuchen, mit der dauernden und schädlichen Notwendigkeit von Ausdehnung und Zusammenziehung oder der ewigen Bewegung der Lunge die Unzugänglichkeit von Geschwüren, Schwindsucht usw. für ihre Therapie zu entschuldigen. Als ob sie sonst einen verjauchten Cancer oder eine gewiß ruhig gestellte Fistel des Afters oder am Auge nach ihrem Belieben heilten!

44. Die Funktion der Lungen den Schulen unbekannt. Ihrem Irrtum entgegne ich aber so: In der Luft fliegt umher der feine Staub von Atomen. Durch dauernden Zwang ziehen wir die Luft ein mit ihren Staubteilchen. So füllte sich auch bald der ganze Brustraum mit Staub, wenn wir nicht die Lunge hätten, in deren Gängen die erwähnten Staubteilchen niedergeschlagen würden. Die Lunge ihrerseits entleert den aufgenommenen Staub zugleich mit dem täglichen Auswurf innig vermischt, kraft ihrer Auswurfeinrichtung. Das ist ein Brauch, der von den einmütig die Durchdringbarkeit der Lunge leugnenden Schulen außer acht gelassen wird. Die Haare in der Nase halten zwar jede in der Luft schwebende Faser zurück und verhindern sie am Eingesogenwerden. Die vielfache Aufspaltung der Luftröhre aber hält das tiefe Eindringen feinsten Staubes hintan.

45. 21 zwingende Gründe gegen die Beweglichkeit der Lunge. Sodann steht fest, daß

a) die Lunge durchaus unbeweglich ist, und zwar nicht nur aus ihrer bereits erläuterten Funktion, sondern darüber hinaus vor allem, weil

b) die Substanz der Lunge für Ausdehnung und Zusammenpressung ungeeignet ist.

c) Auch die Lunge der Vögel, die ihnen und uns zu gleichem Gebrauch dient, verweigert jede Erweiterung und Zusammenpressung der Bälge, weil sie den Rippen fest angehaftet ist.

d) Endlich besteht die Lunge aus drei gleichmäßig über das Ganze verteilten Gefäßen (nämlich der arteriellen Vene, der venösen Arterie und der Luftröhre), um welche das Parenchym der Lungen als Produkt des Cruor sich ausbreitet und mit einer Membran wie mit einem Rock versehen ist. Die drei Gefäße aber sind Kanäle, gleichmäßig über das Ganze hin verzweigt, von denen die beiden ersteren mit Blut erfüllt und daher unfähig sind, in sich die neue, eingeatmete Luft zu beherbergen. Der dritte Kanal aber ist immer offen, von Luft erfüllt, und daher unfähig zur Aufnahme neuer eingeatmeter Luft, es sei denn, die alte sei entwichen und in den Thorax getreten und daher durchbohrt der dritte Kanal die die Lunge bekleidende Membran. Denn er ist durch knorpelige, benachbarte Ringe auseinander- und offengehalten nicht anders als der Hauptstamm der Luftröhre selbst. Der vierte Teil des Eingeweides ist reines Fleisch oder Parenchym, ebenso unfähig, neu ankommende Luft aufzunehmen. Der fünfte endlich ist die Membran oder Tunica der Lunge. Daher ist nichts von ihnen für neue Luft, neuen Atem aufnahmefähig, nichts auch was Erweiterung oder Kompression erdulden könnte oder Bewegung. Wunderbar daher, in welchem Schlaf die Schulen schnarchen, weil sie die Einzelheiten wissen und zugeben, dennoch aber nicht aufhören zu lehren, daß die Lunge wie ein Blasebalg in dauernder Bewegung gehalten wird.

e) Wäre ferner das dritte der genannten Kanalsysteme nicht mit Luft angefüllt, sondern ganz luftleer — obschon es doch eigentlich offensteht und nicht wie die Blase in sich zusammenfallen kann — so würde es doch nur soviel neue Luft aufnehmen, als es selbst in der Lunge Raum einnimmt. Weil wir aber auf einmal — wenn wir wollen — soviel Luft aufnehmen können, wie die ganze Lunge nicht fassen kann, ist allemal nötig, daß die Luft nicht nur in die Verzweigungen der Luftröhre, die weder zusammenfallen noch gedehnt werden können, eingeatmet wird, sondern auch von ihnen in die Brusthöhle ihren Weg nimmt.

f) Endlich wenn jemandem die Zwischenrippenmuskeln mit einem Dolch durchbohrt werden, dann verrät sich bald das Durchdringen der Wunde, denn aus ihr dringt ein Hauch, der eine Flamme auslöscht. Wenn dann die Wunde beim Einatmen sich schließt und beim Ausatmen sich wieder öffnet, löscht die Luft jedesmal das Licht eines Leuchters. Das aber kann nur geschehen, wenn die Atmungsluft durch die Lunge hindurch in die Brusthöhle dringt. Folglich steht die Lunge ruhig. Vor allem weil in der Brust ein doppeltes Mittelfell besteht bzw. eine zum Schutz des Herzens gegen die Atemluft von der Spitze zur Basis der Brusthöhle ausgesparte Zwischenmembram. Dieses Mittelfell trennt die rechte von der linken Brustseite.

g) Es ergibt sich also aus mechanischer Notwendigkeit, daß derAtem auf direktem Weg durch die Lunge in die Brusthöhle gelangt und diese selbst ruhig stehe. Was auch ebenso offenbar wird aus dem Auswurf bei der Pleuritis. Denn durch Husten wird ausgeworfen, was vorher im Bereich der Rippen und des Brustraumes ausgeschwitzt und in Fäulnis übergegangen ist. Daher muß das Lungenfell durchaus für Cruor und Eiter durchgängig sein. Das sehen, wissen, bekennen und schreiben die Schulen: Sie leugnen dennoch, daß der Atem aus der Lunge heraus in den Thorax streiche, behaupten, daß die Lunge vielmehr nach Art eines Blasebalges sich bewege. Dabei geben sie die Lungenporen zu, durch die Cruor und Eiter bei der Pleuritis aufgenommen werden, dennoch wollen sie durch dieselben Poren die Atemluft auf keinen Fall hindurchgehen lassen. Hartnäckig diktieren sie vielmehr, daß die Lunge selbst nach Art eines Blasebalges bewegt werde. Kein Wunder, denn in ihren Überlegungen spielen nur Kadaver — teils fertige, teils noch zur Strecke zu bringende — eine Rolle, bei denen der Tod die Poren des Lungenfelles geschlossen hat. Gleiches geschieht in den Augennerven, dem Rückenmark, dem Herzfell und den Mündungen der Eingeweideblutadern.

Die Lungen der Tiere schwimmen auf dem Wasser, wenn man sie im ganzen kocht, aber in Stücke zerschnitten, sinken sie unter, denn mit Luft erfüllt ist die Luftröhre. Wenn also — obschon das nicht hierhergehört — das siedende Wasser keinen Zugang hat, während es kocht, wie soll der Katarrh sich hier einen Zugang schaffen.

h) Das gleiche bei der mechanischen Betrachtung: atme möglichst tief aus und miß mit einem Bandmaß den Umfang der Brust, dann atme ganz tief ein und miß wieder. Es wird sich aus der Messung des Volumens berechnen lassen, daß mehr Luft eingesogen wurde, als die Kapazität der menschlichen Lunge beträgt.

i) Das gilt um so mehr, weil ein großer Teil des Atems der Messung entgeht. Gewiß, soviel als das Diaphragma den Magen herunterdrückt. Also wiederhole den Versuch: atme so tief wie möglich in eine Blase, und du kommst zum gleichen Ergebnis, daß die eingeatmete Luft die Größe der ganzen Lunge übertreffe.

k) Dabei bedenke, daß nach jeder Ausatmung die Äste der Luftröhre durch ihre Knorpelringe offengeblieben und wie vorher mit Luft erfüllt sind. Kein Zweifel ferner, daß Brust und Bauch beim Ansaugen von Luft anschwellen. Wenn sich mithin die Lungen ausdehnen könnten (was aber in keiner Weise der Fall ist), so täten sie es doch wenigstens nicht um das Zehnfache, so wie der Thorax tut, um die eingeatmete Luft unterzubringen. So beweist die Bewegung der Brust die Unnötigkeit der Bewegung der Lunge.

l) Wenn die Lunge die ganze Brusthöhle ausfüllte (was sicherlich nicht vernunftgemß wäre), so müßte die Erhebung der Rippen die Lunge ausdehnen können. Aber da die Luft ausgedehnt und zusammengepreßt werden kann, so würde die Hebung der Rippen noch keine Atmung[1] bedeuten. Da ferner die Anziehung von Luft sehr stürmisch verlaufen würde — wegen der Furcht vor dem Vakuum — in einer den natürlichen und vitalen Bewegungen widersprechenden Weise, so folgt, daß die Bewegung der Rippen nicht zur Erweiterung der Lungen geschaffen ist. Da die Lunge schließlich weder in sich noch sonstwo — außer in der Bewegung der Rippen (nach der Schulmeinung) — die Triebfeder zur Bewegung hat, folgt, daß die Lunge in keiner Form bewegt wird, sondern einfach immer ruhig steht.

m) Wo kann es größere Torheit geben als das Bekenntnis auf der einen Seite, daß alle Ästchen der Luftröhre durch den Zusammenhang der Knorpelringe offengehalten würden, auf der anderen Seite aber zu lehren, daß die gleichen Ästchen bei Aufnahme neuer Luft dauernd erweitert und komprimiert würden.

n) Endlich lehren die Schulen, das Zwerchfell genüge uns zum gewöhnlichen Atmen; dennoch aber ordnen sie seinem Geschäft die Zwischenrippenmuskeln zu. Endlich ist nicht selten, daß Aufstoßen aus dem Magen die gleichen Gerüche zutage fördert, die man in die Lunge aufgenommen hatte. Folglich sind Lunge und Zwerchfell für den Atem durchgängige Gebilde. Zu beklagen also die viele Mühe, die man sich in den Schulen mit derart gefährlichen Nachlässigkeiten und Verdrehungen gibt.

Wenn du ferner bei Rückenlage und leichtem ungezwungenen Atmen die eine Hand auf den Bauch, die andere auf die Rippen legst, so wirst du leicht merken, daß nur die Muskeln des Bauches gearbeitet haben.

o) Bei Erhebung des Bauches wird dann das Zwerchfell nach unten gezogen und die Bauchhöhle insoweit gedehnt, als die Fläche des Zwerchfells im schlaffen Zustande bzw. ihr Durchmesser beim Herabsteigen kleiner bleibt, als sein Umfang beträgt, und zwar entsprechend der Nachgiebigkeit der dehnbaren Zwerchfellfläche. Ja, auch wenn du die Rippen mit einem festen Gürtel eingeschnürt hast und Atem holst wie zuvor, so merkst du, daß der Bauch gehoben und gesenkt wird trotz unbewegter Rippen. Und so hätte die Lunge, auch wenn sie sonst beweglich wäre (was sie nicht ist), die Möglichkeit, die ganze Zeit über zu ruhen.

p) Aber bei Seufzen, Gähnen, Niesen und vertiefter Atmung sieht man die Zwischenrippenmuskeln die Stelle von Vertretern und Hilfskräften versehen. Denn die Rippen sind nach unten gerichtete Halbkreise, die durch Zwischenrippenmuskeln jede für sich gehoben werden.

q) So werden sie größer bei der Hebung, insoweit sie runder werden, und erweitern die Brusthöhle.

r) So heben, die nur mit aufgerecktem Halse atmen können, Schulterblätter und Achseln zur Hilfe beim Atmen, stützen beide Arme zur Hebung der Schulter auf den Sitz, damit die Brusthöhle

---

[1] Also die Aufnahme neuer, zu der vorhandenen hinzukommender Luft.

erweitert werde und das Zwerchfell mit größerer Vorbuchtung nach unten sich öffne.

s) Die Gattin eines Patriziers hatte bei einer Steißgeburt, ohne es zu merken (denn der größere Schmerz übertäubt den kleineren), das Rippenfell — ohne Hinzukommen von Eiterung — zerrissen. Bald nach dem Wochenbett merkte sie beim Atemanhalten — sei es beim Singen oder Stuhlgang, wenn sie die Schnürbrust abgelegt hatte, daß sich alsbald eine mächtige gashaltige Geschwulst vorwölbte, die auf Druck des Fingers wich und nach Ablassen des Atems nach innen verschwand. Später legte sie sich nur bei eingeschnürter Brust nieder. Daraus folgt eindeutig, daß die Luft auf geradem Wege in den Thorax gelangt. Ähnliches sah ich bei einer hohen Frau, die von einer Geburt zurückbehalten hatte, daß die eine Seite ihrer Kehle wie eine Blase sich vorwölbte, wenn sie den Atem anhielt.

t) Dann gehört hierher auch, was ich bei Lungenkranken, vor allem schwer Atmenden aufmerksam beobachtet habe, daß sie nämlich auf einer Seite recht gut liegen, auf der anderen aber kaum atmen können. Das geht zweifellos auf die Lunge selbst zurück. Denn auf der geneigten Seite, auf der der Kranke liegt, und dort wo sie das Rippenfell berührt, sind ihre Poren verstopft, mit denen sie sonst zu atmen pflegt. Und auch oberhalb sind die Poren an beiden Lungenlappen verstopft, wenn nicht alle, so doch ein großer Teil, was an der Quantität des fehlenden Atems zu messen ist.

Aus alledem geht klar hervor, daß sich die Lunge nicht wie ein Blasebalg auf und ab bewegt, sondern mit Hilfe von Poren durchgängig ist, durch die die Luft in und aus dem Thorax fließt und der Größe seiner Ausdehnung und Zusammenziehung entspricht. Deswegen atmen die Aufgerichteten besser als die Liegenden. Denn die hängende Lunge hat ihre Löcher allenthalben offen und nicht verstopft.

46. Irrtum der Schulen über die Funktion des Zwerchfells auf Grund von 8 Argumenten. Also liegt ein Irrtum der Schulen darin, daß sie lehren, das Zwerchfell sei der einzige Beweger der Lungen und damit das spezifische und wesentlich wirksame Organ der Atmung. Das Diaphragma verursache bei seiner Zusammenziehung in die Mitte zu Ausatmung und bei seiner Erschlaffung Einatmung. a) Denn wofern jede willkürliche Bewegung durch den Muskel, und zwar durch Zurückziehung des Muskelschwanzes auf einen Muskelkopf zu geschieht, so müßte das Zwerchfell als wichtigster, vornehmster ein völlig unregelmäßiger Muskel, sein Kopf in der Mitte bzw. seinem Zentrum sein. b) Wenn also das Zwerchfell vornehmlich Bewegungsorgan wäre — bei Ruhigstehen des Bauches und der Rippen — so müßte es durch sich allein willkürliche Bewegungen ausführen, was Unsinn ist. c) Dann würden die Bauchmuskeln, die gehörig gebaute Muskeln sind, sich nicht aktiv bewegen, sondern nur durch das Zwerchfell bewegt werden. d) Hierzu würde die Fleischhaut des Bauches allein genügen und jene Muskeln umsonst erschaffen sein. e) Wenn endlich jedes Organ willkürlicher Bewegung durch diese einen Zug ausübt, müßte die Brust durch den Zug des Zwerchfells nach innen gezogen werden und die Figur einer Sanduhr außen um das Zwerchfell herum darstellen. f) Dann wäre auch die Ausatmung keine Ruhe von der Bewegung, sondern selbst wiederum eine Bewegung des sich kontrahierenden Zwerchfells. g) Endlich wäre die Ausatmung auch bei Gesunden immer schwerer als die Einatmung, da h) die Einatmung keine Bewegung, sondern eine Erschlaffung bzw. die Ruhe des zusammengezogenen Zwerchfells wäre.

47. 7 daraus folgende Schlüsse. Daher mein Schluß: a) Der Gebrauch des Zwerchfells war bis dato unbekannt. b) Auch die Funktion der Lunge war dunkel. c) Die Art des Atmungsgeschäftes lag im Verborgenen. d) Die vorzüglichen Hauptorgane der Atmung waren unbekannt. e) Für geringe Ein- und Ausatmung genügen allein die Bauchmuskeln. f) Die Lunge bewegt sich niemals, dagegen dient sie als Sieb, daß nur reine Luft in den Thorax gelangt. g) Die Schwierigkeit der Heilung von Lungenleiden besteht nicht in der Ruhelosigkeit der Lunge und dem dauernden Auswurf von Medikamenten, sondern weil die Verstopfung und Besetzung der äußersten Lungenöffnungen die an die gewöhnlichen Arzneimittel geknüpften Hoffnungen zunichte macht. Da dorthin auf geradem Wege nichts außer der Luft gelangt, die Luft aber infolge der Verstopfung behindert ist, eingeschlossen wird und noch mehr die verstopfenden Schleimmassen austrocknet, wobei dann noch andere Bildungen entstehen, die im Lauf der Zeit Trockenheit, Schärfe und Bösartigkeit aufweisen — so entspringen hieraus Atemnot, Zerfallshöhle, Anfressung der Adern, Bluthusten, Verschwärung, Schwindsucht und Tod. Nehmen wir an, daß durch etwa tausend Öffnungen der Luftröhre die ganze Luft in die Luftröhre kommt und soviel für das physiologische Quantum genügt. Wenn aber nur hundert von ihnen verstopft sind, dann wird der Betreffende bei seinen täglichen Bewegungen oder Steigungen um den zehnten Teil schlechter gestellt und atemlos sein.

48. Grund der Fruchtlosigkeit der bisherigen Heilmittel. Daraus ergibt sich, daß die Sirupe und Lecksäfte nutzlose Heilmittel sind, da sie an die erkrankten Stellen nicht herankommen. Ja, wenn sie diese berührten, würden sie das Übel verschlimmern. Ferner ergibt sich, warum keine dieser Krankheiten der Heilung entgegensieht, es sei denn durch die Feuerkunst, die das Heilmittel auf die Art der Natur abstimmt.

49. Ihre Prophylaxe — ein Ammenmärchen. Doch welches Mitleid verdienen die prophylaktischen Katarrhvorschriften, nach denen man den Coriander und Ähnliches nach dem Essen zur Verhinderung des Aufsteigens von Dämpfen aus dem Magen nehmen soll. Denn wenn die Entstehung von Dämpfen aus besonderen Gründen (nämlich wegen der Feuchtigkeit der Materie und der Wärme des Ortes) und ihr Aufsteigen natürliche Ereignisse wären, wie soll der Coriander verhindern, daß derartige Effekte ihren Ursachen folgen? Als ob der Coriander, auf kochendes Wasser geworfen, die Dampfentstehung aus dem Wasser oder ihr Aufsteigen verhinderte. Ähnliches gilt von den Vorschriften über das Kämmen und Massieren, daß man nämlich nicht abends, sondern morgens, nicht in das Vorderhaupt, sondern das Hinterhaupt die Katarrhe leite. Altweibernarrheit hat so die beiden Türen zur Heilung verschlossen, weil die Ursachen der Krankheiten verborgen waren und man ihrer Auffindung nicht genügende Mühe geschenkt hat.

50. GALEN in seiner Schrift über die Erhaltung der Gesundheit völlig lächerlich. Wie wertlos ist GALENS Lehre in den fünf Büchern von der Wahrung der Gesundheit: die ganz voll ist von Bad, Abreibungen und Alterantien. Und bei aller seiner bemitleidenswerten Dürftigkeit fand ich doch nirgends mehr Scharfsinn bei ihm als da, wo er die Unterschiede bei der Massage in die Länge und Breite, Quere und Runde gleichsam wie Schwarzkünstlerzeremonien und bei Todesstrafe peinlich zu beobachtende Vorschriften gibt.

51. Die Unwissenheit der Schulen bedauerns- und beklagenswert. So hat sich die Welt von den Ärzten in Schlaf wiegen, faszinieren lassen von heidnischer Torheit mit einem Gefühl angenehmen Kitzels. Waren doch in den ersten fünf Jahrhunderten zu Rom die Krankheiten geringer, auch milder und spärlicher die Zahl der Todesfälle als später nach Einnahme von Griechenland. Was alle Europäer, die nur noch wenige oder gar keine Ärzte haben, gern bestätigen werden.

Ernstlich verwundern sich die Schulen über die große Menge Schleimauswurfs auf Koloquinten hin, und daß dennoch die Sputa der Lungensüchtigen sich nicht vermindern. Und in ihrer Freude über die scheinbare Auffindung der Ursache des Katarrhs wollen sie, obschon um die Wirkung der Abführmittel betrogen, nicht das Falsche ihrer schleimigen Grundsätze zugeben. Trocknet also Koloquinte, Scammonium, Elaterium usw. an einem Tage den Körper mehr aus als ein Chinatrank in drei Monaten, was ist dann von der China zu hoffen, wo vergeblich sind die Abführmittel und abschreckend die Wirkung ihres Gebrauches? Doch die Schulen blieben bei den Lehren ihrer Vorgänger und verboten den Fortschritt der Forschung und Heilmethoden über die alten eingefahrenen Theoreme der Kunst. Und obschon die Sache in der Praxis anders auszugehen pflegte und sie ihre Regeln in der Erstarrung ihrer Unfähigkeit in keiner Weise bestätigt sahen, haben sie dennoch ihrer blutigen Unwissenheit ein Mäntelchen umgehängt und wollten lieber die armen Kranken im Unglück der Entleerungen weiterhin zappeln lassen, als daß sie etwas besser über die Martern ihrer Nächsten nachdachten. Und gewiß hätten sich nicht soviel Tausende von Gedankenlosigkeiten und Ungereimtheiten in den Schulen halten können, unter so scharfsinnigen, anständigen, klugen und erfahrenen Leuten (unter denen ich mich gerne für den geringsten halte), wenn sie nur einmal ein klein wenig von den Grundvorurteilen der Heiden hätten abweichen wollen. Besessen sind sie — sage ich — vom Feind der einfachen Wahrheit, der sie in ihrer Überheblichkeit, Sorglosigkeit, Grausamkeit, Geiz, Faulheit, Dummheit oder endlich mit Scheu vor Umkehr und Besserung am Boden hält. Gütiger Jesus, wann wirst du endlich von den Schulen diesen Dämon nehmen? Wann endlich wird das Maß jenes Übels voll und die Zeit reif, daß du solche Blindheit und solchen Jammer des Menschengeschlechtes durch das Licht deiner Wahrheit behebst? Du aber antwortest, es gibt für Leugner der erkannten Wahrheit kein Mittel. Daher rufen wir:

Gar recht / gerechter Gott / ist alles Dein Geschicke.
Du bist der gute Quell / die Regel wahrer Stücke.
Wir aber / weil wir nicht / was Du verlangst getan /
Sind jetzt des Pövels Spott / und alles pfeift uns an[1].

52. Täuschung der Schulen durch den Versuch am lebenden Hunde. Anatomen haben einem lebenden Hund in die Luftröhre eine gefärbte Flüssigkeit eingespritzt, um festzustellen, ob etwas davon in die Lunge eindringe. Und man fand, daß eine kleine Menge die Wand der Luftröhre gefärbt hat. Darauf verkünden sie, daß ordnungsgemäß und unbemerklich vom Gehirn Auswurfstoffe herabgehen. Und sie schlossen darauf, daß die Lecksäfte das äußerste Heilmittel der Schwindsucht sein werden, da sie unmittelbar zum Larynx kommen und von hier aus zu den äußersten Verzweigungen desselben. Grausam war dieser Versuch für den Hund, aber noch viel grausamer und verhängnisvoller für die Menschen. Geben doch die Schulen solche Lehren von Hand zu Hand und billigen solche gefährliche Narrheiten. Denn zunächst was würden die Lecksäfte in den Verzweigungen der Luftröhre anderes anrichten als schädliche Verstopfung? Zu welchem Ende sollten sie kraft der natürlichen Ordnung der Dinge dorthin eilen oder geschickt werden? Können sie doch dort weder gekocht noch in etwas Nützliches verwandelt werden, noch gegen Eiter- oder Schleimbildung dienlich sein. Endlich wenn dies ordnungsgemäß geschehe, so müßte der gewöhnliche Auswurf von Gesundem nach gefaultem Gebräu, Lecksaft und Sirup riechen. Und obschon gelegentlich die ersten Sputa Lecksäfte wieder zum Vorschein bringen, so kommen diese doch nicht aus der Lunge, sondern aus der Gegend des Schlundes. Auch bringen ja die weiteren Sputa nicht noch mehr von den Lecksäften zum Vorschein, etwa wie sonst so wiederholter Auswurf den Ruß zur Ausscheidung bringt. Dann müßte ja auch, wer abends einige Unzen Lecksaft zu sich nahm, mit Notwendigkeit bald darauf wo nicht an Asthma, so doch mit Erstickungsgefühl daniederliegen. Denn ein Teil des Aufgenommenen würde den Stamm der Luftröhre ausfüllen.

---

[1] Übersetzung des „Auffgangs der Arzneykunst".

Wunderbar war, daß die Schulen, von jenem scheußlichen Experiment am Hunde verführt, nicht bemerkt haben, daß der Hund infolge von Unachtsamkeit bei dem Jammern über das ihm zugefügte Experiment jene gefärbte Suppe in den Kehlkopf aufgenommen hat. Nicht als ob so etwas bei Gesunden oder, wie man sagt, katarrhalisch Kranken gewöhnlich beobachtet wird. Denn wenn ein Steinkranker beim Urinlassen unwillkürlich vor Schmerz auch Kotabgang hat, so wird dies eine Eigentümlichkeit des Blasensphincters sein, daß er bei seiner Entleerung auch ordnungsgemäß den Darm entleert. Denn wegen des Schmerzes versehen die Organe schlecht ihr Geschäft und ziehen benachbarte Teile in die Unregelmäßigkeit mit hinein. Viel mehr Vertrauen verdient die Geschichte, in der einer wegen einer dünnen Feder, ein anderer aber wegen eines Haares erstickt ist. Man ersehe daraus, daß die Lunge in keiner Weise fähig ist, Fremdkörper aufzunehmen, ohne sichtbaren Schaden zu nehmen und Beklemmung hervorzurufen; ja sogar die Kurzatmigen vertragen einen gut riechenden Räucherduft nicht — aus Gründen, die in der Schrift vom Blas humanum vorgetragen werden[1]. Wenn daher nützliche Räucherdüfte der Lunge zur Last sind, wie werden es erst die Lecksäfte sein — wenn man selbst zugibt, daß sie zur Lunge gelangen. Denn sobald etwas verschluckt wird, wird die Kehle fest in Form eines Efeublattes verschlossen durch den Kehldeckel, so daß auch nicht das geringste zur Lunge vordringen kann. Auch kannte ich einen ganz Teil Erstickte, die nur auf einer Seite den Kehldeckel nicht genügend fest verschlossen zeigten wegen Krampfes der einen und Lähmung der anderen Seite.

53. Neuer Irrtum über die Lecksäfte. Damit kommen wir zu einem neuen Irrtum der Schulen: Ihrer Behauptung nämlich, langsam ge-

---

[1] Diese Abhandlung HELMONTS enthält in der Hauptsache die Entwickelung einer neuen Puls- und Atmungslehre — im Gegensatz zur herrschenden. Diese erblickte in dem Puls und der Atmung ein Mittel zur Abkühlung der eingepflanzten Wärme, zur Beseitigung der Abfallstoffe und zur Unterhaltung der Spiritus vitales (Blas humanum 13—14). HELMONT weist nach, daß umgekehrt der Puls die Wärme unterhält und daher lebensnotwendig ist (ib. 25). Von einem Sitz der Wärme im Herzen könne gar keine Rede sein. Diese ist vielmehr ein Begleiter der im Duumvirat residierenden Seelenkräfte. Wie im Blasebalg würde der Atemhauch das Feuer im Herzen nicht nur nicht abkühlen, sondern immer stärker anfachen. Die Beobachtung an Fiebernden zeigt, daß die verstärkte Hitze auch Verstärkung des Pulses und Verhärtung durch stärkere Spannung und Zusammenziehung des Gefäßrohrs zeitigt (ib. 28 ff). Vor allem aber bleibt bei der Entstehung von Spiritus vitales im Herzen kein Ruß und Exkrement zurück. Was die Lunge ausscheidet ist reiner Wasserdampf. Der Spiritus vitae wird auch nicht durch Erwärmung, sondern Erleuchtung erzeugt. Die Fische leben wegen des Mangels an Wärme nicht unglücklicher und kürzer als die mit Wärme begabten Tiere (30). Die Einrichtung der Lunge verträgt jedenfalls nicht die Anfüllung mit exkrementalen Stoffen (vgl. auch S. 124).

schluckte Lecksäfte kämen zu den Lungen; nicht jedoch jene, welche in reichlicher Menge und rasch heruntergeschluckt werden. Da ist zu fragen, ob jener Versuchshund das eingegossene Kräutergebräu langsam geschluckt und nicht heruntergetrunken hat. Und warum haben sie es ihm zum Heruntertrinken gegeben, wenn sie wußten, daß nur Lecksäften der Weg zur Lunge offenstehe.

Indessen aus dem Gesetz, daß die Lunge die Gemeinschaft jeder fremden Substanz, außer der reinen, nicht staubvermischten Luft scheut, folgt zwingend, daß beim Schluckakt, und zwar sowohl beim Schlecken wie beim Trinken immer der Wächter der Epiglottis für den Abschluß des Kehlkopfes aufkommt. Denn es geht dort um nichts weniger als Leben und Tod. Aber auch, wenn selbst Lecksäfte und Sirupe die Teile nur für das Ausräuspern glatt machen, so schaden sie doch vor allem dem Magen und nützen für die Lungenleiden auch nicht das geringste.

54. Falsche Voraussetzung. Aber man führt an, der Speichel gelange von selbst und unmerklich in den Kehlkopf, und die Lecksäfte seien deswegen von Nutzen. Doch nichts davon hält stand. Denn der Kopf mag stehen wie er will, stets bleibt sich die Vorsorge der Natur gleich, daß nichts in den ungeschützten Kehlkopf fließe.

55. Einige Bekräftigungen. Jüngst sah man einen Gaukler, der mit gestreckten Füßen und Körper, auf den Händen stehend, den Kopf nahe zur Erde, ein Glas Wein trank. Und da appelliere ich an den Anatomen und will mich gern eines Besseren belehren lassen. Es gibt ferner Leute, denen im Schlaf reichlich Speichel aus dem Munde fließt. Wenn sie auf dem Rücken schlafen, so wälzen sie sich von selbst und sehr bald auf die Seite oder wachen auf, denn die Natur erschrak durch die drohende Gefahr des Speichelflusses in den Kehlkopf. Und wenn dann aus Versehen etwas Speichel in den Kehlkopf floß, so wird er sofort durch Husten wieder entfernt.

Doch was soll den Lungen ein süßer Lecksaft, mit gerösteter Lunge eines toten Fuchses oder Huflattichsaft versetzt, helfen, wenn die Lunge selbst, jedem Fremdkörper unzugänglich, höchstens durch Unachtsamkeit etwas an sich heranläßt und es sofort unter größten Atembeschwerden wieder herauswirft? Sollte das bereits zur Wiederherstellung der gestörten Fähigkeiten genügen? Oder wird so der Katarrh an der Wurzel gefaßt?

Nein, wohin mein Blick schweift, überall bekämpfen die Schulen die Krankheiten mit heidnischen Fabeln und nur mit Spiegelfechterei, an ihren Wirkungen und von hinten angreifend. Und das wegen ihrer Unkenntnis von Krankheit und Krankheitsursache. So kam der Ruf des Arztes mit Recht herunter ins Gespött, weil sie über ihr Handeln, Reden, Sollen nicht nachdenken, um der Vorschrift nachzukommen: Seid barmherzig wie euer Vater im Himmel barmherzig ist. Und wie der heilige BERNHARD vom Klerus sagt, er äße die Sünden des Volkes, insofern er nur vom Almosen lebe, so denken auch nicht die

Ärzte darauf, ob sie ihrem Berufe und der christlichen Nächstenliebe gerecht werden, indem sie von den Leiden und Gebresten des Volkes leben.

56. Quelle des Katarrhirrtums. Doch liegt die Wurzel dieser ägyptischen Plagen und die äußerste Verdüsterung der Schullehre darin, daß diese, schlecht unterrichtet, irgendwelche Krankheiten unüberlegt dem Katarrh zuspricht. Zum Beispiel jemand hat Schmerzen im Kopfe, dann wird sein Nacken schmerzhaft, jede Bewegung schwer, die Nacht schlaflos, der Schmerz geht sichtbarlich in die Lenden, dann weiter zu den Schenkeln, Waden und Füßen. Daraus entstand das Urteil, der Schmerz — der ja ein Akzidens und in etwas Steckendes darstelle — wandere nur von einem Substrat in ein anderes, wenn er an etwas Materielles gebunden, durch Herabfließen mit dem katarrhalischen Auswurfstoff vom Kopf zu den Rückenmuskeln den Namen Katarrh verdiene.

57. Zurückweisung der wahnwitzigen Behauptung. Dieser Katarrhlehre gilt es, auf dem Wege der Anatomie die Larve abzureißen und sie genau kennenzulernen. Denn wenn die schmerzerzeugende Materie vom Gehirn nach und nach durch den Nacken herabfließt, so wird sie, sei es durch die Kammern des Gehirns oder durch das Gehirn selbst und die Hirnhäute oder zwischen beiden Hirnhäuten oder der harten Hirnhaut und dem Schädel oder endlich zwischen dem Schädel und der Haut dorthin gelangt sein. Das folgt aus der sorgsamen Aufzählung aller Möglichkeiten. Nun kann es zunächst nicht auf dem Wege der Hirnkammern geschehen, weil hier Apoplexie und allgemeine Lähmung die Folge sein müssten, wenn anders die diesbezügliche Lehre der Schulen Gültigkeit haben soll. Denn wenn die Katarrhmaterie hintereinander von den vorderen in den vierten Ventrikel und zum Rückenmark getrieben wird, so muß jener fremde, scharfe Auswurfstoff diesen verstopfen und darauf Schlag und Lähmung hervorrufen. Sodann ist unmöglich, daß jene Katarrhmaterie durch das Gehirn durchschwitzt und sich zwischen Hirn und weicher Hirnhaut ansammelt und in der Weise hinabsinkt, daß beide Hirnhäute glatt von der Rückenmarksubstanz abgetrennt werden: so daß der herabsinkende Katarrh Zerreißung und Kontinuitätstrennung an den Nervenwurzeln im Verlauf des Rückenmarks hervorriefe, was eine Fülle von Ungereimtheiten bedeutete. Ähnlich wenn der Katarrh zwischen beiden Hirnhäuten herabflösse, so müßten zwei Häute da sein, die das Rückenmark umgäben, was bisher aber noch niemand gesehen hat. Und selbst, wenn dem so wäre, so müßte das wenigstens der Muskelbewegung beschwerlich fallen oder Schmerz verursachen. Also die These ist irrig. Weil der Nerv ein Organ der Willensleitung und nicht das Ausführorgan der willkürlichen Bewegung ist, und oftmals ein kleiner Nerv kaum die Größe eines Zwirnfadens überschreitet, und er von außen in den Muskel eingelassen ist, so könnte die katarrhalische Flüssigkeit nicht ohne Lähmung des betreffenden Teiles und die größten Schmerzen in ihn einfließen.

Wenn endlich der Katarrh zwischen der harten Hirnhaut und dem Schädelknochen herabfließen sollte, so lehrt die Anatomie, daß so knapp und eng die seitlichen Nervenöffnungen der Wirbelsäule sind, daß in keiner Weise die Möglichkeit eines Zuganges für den Katarrh vom Rückenmark zu den Muskeln gegeben wäre. Wenn man endlich dieser Fabel Glauben schenkt, wie kommt das weitere Herabsinken zu den folgenden anderen Nerven zwischen je einem Paar zustande? Oder sollte der Katarrh aus Überdruß vor dem einen erkrankten Muskel sich nach anderen Objekten seiner Kurzweil sehnen? Wie sollte auch durch einen kleinen Nerven die Katarrhflüssigkeit, ohne das Glied abzustumpfen, hindurchlaufen können? Wird sie auf anderweitiger Bahn in den Muskel eintreten bis zu dessen Ende und dann wieder zu den anderen ihr gelegeneren Muskeln umkehren? Oder wenn man einen neuen Katarrhschub annimmt, der zu den anderen weiter unten gelegenen Teilen einfließt, wie können die oberen Teile von ihm frei bleiben? Und da er aus derselben Quelle, dem Hirn, auf demselben Pfade des Rückenmarkes seinen Weg nimmt, warum wird er nicht lieber die bereits freie Straße benutzen und begibt sich eher zu dem geschwächten, ihm gelegenen, bereits angegriffenen Teil, statt Neues und nicht das Typische zu tun? Warum sucht er neue Unterkunft? Oder ist das eine Liebhaberei der Natur, daß sie in hurenhafter Neuerungssucht fortgesetzt neue Teile ergreift und zerstört? Daß endlich keine Zuflucht zur Meinung zu nehmen ist, der Katarrh fließe zwischen Schädel und Haut herab und den mit ihren Binden bekleideten Muskeln, haben wir schon oben besprochen.

Folglich bleibt kein Weg oder Mittel, keine Verknüpfung noch Kausalbeziehung, durch die ein Katarrh real bestehen kann.

58. Wahrer Grund des sog. Katarrhs. Wenn es nichts Materielles ist, das bei den Krankheiten, für die die Schulen leichtsinnigerweise die Katarrhe erdichtet haben, etwa durch Herabfließen wirkt, so sei denen, die die Wahrheit hören wollen, mitgeteilt: So oft ein fremder Hauch, Geruch oder Urheber oder ein ungehöriger Samen unseren Lebensgeist (das beseelte Blut) ergriffen hat, wird dieser wegen seiner Beschmutzung von der Gemeinschaft des Lebens durch den Archeus ausgeschlossen. Die Eindruckskraft aber oder die Fähigkeit des aufgenommenen Samens ist so groß, daß der durch die fremde Kraft gestörte Lebensgeist mehr zu entlegenen als zunächstliegenden Orten geschleudert wird, wie das an seiner Stelle bei Besprechung der Arthritis, des Duumvirats und sonst auseinandergesetzt werden wird. So z. B. greift das Quecksilber, wenn auch nur außen aufgeschmiert, den Rachen, die Zunge und Zähne an. Wenn dieser verdorbene Spiritus an seinen Bestimmungsort gelangt ist, so durchtränkt er sogleich das spezifische Nährmaterial des betreffenden Körperteiles mit seinem Ferment, versetzt und verwandelt es im Sinne der Idee seines Samens und stört gleichsam durch aufeinanderfolgende Anhauchung des Nahrungsstoffes die Geschäfte der örtlichen Verdauung mit seinen fremdartigen Zurüstungen. So erzeugt er schließlich jene

Fülle von Zufällen, und nicht selten prägt er dem Archeus insitus einen Eindruck für das ganze Leben auf. Dies übertragen die Schulen auf die erdichteten Grundsäfte und den Herabfluß von Feuchtigkeiten allein vom Gehirn aus. Weit also bin ich vom Katarrh entfernt, der ich seine Materie, Werkstätte, seine Ursache, die Art seiner Entstehung und seines Herabfließens leugne. Deswegen erkläre ich auch die Ursachen, Wirkung und Heilung des betreffenden Leidens weitgehend anders als mit den Erdichtungen vom Katarrh.

59. Die Folgen der wahren Ursachen. Es fließen also nicht herab salzige, saure, scharfe, schleimige oder gallige Säfte; so oft vielmehr ein verdorbener Spiritus sich irgendwo hinbegibt, ist das erste, was hinzukommt, in einem allgemeinen Streben etwas abzuwaschen, der Latex. Denn der durch Kontagium von außen verdorbene Spiritus geht auf dem Wege der Nerven, Arterien, ja selbst durch den ganzen Körperbestand hindurch, und die Kranken haben die Sensation des Herabflusses einer Flüssigkeit, weshalb man auf das Gehirn als Quelle verfallen ist. Und weil der Latex durch die Blutadern dahin kommt — nicht als Grundursache des Übels (obschon er als hinzutretendes Moment nicht so selten ein Übel verlängert), sondern als Unterstützung und Reinigungsmittel, so sind bisher die Schulen im Zweifel geblieben, ob die Katarrhe aus dem Kopf durch die Nerven oder unter der Haut oder ob sie durch die Venen von der Leber aus, wenigstens bei den Podagrakranken herkämen. Daher ist es nicht eine Quelle oder ein Wasserfall, etwa der Kopf als gemeinsame Kloake, aus dem Schleim und Galle der Schulen herabfließen. Ferner sinken sie nicht herab wegen der Abschüssigkeit des Ortes oder der leichten Gangbarkeit der Wege, da es sich ja bei alledem nicht um Erkrankungen von Kadavern, sondern von Lebenden handelt, und so geschieht alles durch lebendige Stoßkraft und Initiative. In solcher Ökonomie ist der Aufstieg nach oben nicht schwieriger als der Abstieg nach unten. Denn nichts strömt im lebendigen Körper nach Maßgabe seiner Schwere, sondern was irgendwie in Bewegung gesetzt wird, ist auf bestimmte Ziele gerichtet. So geschieht es auch nicht selten, daß der Latex durch ein fremdes Salz verunreinigt, dann seinerseits den Spiritus angreift, so daß dieser nicht durch eine äußere, in der Luft liegende Schädlichkeit oder durch innen entstandenen körpereigenen Kontagionshauch verändert, sondern durch den (unlebendigen) Latex erregt und in Zorn versetzt wird. Und es wohnt ihm der Latex bei — schädlich durch die erwähnte Säure oder durch seine Menge — wie etwa ein Soldat als ungeladener Gast ein Haus betritt. Deswegen bringen warme Bäder und Schwitzen derartige Krankheiten wieder in Ordnung. Indem sie den Latex verzehren, helfen sie mehr als die Lösungs- und Austrocknungsmittel der Schulen.

60. Die Unkenntnis des Latex hat zur Einwurzelung der Katarrhlehre geführt. Eitel also ist die Geschichte vom Katarrh, der vom Magen in den Kopf gelangen soll, erdichtet seine materielle Grundlage und auch sein Herabfließen zwischen Muskulatur und Haut, und beklagenswert die in Unkenntnis der Ursachen vorgeschlagenen Heilmittel. Eitel auch die Fontanellen zur Ablenkung und Aufsaugung der erdichteten Flüssigkeiten. Eitel schließlich die austrocknenden Tränke. Rührt doch das Übel vom Latex und auch gelegentlich von kräftigerem Trinken her. Woraus sich die Heilsamkeit sparsamen Trinkens ergibt. Denn der Latex soll gemäß seiner eigentlichen Beschaffenheit geschmacklos sein: er wird aber sauer durch reichlichen Trunk starken und sauren Weines. Eine eigene Abhandlung ist der Geschichte und grundlegenden Bedeutung des Latex gewidmet. Daraus wird man sich erinnern, daß jegliche Bildung von Körpern ihre materielle Grundlage vom Wasser hernimmt. Das wollen wir auf den geschmacklosen Latex beziehen, der leicht mit Hilfe nur eines winzigen Samens sauer wird. So fließt beispielsweise zum Frühjahr aus dem Weinstock oder der Birke viel Wasser, wenn man die Rinde dicht über dem Erdboden verwundet, so ergibt sie geschmacklosen Saft. Wenn aber die Wunde am Stamm oder den Zweigen angebracht wird, so ist der gleiche Saft schon etwas säuerlich. So geschieht es auch mit dem Latex, der von Natur geschmacklos ist und durch Verseuchung in seiner Herberge schließlich sauer wird oder eine andere Beschaffenheit annimmt. Die Schulen vernachlässigten den Latex, da sie den Urin mit ihm zusammenwarfen. Doch ist es eine törichte Lehre, ein Erzeugnis mit seiner Muttersubstanz zu verwechseln. Als ob Schleim, Speichel, Wasser unter der Haut, Urin dem Getränk gleich wären. Wenn die kranke Leber den Latex zu sich zurückberuft, so macht sie daraus nicht Urin, sondern Ödem oder Anasaka.

61. Vorläufiges. Mithin gehöre ich durchaus nicht zu den Leuten, die die Pleuritis, den Zahnschmerz und die übrigen schmerzhaften Plagen für nicht existierend halten. Denn ich kenne sie und bedaure, daß sie ernstlich über uns gebieten. Ich räume auch ein, daß es Krankheiten sind, aber die Ursachen, Art und Weise, Mittel, Wege, Ziel oder Bestimmung des Katarrhs verwerfe ich. Leugne ich doch jene Ursachen, um nach denen zu suchen, in deren Entfernung die Heilung beschlossen liegt. Ich erkenne auch an, daß man nach Riß einer Lungenzerfallshöhle plötzlich stirbt, doch leugne ich die Katarrhnatur der Vomica oder daß der Tod dem Katarrh zuzuschreiben. Noch viel entschiedener leugne ich, daß die Vomica einem Magendampf entspringt. So nehme ich auch für die Schwindsucht nicht einen Herabfluß in die Lungen in Anspruch, sondern weiß, daß sie auf einem Fehler der Lungen selbst beruht.

Ich gebe zu, daß das Podagra vorher ein Gefühl verursacht, als wenn ein glühender Tropfen herabfließe. Ich kann aber darin nicht folgen, daß er nach Materie, Art, Mitteln und Ziel einen Katarrh darstelle. Wie an gehöriger Stelle noch breiter auszuführen.

Der Latex, dem Ausfegen der Küchenwerkstätten des Körpers gewidmet, ist an und für sich unschädlich, doch wenn er auf seiner Reise sich mit gelösten Salzen verbindet, dann gibt er zur Absiedlung

von den verschiedensten Abscessen, Geschwüren, Hautausschlägen
die Ursache ab.

Ich leugne fernerhin die Entstehung von Dämpfen im Kopfe,
die durchs Gehirn und die Hirnhäute hindurch diffundieren sollen.
Endlich kann ich nicht zugeben, daß der Atem geradeswegs aus der
Brusthöhle zum Magen oder zu den Eingeweiden gelange (wie allerdings PARACELSUS gemeint hat), sondern daß nur ein wenig von ihm
durch die Poren des Zwerchfells hindurchdringe. Denn bei ange-
haltenem Atem geht auch nichts Nennenswertes unter das Zwerchfell,
noch riecht der Atem nach den Plätzen unter dem Diaphragma.
Ebenso werden auch nicht vom Magen Dämpfe zum Kopf verbracht,
es sei denn die trunken machenden durch die Schlagadern. Was
aber Schwindel, Bewußtlosigkeit u. dgl. hervorruft, gehört einer anderen Kategorie als den Dämpfen an. So werden auch von der Gebärmutter keine Dämpfe zum Kopfe verbracht, wenn man auch davon
böse Erscheinungen am Kopfe herleitet. Denn die allgemeine Durch-
atmungsmöglichkeit hat mit den Dämpfen nichts zu tun, ist vielmehr
Alleinherrscherin in einem anderen Reich. Durch sie steigt die Kehle
zu Kinnhöhe empor, und all das ist nicht der Wirkung von Dämpfen
zuzuschieben. Es handelt sich dabei um eine den Schulen unbekannte
Kraft, die ich die des Regimentes nenne und am gehörigen Orte
behandeln werde; ihr sind alle Teile des Körpers tributpflichtig. Der
Gebärmutter kommt mithin kein anderer Einfluß auf den ganzen
Körper zu als dem des Hodens, durch den sich der Hahn vom Ka-
paune, der Stier vom Ochsen, der Mann vom Eunuchen unterscheidet,
an Gestalt, Blut, Muskulatur, Haut und Gemütsart.

62. Tortura noctis. Da aber bei den vermeintlich katarrhalischen
Leiden der verunreinigte Latex Gewalt und Herrschaft des Wassers
gewinnt, so exacerbiert alles, was man dem Katarrh zuschreibt, häufig
nächtlicherweile, und die Phasen des Mondes wirken mit ihrem Blas
auf uns ein. Dieses Leiden treffe besonders das widerstandslose und
schadhafte Gehirn; sie lassen auch oft kommende Gewitter merken
und prophezeien. Deswegen nenne ich sie Tortura noctis. Wenn nur
dieses Wissen um die Zukunft nicht so teuer mit Angstzuständen und
Schmerzen erkauft wäre. Denn oftmals fühlt ein Gichtiger, Asthmatiker oder einer mit einer Verhärtung unter dem Fuß im Bett oder
in der Schwitzstube, aus dem Schlafe erweckt, künftige Wetter-
stürme, daß der Himmel sich mit schwarzer Wolke überzieht und
alsbald die Richtung des Windes sich ändert.

63. PARACELSUS' Inkonsequenz. Nach PARACELSUS aber ist es
der Mercur, der der Nährflüssigkeit des ganzen Körpers vorsteht, und
daher hat er ihn anderweit (in den Schriften über mineralische Krankheiten) dem Namen und der Sache nach mit dem terrestrischen Mond
zusammengeworfen.

**64. Keine Beziehung der noch nicht am Leben teilnehmenden
Säfte zu den Gestirnen.** Doch weiß ich, daß die Flüssigkeit zur

Eigenkraft des Teiles gehört, dem sie sich bald einverleibt. Denn nicht erfreuen sich die Flüssigkeiten der Gemeinschaft mit den Gestirnen, solange sie nicht dem Lebensgeist verwurzelt zugehörig sind.

65. Das Mark gehört nicht zu den Flüssigkeiten. Daraus ergibt sich, daß das Mark ein gleichartiger Teil des Körpers ist, nicht aber Flüssigkeit desselben. Denn es richtet sich offenbarlich nach dem Monde und dem Gehirn, dem auch die Knochen gehorchen. Daher gehört alles, was unter dem Titel Flüsse Beschwerden macht, so auch Syphilis, Contractur, Reißen unter die Tortura noctis, weil sie auf den Latex hören und der Herrschaft unseres Mondes, dem Lauf der Gestirne gehorsam, unterworfen sind.

Asthma und Husten.

Weil auch das Asthma dem Irrwitz der Katarrhlehre zugehört, und es eine kaum gekannte, bis jetzt auch kaum geheilte Erkrankung darstellt, glaube ich, dem Asthma eine eigene Schrift widmen zu sollen.

1. **Offenheit der Lungen- und Nervenporen, solange Leben besteht.** Dazu ist einiges aus den früheren Ausführungen zu wiederholen. Vor allem, daß die Lunge mit Hilfe von Poren durchgängig ist, solange sie Lebensfunktionen versieht, etwa wie die Nerven, und wie das vor allem an den Augen deutlich hervortritt, wo nach Schließung des einen die Pupille des anderen sich erweitert. Doch im Tode schließen sie sich, die im Leben durchgängig waren, und sichtbar verschwindet aus den Augen der Sterbenden das Licht, weil es durch Zuschließen der Sehbahn aufhört, und der Spiritus des Gesichts nicht mehr dorthin fließt. Das hat schon HIPPOKRATES zu seiner Zeit gewußt und deswegen den ganzen Organismus für durchatem- und durchhauchbar erklärt.

2. **Vom Kopf fließt nichts zu den Lungen.** Sodann ist, glaube ich, zur Genüge aufgezeigt, daß vom Kopf nichts in den Larynx herunterkommt oder in die Lunge, was nicht gewöhnlich und in weitem Umfange durch Husten ausgeworfen wird, so daß nicht einmal Platz für die erdichtete Destillierung oder den Katarrh vorhanden ist. Vielmehr entsteht in den Lungenröhren als Folge örtlichen Fehlers, was durch Husten ausgeworfen wird. Mithin hat man bisher geirrt infolge Unkenntnis der Funktion des betreffenden Körperteiles als Handelnden, ursächlich Wirksamen wie Empfangenden und infolge der Gedankenlosigkeit hinsichtlich der Materie und Entstehungsart der Störungen.

3. **Kopfmittel sind beim Asthma schlecht angebracht.** Kein Wunder daher, daß auch für die Therapie nichts geschehen ist. Daher die Heilmittel für den Kopf, damit er die Katarrhmaterie nicht erzeuge noch weiterschicke, noch sie von selbst in die Lunge herabfließe, alles Dinge, die ja niemals die Botmäßigkeit des Kopfes betreffen, sondern beständig die Sache der Lunge selbst sind.

4. **Der wahre Schmied des Verderbens.** So standen die Kranken hilflos da, weil sich die ganze Aufmerksamkeit der Ärzte teils auf den völlig unbeteiligten Kopf, teils auf die Prophylaxe, teils die Erleichterung des Auswurfes konzentrierte. Nicht aber auf die Korrektur

jenes verderblichen Werkmeisters ihr Augenmerk richtete, der aus dem normalen spezifischen Nährmaterial der Lunge den in Rede stehenden Schleim herstellt.

5. Der Irrtum bei Einführung der Sirupe und Lecksäfte. So hat die Unkenntnis der eigentlichen Grundursache das medizinische Denken der Schulen dauernd auf die Folgen und das Sekundäre gelenkt. Denn weil sie Speise und Trank auf geradem Wege zum Magen gelangen, nichts davon aber zur Lunge sich wenden sahen, verfielen sie auf süße Tränke, die durch Abglättung der Kehle das Auswerfen erleichtern sollten. Dann erfanden sie dickere Sirupe, die — wie sie meinten — durch langsames Aufschlecken wenigstens zum Teil mit einiger Wahrscheinlichkeit zu den Lungen vordringen sollten.

6. Bestätigung des Gesagten. Aber auch das ist wiederum alles recht töricht. Denn dabei haben die Schulen wieder den Kopf und dann auch ihre eigenen Thesen vergessen. Vor allem aber haben sie nicht bedacht, daß, wenn derartige Lecksäfte die Lungen beträten, sie mehr Angstgefühl und Engbrüstigkeit verursachen würden, als der an Ort und Stelle gestaute und allmählich gebildete Auswurf. Sie würden sozusagen ein Übel auf das andere setzen. Sie würden dort zu nichts nütze sein, als die Verstopfung der sowieso engen Wege zu vermehren und im übrigen Atemnot zu verursachen.

7. Wert der üblichen Heilmittel. Aus diesem Grunde entsprechen weder die Rosen noch der Lattich, die Fuchslungen oder der Zucker der Heilanzeige. Diese fordert Wiederherstellung der beeinträchtigten Umstimmungskraft. Was aber nur die Erleichterung des Auswurfs bezweckt, greift die Krankheit im Rücken und lediglich ihre Wirkungen an.

Da nun die Lunge sich an den äußersten Verzweigungen der Luftröhre, da, wo sie in den Thorax münden, öffnet, ergibt sich von selbst, daß beim Asthma eine Verengerung jener Poren besteht.

8. Irrtum in der Gleichheit der Mittel für Asthma und Husten. Darüber hinaus irren sie, wenn sie in keiner Weise die Heilmittel gegen den Husten von denen gegen das Asthma trennen, wo sich doch beide Leiden in jeder Beziehung und ganz ungemein, gerade in der Wurzel und den Ursachen entscheiden.

9. Zwei Arten Asthma. Zwei Arten von Asthma sind zu trennen. Das eine, bei Angehörigen des weiblichen Geschlechts auftretend, lediglich von dem Einfluß der Gebärmutter abhängend, und das andere, beiden Geschlechtern gemeinsam zukommend.

10. Schicksal des weiblichen Geschlechts. Bedauernswert die Frau, die schon vom weltlichen Geschäft ausgeschlossen, nun mit zweierlei Klassen von Krankheiten gestraft ist. Denn das Asthma ist so häufig bei diesem Geschlecht, daß die Schulen jede Störung des Uterus — und es gibt deren viele — den durch ihn bedingten Atemstörungen zurechneten und dadurch einhellig an einer großen Anzahl Krankheiten einfach vorbeigingen.

Ich sah eine ganze Reihe, welche durch den Geruch angenehm riechender Dinge in Kopfschmerzen, drohende Ohnmacht und sogleich in die heftigste Atemnot verfielen. Andererseits sah ich solche, die bei Wehen des Nordwindes sofort auch in der Stube Asthma bekamen. Endlich solche, die durch Zorn, traurige Botschaft, Trinken süßen spanischen Weines u. dgl. oder auch wenn sie ausgescholten wurden, sofort ɪn scheußliches Asthma verfielen.

11. Gedankenlosigkeit der Tradition. Die Schulen haben sich nun immer vorwiegend mit den körperlichen Dingen abgegeben und halten große Stücke auf ihre Säfte. Überall geben sie einem in die Lungen herabfließenden Schleim die Schuld; daß aus dem Uterus widrige Dämpfe aufstiegen, die aus sich heraus wie anderwärts aus dem Magen einander verwandte Gase erzeugten, mit denen sie allen Schleim hervorbrächten und damit zur Ursache des Asthmas würden. Diesen schädlichen Dämpfen sprachen die Schulen freien Weg zu, überall hindurchzudringen, wo doch nicht einmal die Luft freie Bahn hat. Was aus der Möglichkeit zu ersehen ist, freiwillig den Atem anzuhalten.

12. Eitle Bemühungen. Ja obgleich solches nur beim feuchten Asthma Wirklichkeit werden könnte, müht sich ihre Unwissenheit krampfhaft mit Vergeblichem, durch Klistiere, Aderlaß, Fontanellen und Abführung einer Ableitung der erdichteten Dämpfe Genüge zu tun — auch beim trockenen Asthma.

13. Bedeutung der Gebärmutter beim Asthma. Übersehen haben sie also, daß der Uterus mit seinem Herrschereinfluß auf den Wink seines Zornes, seiner Traurigkeit, Furcht usw. die in Rede stehenden Poren der Lunge, wo sie in den Thorax münden — wie im Tode —, verstopft; ganz wie der Mond allein durch den Blick über Wasserfluten herrscht, so hat das Leben und der Aktionsradius des Uterus über das Weib in seiner Ganzheit die Herrschaft. Daraus ergeben sich auch die Unterschiede in Kinnform, Verstand, Muskulatur, Haarkleid, Blut gegenüber dem Manne. Hört dann sein Wüten und der Überschwang der in Rede stehenden Herrschaft auf, so stellt sich sofort freie Atmung her, und zwar meist ohne ansehnlichen Auswurf.

14. Ihre Herrschaft und Abhängigkeit. Nicht aber mit Hilfe von Dämpfen, sondern lediglich durch die Kraft seiner Herrschaft regiert der Uterus das ganze Weib, gleich einem fremden Gaste, der mit dem Körper nur die Ernährung gemeinsam hat und wie der Saft sich zum Baum verhält, dem er eingefügt ist.

15. Der Feind in der Gebärmutter. Im übrigen lebt der Uterus sein Leben für sich und kennt keine anderen Feinde als Gemütsbewegungen. Daher ist er nicht der Seele unterworfen, sondern wütet gegen eine ihm unbequeme Seelenbewegung mit Wirrungen nicht anders als gegen den Körper mit Plagen. Allein Verwirrungen der

Seele bringen den Uterus zu verschiedenartigem Toben, daß er bald gegen die Nerven, bald die Därme, Knochen und Eingeweide und Häute wütet, auch Herz, Haupt, Sinn und Verstand durcheinanderschüttelt. Nicht selten sah ich in großer Marter gekrümmte Sehnen, die von selbst ihr Bereich übersprangen, wunderliche Krämpfe der Muskeln, die mit großem Geschrei bewegt und zerrissen wurden, ja sogar ernstliche Verrenkungen selbst der Knochen. So sah ich auch Schlaganfälle, Lähmungen, Fallsucht, Gelbsucht, Wassersucht, Bauch- und Kopfschmerzen, Besinnungslosigkeit und eine ganze Schar von Krankheitstyrannen dem Uterus entspringen.

16. Irrtum in der Unterscheidung. Diese sind — von den Schulen mit den für Männer wirksamen Heilmitteln vergeblich behandelt — vernachlässigt worden, und man hat sie lediglich auf die asthmatischen Erstickungsanfälle bezogen, als ob in einer Art Sonderrecht lediglich die Kehle dem Uterus gehorche.

17. Das Weib leidet jede Krankheit doppelt. Viel Mitleid verdient wirklich das Geschlecht, das uns zur Hilfe für soviel notwendige Ereignisse beigegeben, dafür noch soviel Leiden ausgesetzt ist. Wie es einmal alle Krankheiten vom Uterus her erduldet und dann noch dieselben Krankheiten als allgemein menschliche abermals zu bestehen hat, so hat dieses unschuldig fromme Geschlecht doppelte Sühne für Störungen des natürlichen Lebensablaufs zu ertragen, wie man an manchen beklagenswerten Frauen sieht. Aber glücklich auch wiederum, weil es geduldig die Drangsal trägt und so dem Gottessohn näherkommt.

18. Einteilung des Asthmas. Es gibt also noch eine Art von Asthma, die beiden Geschlechtern gemeinsam ist. Es zerfällt aber wiederum das Asthma je nach Art der Ausscheidungen in ein trockenes und feuchtes.

19. Bisherige Unkenntnis des Asthmas. Bisher waren Ursachen und Entstehungsweise des Asthmas in den Schulen unbekannt; folglich auch die Therapie desselben unvertraut.

20. Uneinsichtigkeit der Ärzte. Gott sei Zeuge und Richter zwischen mir und den Säftefanatikern ob der bedauernswerten armen Kranken, denen mit den unglücklichen Folgen der Unwissenheit übel mitgespielt wird, die schließlich der Hoffnung beraubt, mit leerem Geldbeutel, verlassen und betrogen dastehen. Hin und her gehetzt von eitlen Kurpfuschereien, stehen sie starr angesichts der lächerlichen Therapie, die man jahrhundertealter Erfahrung und Bücherstapeln entnimmt. Wo doch gar nicht so selten alte Weiber oder Marktschreier Heilung bringen.

Die Klagen der Kranken bleiben von den Schulen unbeachtet. Sie hören zwar ihr Jammern, aber gehen mit den Leviten nach Jericho und müssen doch zu ihrem Ärger erfahren, was sie nicht hören wollten: Daß sie von Tag zu Tag ihre Kranken unglücklicher machen. Dennoch weichen sie nicht um den Fingernagel von der Tradition ab. Daß sie doch nur einmal ernstlich für das ihnen anvertraute Leben ihrer Mitmenschen nachdächten!

Das Solidaritätsgefühl mit den alten vorurteilsvollen Meistern der Heilkunde kommt ihrer Trägheit entgegen. Daher schämen sie sich auch nicht weiter, kurz Unheilbarkeit anzunehmen, wo sie mit Aderlaß. Abführmittel, Schwitzen, Klistier, Fontanelle, Erwärmung, sauren Mixturen, alles schwächenden Dingen, nichts erreicht haben.

21. Geschichte eines asthmatischen Bürgermeisters. Vom Asthma seien zunächst einige *Krankengeschichten* mitgeteilt. Die meiner Erzählung folgen, werden dann alles besser und erfolgreicher durchdenken können.

Der Bürgermeister einer Großstadt, 50 Jahre alt, einem Trunke nicht abgeneigt, von kräftigem Bau, fällt einst von einer Schiffstreppe auf die Schulter und den Hinterkopf, ist bewußtlos, kommt danach wieder zu sich, um sich 8 Monate wohl zu befinden. Dann befällt ihn leichtes Fieber, er läßt einige Tage vom Trunk, da ihn im Fieber Atemnot ergriffen hat. Die Anfälle wiederholen sich einige Male Tag und Nacht und bedrohen ihn mit Erstickung. Sie endigen ohne größeren Auswurf. Die Nacht, die dem Asthmaanfall vorausgeht, verbringt er schlaflos und unruhig, mit trockenem Munde, Vorwehen von Fieber, erstaunlichem Harnfluß und meist dreimaligem Abführen. Am folgenden Morgen ist der Atem schlagartig wie abgeschnitten, er hebt die Schultern wie Flügel, preßt beide Hände aufs Bettgestell, um die Schultern leichter und höher zu heben. Das Gesicht glüht, die Augen springen vor. So bringt er einige Tage und Nächte schlaflos hin und kämpft mit dauernd drohender Erstickung. Endlich nach Beendigung des Anfalls ist er völlig wohl, ißt, geht spazieren, steigt Berge, jagt, reitet, reist. Ja, er erinnert sich nicht daran, jemals in seinem Leben Kopfschmerzen gehabt oder an Brustbeschwerden und Husten gelitten zu haben.

22. Geschichte eines vornehmen jungen Sportsmannes. Ein junger, bisher immer gesund gewesener Studiosus von 24 Jahren und untadelhaftem Lebenswandel, aus edlem Geschlechte und Liebhaber der Jagd, rüstig zu Fuß und schneller Läufer, kommt nach Brüssel, erleidet nach einem Weg von drei kleinen Meilen und einer geringen Mahlzeit bei seiner Schwester zum erstenmal einen Asthmaanfall und hat dann jeden dritten Tag mit Erstickungsfurcht und Todesschweiß zu kämpfen. Bald wird er, ohne Auswurf zu haben, wiederhergestellt und kehrt rasch in voller Gesundheit nach Hause zurück. Dann wagt er während zweier Jahre überhaupt nicht sich hinzulegen, sondern verbringt jahrelang die Nächte neben dem Herde sitzend. Denn wenn er sich legt, erhebt sich sofort das latente Asthma. Auch drohte manchmal der Anfall, ja begann sogar, aber setzte sich nicht fort und quälte ihn einmal grausamer, dann auch wieder weniger. Der Mondwechsel brachte Verschlimmerung, so auch Wettersturm, den er vorher fühlte und voraussagte. Im Sommer waren die Anfälle stärker und häufiger als im Winter. Jedenfalls sind sie heute stärker und öfter als anfangs. In den anfallsfreien Tagen geht er spazieren, läuft, reitet, jagt und lebt wie ein Gesunder, doch nachts wagt er nicht, sich niederzulegen. In gebirgigen Gegenden geht es ihm schlechter, deshalb traut er sich nicht, in Brüssel zu übernachten. Einige Stunden vor dem Anfall hat er salzigen Speichel, fühlt Zähne und Zahnfleisch sich zusammenziehen, den Darm mit großem Geräusch arbeiten, empfindet Schmerz zu beiden Seiten, entleert häufig reichlich wässerigen Urin und auch drei- oder viermal ziemlich flüssigen Stuhl, und endlich ergreift ihn das Asthma, als sei ihm ein Strick umgeworfen, und bei jedem Male droht während des ganzen Anfalls Erstickung. Schließlich bringt er leicht und ohne Husten vier- oder fünfmal schaumigen Auswurf hervor und ist befreit, als sei ihm der Strick wieder abgenommen. Er schließt aus der Heftigkeit der vorausgehenden Zeichen auf die künftige Stärke des Anfalls.

23. Geschichte eines Kanonikus. Ein Domherr in gesetztem Alter ist fast den ganzen Sommer über asthmatisch, im Winter frei davon. Sobald er an Asthma erkrankt, juckt ihn der ganze Körper und schuppt sich wie beim Aussatz. Er erzählt von seiner Mutter und einer Schwester, die am gleichen Übel leiden. Jene sei auch daran gestorben, diese nach der zweiten Geburt spontan davon geheilt gewesen.

24. Geschichte eines Mönches. Ein Mönch, Laienbruder, des Ordens Sanct. Franciscus de Paula, hatte bei dem Abbruch eines Gebäudes zu arbeiten. Sobald darauf irgendwo gefegt wurde oder sich Staub erhob, fiel er sogleich nieder, als müsse er ersticken. Dabei ist er bei Bewußtsein, liegt aber da wie ein Sterbender mit fast völlig verschlagenem Atem. Fortan konnte er nur im Sitzen schlafen. Wenn er in Öl gebratene Fische (entsprechend den Ordensregeln und seinem Gusto) aß, fiel er sofort atemlos zusammen, einem Erstickten ähnelnd. Er behauptet, die Zeichen des drohenden Asthmas zu merken wie der oben erwähnte Jäger. Durch Vorzeichen werde er über den künftigen Anfall und seine Schwere benachrichtigt. Und zwar dann, wenn das Asthma von selbst und nicht von Staub oder Speise entsteht.

25. Geschichte eines Bürgers. Ein höchst ehrenwerter und ehrbewußter Bürger war von einem großen Herrn mit Schmähreden beleidigt worden. Er konnte ihm aus Furcht, ins äußerste Unglück zu kommen, nicht gebührend antworten. Er steckt schweigend die Schmach und Schande ein, doch bald darauf entsteht Asthma, das bei sonstiger Gesundheit in einem Zeitraum von zwei Jahren immer mehr zunimmt. Schließlich geht er in wenigen Tagen an einer Wassersucht mittleren Grades zugrunde.

26. Geschichte eines Sechzigjährigen. Jemand hat als Knabe schon bald nach der Geburt zwei Jahre lang mit Quartanfieber zu kämpfen, macht eine Krisis mit reichlich Stühlen durch und ersteht —

schon für einen Todeskandidaten gehalten — gegen aller Erwartung und trotz schwerer Epilepsie. Als Jüngling ist er durchaus munter, wenn auch zart. Kurz nach der Mannbarkeit merkt er Atemnot beim Schnellauf, die er auf sein bequemes weichliches Leben bezieht. Als Mann hat er einen kleinen Tanz gleich mit ziemlicher Atemnot zu büßen. Um das fünfzigste Jahr herum merkt er richtiges Asthma, das sich bis zum sechzigsten noch verstärkt. Von Jugend an hatte er eine deutlich angegriffene und dabei schmerzende Milz, so daß ihm der Ritt einer Tagereise beschwerlich fiel wegen der Erschütterung der Milz; er ermüdete besonders, wenn er tagsüber als Kurier tätig gewesen. Die Fallsucht, die nur bei stärkeren Anlässen hervortrat, übrigens einige Jahre latent war, ging nicht mit Krämpfen, sondern nur mit Bewußtlosigkeit einher. Er hatte eine Art Freudegefühl um den Magenmund und fiel dann gleich um. Nur selten hatte er Husten, dagegen häufig noch aus seiner Jugendzeit Auswurf. Das Sputum enthielt bläuliche Tröpfchen, flüssigem Tragacanth ähnlich. Während des Sommers war der Auswurf spärlich, reichlicher bei Kälte, so daß er in höherem Alter den Winter über stärksten Auswurf hatte. Endlich schon ganz asthmatisch, konnte er doch mit einem Atemzug den ganzen Psalm: De profundis vorlesen, allerdings nicht sehr schnell, wenn er nur saß. Er geht auch in der Ebene eine Meile ziemlich schnell. Doch wenn er einen selbst nur leicht ansteigenden Pfad, wenn auch langsamen Schrittes geht, fließt sofort der Speichel, er wird kurzatmig, engbrüstig, das Herz schlägt, der Puls verliert den Rhythmus. Die Zunge wird hinten trocken, an den Zähnen voller Schaum. Die Knie wanken infolge und je nach Stärke des Asthmas mehr oder weniger, während er doch vor dem Asthma recht beweglich und kräftig zu Fuß war. Im übrigen bei Sitzen, Stehen, Umhergehen im Hause ist er nie kurzatmig, wenn er nicht steigt. Sobald er sich eine ausgedehntere Mahlzeit angetan hat, wird er in der Nacht kurzatmig, die Brust zieht sich zusammen, der Larynx macht ein dauerndes, röchelndes und gurgelndes Geräusch. All das hört beim Sitzen bald wieder auf, leicht wirft er einigen Schleim aus und legt sich dann erleichtert nieder. Eine schmale Mahlzeit aber gibt dem Magen Ruhe und der Lunge Frieden. Er merkt, daß das Asthma Sitz und Ursprung habe zwischen dem Magenmund und dem Nabel. Was alles ich lang und breit bringe, damit man den Ursprung des Asthmas deutlich erkenne.

27. Wo sitzt das Nest beim trockenen Asthma? Mithin beruht das Asthma sowohl bei dem Bürgermeister wie bei dem Bürger, Jäger und Domherrn auf einem angriffskräftigen Keime (Samen), der Wurzel schlug und Heimat fand im Spiritus eines Eingeweides. Die Eigenschaft aber jenes Keimes ist, die Poren der Lunge zusammenzuziehen, durch die sie die Atemluft in die Brusthöhle läßt. Daß eine solche Zusammenziehung stattfindet, merkt man sofort an Zähnen und Zahnfleisch. Denn der Keim ergreift den ganzen Körper, da er sich mit Hilfe des allen gemeinsamen Werkzeuges, des Archeus, verteilt. Darum lassen die Nieren Urin, löst sich Stuhl, gurrt der Darm, leidet die Blutbereitung, schlägt das Herz und endlich zieht sich die Lunge zusammen, nicht anders wie der Hodensack beim Stuhldrang.

28. Warum im Duumvirat? Es liegt aber der Sitz des Asthmas im Duumvirat (über das ich gesondert handeln will), in dem die Regulierung des ganzen Organismus beschlossen ist. Denn das Übel hätte nicht unmittelbar seinen Sitz im Spiritus influus, und könnte mit einem Anfall beendet werden, wenn es nicht tiefe Wurzeln geschlagen hätte, um sich so zu wiederholen und dauernd zu beharren. Nun kann aber das eigentliche Wesen der Krankheit, das in einem festen Teil schlummert, nur da fest eingeprägt sein, von wo die Regulierung des Körpers ausgeht und dem das Regiment des Zentrums zukommt.

29. Asthma die Epilepsie der Lunge. Darin ähnelt das Asthma der Fallsucht, wohlgemerkt, nicht weil es den Verstand ergreift, die Nerven krampft oder Bewußtlosigkeit erzeugt, sondern weil es an einer Stelle latent vorhanden ist, von der aus es, wie mit einer Kontagion den Archeus verderbend, wo nicht die Nerven, so doch die Lunge zusammenzieht. Denn es betrifft vorwiegend dieses Glied; wenn es auch gleichzeitig Blutadern, Nieren und Leber zusammenzuziehen scheint, so macht sie sich doch nicht an diesen so bemerkbar wie am Erstickungsgefühl.

All das zeigt sich klar bei dem Bürger und alten Manne von sechzig Jahren. Dieser bot eine von Jugend auf angegriffene Milz dar, gleichzeitig epileptische Anfälle, bei freier Lunge. Bei jenem weist der Streit zwischen Scham, Zorn, Rache und der schließlich sich durchsetzenden Vernunft auf die Verletzung desjenigen Organs hin, in dem die ursprünglichsten Gedankenbewegungen ihren Sitz haben. So sei es gestattet, mit philosophischer Freiheit das Asthma die Fallsucht der Lunge zu nennen. Sie hat ihren Sitz im Duumvirat, ist eine Erkrankung des ganzen Organismus, insofern sie alle Glieder vor dem Anfall beeinflußt und den geistigen Lenker des Gesamtkörpers erschüttert. Auf dem Gebiet der Brusthöhle betätigt sie vorzüglich ihre Folgen, betrifft die Lunge selbst im besonderen, gleichsam als eigentliches Ziel und ihr zugeschriebenes Objekt.

30. Art des Asthmagiftes. Diese Fallsucht der Lunge beruht auf Giftwirkung, weil sie durch ihre Eigenart die Lunge ergreift, nicht anders als die Canthariden die Organe der Harnbereitung. Es ist ein Gift, welches den Kopf und den ganzen Menschen epileptisch machen kann, und viel zu eigenartig und wunderbar, um nur die Lunge zur Zusammenschnürung zu bringen. Doch ist es zu schwach, um gleich Epilepsie hervorzurufen, wenn auch die Heilmittel für den erwachsenen Epileptiker gleicherweise den Asthmatiker heilen.

31. Geschichte einer Gräfin. Vom Uterus sah ich ein Gift ausgehen, das isoliert die Kehle zusammenschnürte, so bei einer Edelfrau, die drei Monate lang kaum etwas herunterbrachte. Ich kam hinzu, er-

kannte das Leiden, und bald heilte sie Gott. Vor Hunger und Magerkeit litt sie an dauernder Fallsucht und hatte in 37 Tagen nicht
mehr Stuhl gehabt als von der Größe einer Eichel.

**32. Anderer Angriffspunkt des Giftes bei jenem Bürgermeister als
beim Sportsmann.** Bei dem Bürgermeister saß das Gift in der Milz,
deswegen begann auch das Leiden mit Fieber, und so beginnt es immer,
weil es dort mit Fieberstoffen zugleich verarbeitet wird. Beim Jäger
saß es um den Magenmund, und als es ihn ergriff, blieb er vom Beginn
mit Fieber frei. Daher begann der Anfall nach Art der Fallsucht, er
wiederholt sich alle Tage, weil der Keim des Asthmas dem Teil entspringt, der den Rhythmus des Herzens auslöst. Darin stimmt er auch
mit den Extremen der Witterung überein, wenn er sich auch nicht so
genau nach ihnen richtet. Denn überall muß er seine Reife erwarten
und die Vermischung mit dem Spiritus des Gesamtorganismus. Deswegen befördern gebirgige und sommerliche Orte die Reife und be-
schleunigen das Auskeimen jenes Samens, wenn er auch manchmal
im Winter und in Sumpfgegenden leichter zum Ausbruch kommt,
anderswo wiederum ruhet, weil er eine Fiebergegend bevorzugt, die
das einwohnende Gift rascher zur Reife und zum Ausbruch führt.

33. Samen und Frucht des Asthmas, worin sie unterschieden.
Daher liegt im eigentlichen Sinne im Samen selbst das Asthma und
die Fallsucht der Lunge beschlossen. Ist er im Stadium der Reife,
so gleicht er schon dem Apfel jenes Baumes, der Frucht jener Wurzel,
ist Akzidens und Produkt des verborgenen Leidens.

34. Warum es plötzlich einfällt. Und weil es ausbricht mit der
Gewalt vitaler Herrschaft und nach Art astraler Einflüsse, kommt es
plötzlich — gleich einem um den Hals geworfenen Strick — über
einen. Asthmatiker ist man nämlich sowohl während wie außerhalb
des Anfalls: denn man hat das wahre Asthma in sich, wie ein Birn-
baum im Winter wie im Herbst, wo er die Birnen auch wirklich trägt,
ein solcher ist.

**35. Warum das trockene Asthma nichts mit dem Katarrh zu tun
haben kann.** Ich denke, es ist genugsam dargetan, daß die in Rede
stehenden Asthmaformen ihren Ursprung keinem Herabfluß von
Schleim in die Lunge verdanken oder einem vermeintlichen Katarrh,
da sie plötzlich entstehen und ohne merklichen Auswurf sich lösen,
der die Lunge hätte angreifen können. Ja, wenn zum Schluß eine
Kleinigkeit ausgeworfen wird, so ist dies nichts Ursächliches oder
Gelegenheit Gebendes. Vielmehr spielt es die Rolle eines Produktes —
einer Folgeerscheinung der starken Zusammendrängung und Beschädigung, die die Lunge erlitten hat.

36. Keine Heilmittel für den Kopf anzuwenden. Der Roheit daher
zu zeihen, wollte ich ein Heilmittel für den katarrhbehafteten Kopf
oder den ausdünstenden Magen in Vorschlag bringen.

37. Wert der Mittel. Es lerne also jeder, der ein beherzter Christ sein will, daß vergeblich angewandt sind beim Asthma (besonders dem trockenen) die auswurferregenden Mittel, eitel, daß man mit Hilfe von Lecksäften, Sirupen, Aderlaß, Abführmittel, China-, Zarza-, Sassafrastränken (die man irrig als austrocknend bezeichnet), durch sparsame Diät, Schwitzen, Bäder, Fontanellen versucht, die erste vorausgehende oder auch nur die während des Anfalls wirkende Ursache, die aus dem Magen sich erhebe oder in materieller Form aus dem Kopfe herabfließe, zum Aufhören, Rücktreiben, Entleeren, Aufbrauchen oder zur Ablenkung zu bringen. Vergeblich auch jene unbestimmten, dem Husten unterschiedslos verordneten Heilmittel, die schwankenden Glückszufällen abgesehen worden sind, eitel bei solchen Leiden auch die von der Chemie erbettelten Schwefelblumen, sie mögen sublimiert sein wie sie wollen, und ebenso die verfälschten Mittel daraus extrahierter Milch und Tinkturen, obgleich sie auf Grund der ausgedehnten Zurüstungen mehr versprechen und Wahrscheinlicheres hoffen lassen. Auch die Eitelkeit des Gebräus und die Leere der Versprechungen des mit Huflattich und anderen Lungenmitteln versetzten Weines ist mir lange aufgegangen.

38. PARACELSUS' Lehre vom Asthma. Nach Erkenntnis der wahren Ursache durchschaute ich auch des PARACELSUS' Ausführungen über das Asthma als Prahlerei des Verfassers mit seinen Heilmitteln aus dem Weinstein, Schwefel, Melissen.

Noch ungereimter befand ich die Niespulver, die Schleimlösungsmittel der Alten, die Kräutermützen u. dgl. Grausam aber die Abführmittel und Aderlässe, da sie die Kräfte rauben.

39. Hinterlist der angewendeten Mittel. Ich erkenne zwar an, daß mit diesen Mitteln die Anfälle gelindert, auch milder und in die Länge gezogen werden, und daß auch ich mich habe einstmals dadurch täuschen lassen; aber später reute mich ernstlich meine Torheit, und ich räume ein, Larven und Deckmäntel den Krankheiten umgeworfen, niemanden geheilt und alle betrogen zu haben, die sich meiner Unwissenheit anvertraut haben.

40. Eigentliche Mittel des Asthmas. Vom Sturm der allgemeinen Unwissenheit gleichsam als unnützer Schaum ans Ufer geworfen, wunderte ich mich sehr, daß die Schulen mit ihren ausgezeichneten Köpfen nicht den Vorurteilen der Alten Valet sagen können. Wird doch das Asthma lediglich mit Hilfe des Arcanums niedergekämpft, das alle Pfade des Körpers ganz und gar durchdringt, nichts unberührt lassend, daher wird die Fallsucht mit dem Asthmaheilmittel vertrieben und alles, was in den Schlupfwinkeln des Körpers unmittelbar seinen Sitz hat. Podagra und ähnliche Krankheiten nehme ich aus, die unmittelbar im Lebensgeist Aufenthalt nehmen.

Als ich nun in stummer Ehrfurcht vor den großen und ehrwürdigen Geistern meine Kleinheit bedachte, da warf es mich auf mein Angesicht, und ich mußte lobsingen in stiller Rede dem Vater des Lichtes, daß er dem Geringen Weisheit verliehen, die er den Weisen dieser Welt verborgen hatte. Denn allein von dem Erbarmer Gott hängt es ab, nicht vom Wollen, Streben und Arbeiten. Ihm gehört alle Ehre und Ruhm.

41. Die Zufallsmomente bei Entstehung des hysterischen Asthmas. Wenn nun liebliche Gerüche Traurigkeit, wie süße Sachen Asthma verursachen, so möchte ich das nicht so verstanden wissen, als ob aus diesen Momenten heraus für sich allein Asthma entsteht; weil bei den einen Frauen diese Dinge höchst angenehm und unschädlich sind, bei anderen wiederum an Stelle von Asthma, Kopfschmerz, Herzklopfen, Ohnmacht hervorrufen (denn jedes von ihnen erwächst aus einem bestimmten Toben des unsinnig gewordenen Uterus).

42. Geschichte eines Presbyters. Ein wohlhabender Priester von gutem Lebenswandel — nienals hatte er Exzesse in Wein oder Venus begangen — wird plötzlich heiser, verliert Ton und Stimme, kann Worte nur noch tonlos herausbringen. Die Heiserkeit macht ihn atemlos, und nach einem Jahr stirbt er.

43. Mittelform zwischen trockenem und feuchtem Asthma. Nach Eröffnung des Leichnams wurde der linke Lungenunterlappen bimssteinhart befunden und innen, als ob eine verstopfende Masse ihn zur Schwellung und Verdickung gebracht hätte. An der Teilungsstelle der Luftröhre saßen käsige Massen, von einer Konsistenz zwischen Knorpel und Bimsstein und mehrere über das Lungengewebe diffus verteilte Steinchen. Dieser Mann hatte dauerndes, nicht aber anfallweise wiederkehrendes Asthma, dabei aber nicht allzuviel Auswurf. Offenbar ist der spezifische Nährstoff der letzten Verdauung durch ein fremdes Ferment zur Gerinnung gebracht worden, und daher das Asthma als eigenartiges Mittelding von feuchtem und trockenem entstanden.

44. Das feuchte Asthma als Berufskrankheit. Bergleute, Metallschmelzer, Scheider, Münzarbeiter, Chemiker, so auch Kunstschmiede, Gold-, Bleiweiß-, Mennige-, Grünspan-, Zinnoberarbeiter, Vergolder werden auch bald alle vom Asthma ergriffen, da ein mit der Luft eingeatmetes Gas die Verzweigungen der Luftröhre in bezug auf die sechste Verdauung schädigt. Daher kommt es, daß anstatt der Assimilation des spezifischen Nährstoffs dieser sich ganz in Ausscheidung umwandelt gemäß den Eigenschaften eines verwandelnden Ferments. Durch Zurückhaltung und Vorhandensein des Abfallstoffs werden die erwähnten Kanäle geschlossen. Da aber nun die sechste Verdauung selbst in ihren Lebenskräften durch den feindlichen Einfluß oder auch durch seine wirkliche Berührung geschädigt ist, so entsteht täglich, ja stündlich neues Exkrement — bis zum Tode, der dann droht, wenn die Austreibekraft des Hustens mit der Bildung des Exkrements nicht Schritt halten kann. Dann ersticken die Leute an ihrem Asthma. Einiger Minerale Dunst erstickt sofort kraft seiner Eigenart nicht anders als die sizilische

Grotte den Hund. Denn der Dampf des Mercur (der — wenn auch larviert — Mercur ist und bleibt) verschließt und verkrampft sofort den Kehlkopf. Zieht sich doch die Kehle sofort zusammen bei Gegenwart des Feindes, in Abscheu vor dem Gift.

45. Feuchtes Asthma von Luftkeimen. Jedenfalls verdirbt jeder schädliche Dunst — eingeatmet — die Verdauung der Lunge. Ihre Abfallstoffe, Zeugen der erlittenen Schädigung, bringen die Tragödie bald zu Ende, wenn sie zäher anhaften, weil sofort neue Generationen von Exkrementen nachwachsen. Hat die Lunge nun ein in der Luft befindliches Dunstgift aufgesogen, so liegt sie danieder und erzeugt Asthma. So ruft auch starke Kälte, sofern sie die Kräfte der Lunge übersteigt, feuchtes Asthma hervor, weil sie die lokale Verdauung vollkommen zerstört.

46. Geschichte eines rasch erstickten Asthmatikers. Ein anderer Asthmatiker erstickt plötzlich, obschon er den Auswurf richtig herausbrachte. Man hat die Sache anatomisch untersucht. Auch nicht die geringsten Auswurfstoffe fanden sich in den Lungen. Aber die rechte Lunge war hinten mit der Pleura verwachsen. Die Ärzte glaubten damit das Rätsel gelöst und gaben sich zufrieden: Das, sagten sie, ist die Ursache des plötzlichen Todes. Denn, weil die Lunge sich nicht bewegen konnte, ist er erstickt und zugrunde gegangen.

47. Irrig den Pleuraverwachsungen Bedeutung beigelegt. Obschon damals noch junger Mensch, fühlte ich mich belustigt, denn ich konnte nicht glauben, daß die Lunge (die ich damals noch für dauernd und notwendig bewegt ansah) in einer kleinen Stunde so fest angewachsen sein sollte — besonders im Sitzen, da doch eine Hernienöffnung nach Zurückbringung und fest zusammengepreßt, so wenig geneigt ist, zusammenzuwachsen, sogar nicht mal bei Bettruhe. Und dabei wäre die Vereinigung dieser getrennten zusammengehörigen Teile doch im Sinne der Natur. Nicht so bei Lunge und Pleura, die eine weise Natur voneinander trennte.

Noch viel mehr erkannte ich die leichtsinnige Unbedachtheit der Schule, wenn ich plötzlich verstorbene Soldaten daraufhin seziert habe. Dort sah ich, daß trotz voller Gesundheit und ohne jede vorhergegangene Atemnot die Lunge den Rippen hinten angewachsen war. Unter anderem war ein rascher Läufer aus Irland, Page des Markgrafen von Winchester, durch Dolchstich getötet worden. Seziert, zeigte er beide Lungen mit den Rippen verwachsen. Sollte man das für Mißbildungen halten, so muß man doch die Übereinstimmung mit den normalen Verhältnissen bei den Vögeln zugeben.

48. Die Anatomie, auf faulem Grunde erbaut, lächerlich. Die Anatomen nämlich, die die erdichteten Humores nirgends auffinden, behaupten doch, mit dem Messer die Ursachen aller Krankheiten aufzudecken. Zunächst sind sie erstaunt, dann ernstlich empört, daß der Tod ohne ihre Erlaubnis eingetreten ist. Und dann, als ob ihr Messer Hoffnung und Heilmittel brächte, freuen sie sich, im Leichnam einen Körperteil gefunden zu haben, dem man den Tod zuschreiben kann. Dann rufen sie: Dieses edle Glied hat schon lange durch seine Verderbnis versagt. Es steht nicht beim Arzte, einen derart krankhaften Zustand zu beheben. So pflegen die Ärzte ihren Irrtum zu decken und trösten die Hinterbliebenen mit Nichtigkeiten. Die Angehörigen, zum Schweigen verurteilt, entnehmen der Notwendigkeit des Todes Trost.

Wie kann aber die Fäulnis eines Eingeweides viele Monate alt sein, wo doch die Gangrän eines äußeren Teiles in wenigen Tagen den Tod bringt? Der Ort zwar, von dem der Tod Ausgang nimmt, wird langsam dazu vorbereitet, von dem Moment aber, wo er — nicht weit vom Todestermin — zu faulen anfängt, fault er schneller als der tote Körper selbst, da seine Fäulnis durch das warme Milieu befördert wird.

49. Woher der Tod und die plötzliche Erstickung. Ich nahm an, daß jener Asthmatiker zugrunde ging, weil er schon lange von Herzklopfen und Pulsunregelmäßigkeit geplagt war, und diese Schädigungen endlich die Eigenschaften des Asthmas annahmen, dabei die Öffnungen zum Verschluß brachten, durch welche die Lunge die Luft in die Brusthöhle haucht. Denn nirgends tritt der Herrschereinfluß seitens des Duumvirats deutlicher zutage als beim Asthma, der Epilepsie, dem Schwindel, dem Schlagfluß u. ä., wo in den Eingeweiden keinerlei Fehler zu sehen ist, auch nicht die Zurückhaltung des porenverstopfenden Fremdkörpers erkennbar ist.

50. Was am Asthma eines Sechzigjährigen bemerkenswert. Ich kannte einen alten Mann, der bei längerem Verweilen und Nachdenken im Bette bald schwer atmete; es ließ sich Röcheln mit Schleimrasseln vernehmen, und er sah sich zu aufrechtem Sitzen genötigt, um all das zu mildern. Und auch wenn er im Liegen viel auswarf, so kam nichtsdestoweniger weiteres hinterher. Sobald er Unbehagen am Magenmund fühlte, war auch Engigkeit der Lunge da, und unaufhörlich zeigte sich Auswurf infolge von Verschluß der Lungenporen.

Ist doch bei aufgerichtetem Thorax der größte Teil der Poren frei, und deswegen schafft aufrechtes Sitzen Erleichterung. Und deswegen ergänzte sich reichlich der Auswurf, solange die Verstopfung der Poren anhielt. Das entnahm die Urteilskraft dem gesunden Sinne.

51. Bedeutung schädlicher Nahrungszufuhr. Wenn nun diese Striktur dann entsteht, wenn man etwas Schädliches gegessen hat, so ist uns das ein Zeichen, daß das erregende Moment derselben nicht an der Lunge, sondern anderswo hänge, und ebenso die Erzeugung der Schleimmassen. Vom Magenmunde, möchte ich behaupten, gehen die ersten Erregungen aus, und er führt mithin den Namen des Herzens[1], weil er die gleichen Zufälle hervorbringt wie dieses.

---

[1] Anspielung auf die Nomenklatur: Cardia, Cardialgie usf.

Daher erregt Wachen mit angestrengtem Nachdenken das schlummernde Asthma wegen Beschwerung der dem Denken gewidmeten Teile[1]. So werden auch die Schwindelanfälle infolge abendlichen Weinrausches oder von Seekrankheit durch Erbrechen behoben. Nicht weil das Ausgespiene in sich die Ursache der Drehbewegung schließt, sondern weil es im Magenmund das Duumvirat stört.

52. Ursprung dieser Asthmaform aus der Milz. Nun zu dem Sechzigjährigen! Dieser litt zunächst niemals an Atembeschwerden, nur bei schneller und ansteigender Bewegung. Sonst hat er offene, freie und ausreichende Atmung, so daß er ein Asthma im eigentlichen Sinne nicht hatte. Denn wenn er auch eine zarte, gegen Kälte empfindliche Lunge besaß, die in kalten Zeiten viel Schleim bereitete, so litt er doch wohl mehr an Husten als an Asthma. Warum aber hatte er Atmungsschwierigkeit bei der Bewegung? Etwa infolge einer Vomica oder eines geschlossenen Abscesses? Daß keines von beidem in Betracht kommt, geht schon daraus hervor, daß er in Ruhe weder Brustschmerz noch Atembeschwerden verspürt. Was bei ihm besonders zu bemerken, ist das viertägige Fieber, von seiten der Milz, das, von der Kindheit zurückgeblieben, ihm öfter Bewußtlosigkeit zuzog. Aus dieser Schwäche und dem Danniederliegen der Lunge, die bei Fehlen des Schlafes durch Gedankenarbeit belästigt, lauter Schleim bildet, ergibt sich, was ich andernorts sagte, daß die Lunge das Primum moriens sei, besonders bei diesem von Jugend auf mit Katarrh behafteten Manne.

Und wenn nun die Lunge, die durch tausend Poren ihre Luft in die Brusthöhle haucht, fünfzig derselben verstopft findet, sollte dann nicht in kalter Jahreszeit gelegentlich Auswurf entstehen?

53. Gegen die Ansicht der Schulen über die Bedeutung der Aufwärtsbewegung beim Asthma. Aber hierdurch wird die Frage nicht gelöst, warum er bei schnellem Schritt bergab oder in der Ebene nicht ebenso wie bei langsamem Ansteigen Atemnot hat. Oder warum ihm dann das Herz schlägt. Die Schulen sind hier recht schnell mit einer Ursache bei der Hand: Weil jede Bewegung zwangsläufig Dämpfe errege und deswegen, je schwerer die Bewegung, desto reichlicher die Dämpfe, zu deren Austreibung auch die erregte Atmung benötigt wird. Aber damit sagen sie nichts. Denn nimmt man ihre falsche Voraussetzung fort, so bleibt die Frage wie vorher. Denn warum erregt der rasche Lauf in der Ebene und der noch schnellere, mit Erschütterung des ganzen Körpers verbundene bergab nicht soviel Dämpfe wie das langsame Besteigen einer sanften Anhöhe? Denn die Beschwerlichkeit langsamen Aufstieges liegt nicht bei den Eingeweiden, auch nicht der Lunge, sondern bei den Schenkeln. Müßten nicht also in den Beinmuskeln die reichlichen Dämpfe entstehen, die den Thorax zur Atemnot, das Herz zum Klopfen bringen?

---

[1] Vgl. Funktionen des *Duumvirats* S. 69, 115 und des *Hirns* S. 159.

Sollten die Dämpfe den Weg von der Oberfläche ins Innere zurückgehen, sie, die die Natur durch die Poren lieber heraustreibt als hineinzieht?

54. Vierfache Ausdämpfung. Dann sollen sie doch erklären, was sie unter dem Worte Fuligines verstehen. Von ihnen unterscheidet ARISTOTELES nur zwei Arten, den feuchten, welchen er Wasserdampf nennt, und den trockenen oder öligen, welchen er als Ausdünstung wertet. Die Chemie fügte noch einen dritten, den Peripatetikern unbekannten hinzu. Da es der betreffende Körper selbst ist, der von den mit ihm zusammenhängenden Dingen als Rauch emporsteigt und sich den Gefäßwänden anlegt, wird er Sublimat genannt. So liefern Schwefel, Arsen, Campher, Mercur, Wismuth, Zink, Salmiak ihre Ausdünstungen, die nichts anderes sind als die Substanzen selbst. Ich habe noch eine vierte Art Dampf hinzugefügt, der dann entsteht, wenn durch die Kraft einer Gärung ein fester Körper sich in Dampf oder Gas silvestre umwandelt. Weil aber die Peripatetiker nur die ersten beiden Arten kannten, haben die galenischen Schulen beide unterschiedslos unter den Namen der Fuligines begriffen. Aber daß die wässerigen Dämpfe vor allem nicht hierhergehören, entnehme ich aus folgendem:

Wenn zu Sommerszeit der Schweiß auch bei ruhendem Körper stärker fließt, so müßte das die asthmatischen Beschwerden mehr verstärken als eine Bergsteigung bei kälterer Luft, was nicht der Fall ist. Wenn sie nun unter Fuligo eine trockene Ausdämpfung verstehen, so ist sicher, daß diese nur entsteht, wenn die wässerigen Dämpfe nicht vorhanden sind. Da dies im Leben auf diese Weise nicht geschieht, sicherlich auch wegen des Fehlens von Fuligo, so verstehen sich in bezug auf den vorgebrachten Punkt die Schulen selbst nicht, wie ebenfalls nicht in bezug auf ihre Pulstheorie, wie ich im Kapitel Bewegung des Pulses gezeigt habe[1]. Endlich können offenbar beide Arten von Ausdünstung nicht unter Fuligo verstanden werden. Denn wenn bei gleicher Temperatur Trockenes mit Feuchtem nicht aufsteigen kann oder auch nicht sich trennen kann von dem Ganzen, folgt, daß es die in Rede stehende Fuligines überhaupt nicht gibt.

55. Prüfung mit der Regula falsi. Doch nehmen wir einmal diese unmöglichen und namenlosen Dämpfe als vorhanden an, die durch unmerkliche Ausdünstung von uns ausgehaucht werden sollen, obschon sie noch nicht auf ihre Zugehörigkeit zu den wässerigen oder trockenen Ausdämpfungen geprüft sind — weil die Schulen noch nicht wußten, daß unser ganzes Blut, allerdings durch ganz andere Kraft als die Wärme vergeistigt wird. So wollen wir doch von einer falschen Voraussetzung aus untersuchen, wo denn diese vermeintlichen Fuligines, die sonst bei schnellerem Laufen ruhen, bei gemäßigtem Ansteigen erregt werden. Etwa in der Lunge selbst, damit sie diese zur

---

[1] Vgl. oben Blas humanum S. 171.

notwendigen Ausdünstung anregten? Aber die Lunge bewegt sich niemals, mögen die Beine auf- oder herabsteigen. Und wir sagten, daß bei dem geschilderten Greise die Lunge sonst frei Atem hatte. Wie soll also das Steigen die Lunge so angreifen, daß sie reichlicher Ausdünstung hervorbringe? Wenn diese aber in den Schenkeln als den mehr angestrengten Teilen entstehen, warum ist das Steigen nach dem Essen beschwerlicher als mit leerem Magen? Also meinen die Schulen die Dämpfe von Speisen? Aber warum greifen diese die Schenkel nach dem Essen an? Wenn man aber meint, die Dämpfe entständen reichlicher im Herzen und den Werkstätten der Eingeweide, so heißt dies, den Lebensgeist mit der Fuligo, ein wichtiges Glied mit einem Abfallstoff zusammenwerfen und die Lehren der Schrift von der Bewegung (Blas) im menschlichen Körper für nichts achten. Wenn man die Fuligines für Gerüche und Dämpfe von Speisen hält und sie geradeswegs zum Kopf als Bereitungsstelle des Katarrhs gelangen läßt, so kommen sie doch auf keine Weise zum Herzen, und es ist völlig ungereimt und eine neue Erfindung, daß das Herz durch die Geruchsstoffe der Speisen gereizt werde. Auch ist die Magenwand nicht durchlässig oder gewährt einen anderen Ausgang als in die Speiseröhre und durch den Pförtner, nicht einmal für das Gas, was aufstößt und abgeht, und das noch viel feiner ist als die feuchten Dämpfe. Warum also sollten durch das Steigen, die Bewegung der Beine, Dämpfe entstehen, die das Herz angreifen, Atemnot nach sich ziehen und sonst bei noch rascherer Bewegung auf absteigendem Gelände nicht entstehen?

Wenn sie nun in den Blut- und Schlagadern oder außerhalb derselben gebildet werden, so geht noch nicht daraus hervor, warum langsamere Aufwärtsbewegung mehr Dämpfe in den Gefäßen hervorbringt als schnellere Bewegung derselben Muskeln beim Herabsteigen. Wenn aber der in Rede stehende Dampf außerhalb der Gefäße entsteht, so bleibt außer den schon erwähnten Ungereimtheiten die Frage, auf welchem Wege die Dämpfe so plötzlich zu Herz und Lunge gelangen. Etwa, weil bei einem nicht Kurzatmigen, der rasch läuft, die Dämpfe, wenn solche überhaupt vorhanden, zugleich mit dem Schweiß rascher zur Haut heraus abdämpften, als sie auf umgekehrtem Wege nach innen gelangten?

Darum ist es ein anderer Grund, der bewirkt, daß der Thorax sich zusammenzieht, das Herz klopft, der Rachen austrocknet, obgleich man bei geschlossenem Munde nur durch die Nase atmet, die Zunge an den Zähnen schaumbedeckt ist, die Knie wanken. Es ist das gleiche Moment, wodurch sich die Kranken von allen Lungengesunden und von Husten- und Asthmafreien unterscheiden, obschon auch unter diesen der eine schneller als der andere ohne Atemnot laufen kann.

56. Ausflucht. Unserem Sechzigjährigen wird nun das Bergsteigen schwer, besonders nach der Mahlzeit, und so oft er Atemnot hat, zittern die Knie. Sollte Speise und Trank die Dämpfe erzeugen, denen die Kraft der Knie unterliegt? Wenn dem so wäre, warum begegnet es nicht auch Atmungsgesunden, die die Nahrungsaufnahme nur kräftigt. Aber — werden sie sagen — durch vollen Magen wird der freie Raum in der Brusthöhle beschränkt. Richtig! Aber das heißt, vom Fuligo abgehen und seine Zuflucht zur Engigkeit des Ortes nehmen. Warum sind nicht billigerweise alle Leute nach Nahrungsaufnahme kurzatmig bei mäßigem Ansteigen, wenn bei allen gleicherweise durch die Speise der Brustraum verkleinert wird? Oder dehnt sich gar beim Bergabgehen oder dem Spaziergang in der Ebene der Brustraum aus?

57. Einige Betrachtungen. Die Aufnahme von Speise mag einen Grund für Beschränkung des Atems abgeben. Aber es beantwortet noch nicht die Frage, warum jemand bei maßvollem Steigen kurzatmig wird, der bei schnellerem Lauf in der Ebene bei gutem Atem bleibt. Daß es nach dem Essen schlimmer wird infolge zu großer Enge der Örtlichkeit, ist richtig geschlossen. Doch wird die Lunge nicht von einem mäßig gefüllten Magen gedrückt, so daß sie davon kurzatmig wird.

Wie kommt es, daß der Sechzigjährige trotz Urinlassens, Abführens und Ablassens von Winden trotzdem in gleicher Weise beim Anstieg kurzatmig wird. Er spürt, obschon nüchtern (stärker allerdings nach dem Essen), bei Bewegung aufwärts einen Gürtel um die Brust, Herzklopfen und Pulsunregelmäßigkeit. Und nichtsdestoweniger kann er tief einatmen ohne Hindernis, das heißt, er hat eine offene und freie Lunge, obgleich sie kurzatmig ist, und dann hat er reichlich schaumigen Auswurf. Immer, wenn er kalt ist, hat er viel Sputum, flüssigen, tragacanthähnlichen Auswurf, im übrigen hustet er nur sehr selten.

Bei meinen Vorgängern fand ich nichts Gescheites zur Erkenntnis der Krankheit vor. So habe ich mir gedacht, es müsse bei allen Asthmatikern ein Lungenleiden zugrunde liegen, vielleicht eine exogene, verstopfende Substanz, die sich dort verdichtet, oder ein endogenes Etwas, das sich an den äußersten Mündungen der Luftröhre, wo sie die Luft in den Thorax läßt, kondensiert. Doch keins von beiden wollte mir gefallen, da das Asthma so plötzlich kommt und auch wieder geht ohne nennenswerten Auswurf. Und der genannte sechzigjährige Mann konnte schnell, frei und tief atmen — ohne Hindernis. Auch wenn er in Rauch sitzt, atmet er nicht weniger leicht und wie ein Gesunder.

Ich habe dann daran gedacht, ob vielleicht die Schenkelmuskeln, beim Heraufsteigen kontrahiert und hochgehoben, sonst beim Gehen abwärts oder in der Ebene dagegen hangend, mit ihrem runden Muskelbauch beim Aufstieg die Schlagader abdrückten und den unmittelbaren Anlaß zu Atemnot in sich tragen. Ob also bei dieser Bewegung die Muskeln die Schlagadern und zugleich ihren Puls in rhythmischem Wechsel behindern, so daß daher der Anstieg mit größter Atemnot verbunden sei.

Weiterhin kam ich darauf, daß vielleicht beim Steigen der Atem

13*

etwas mehr zurückgehalten würde als sonst in der Ebene oder beim Abstieg, da jeder den Atem mehr anhält, wenn er eine stärkere Bewegung ausführen will.

Zum Dritten überlegte ich, ob beim Aufsteigen der Atem bei jedem einzelnen Schritt unterbrochen würde, nicht anders, als wenn einer bei jedem Schritt sagte: ha ha ha, während dies beim Absteigen oder Gehen in der Ebene ein einziges, durch keine Ruhepause unterbrochenes Ha ist.

Schließlich fragte ich mich, ob es wirklich ein eigenes Leiden der Lunge sei, und das Organ bei der aufsteigenden Bewegung auf die Ausstoßung der Fuligines eingestellt sei, und nicht viel mehr darauf, die erlittene Anstrengung auszugleichen. Ich bedachte auch, daß man leichter 7 Stunden spazierengeht, als 5 Stunden steht. Denn beim Stehen werden beide Beinstreckmuskeln dauernd gespannt, die sich beim Gehen abwechslungsweise der Ruhe erfreuen, und doch ist der Gehende kurzatmiger als der Stehende. Deswegen, weil beim Gehen mehrere Muskeln arbeiten, die beim Stehen zwar gespannt, aber nicht bewegt werden. Da sah ich auch, daß rasche Bewegung mehrerer Muskeln mehr Kurzatmigkeit verursacht.

Wenn auch jede einzelne dieser Überlegungen für sich Gewicht hat, so konnten sie doch alle zusammengenommen nicht die aufgeworfene Frage genügend klären. Nämlich, warum langsames Klimmen Atemnot macht, nicht aber rascher Lauf abwärts. Deswegen nahm ich noch hinzu, daß beim Aufwärtssteigen als langsamerer Bewegung die geraden Bauchmuskeln sich ausspannen und eine genügende Erhebung des Bauches nicht zulassen. Brust und Rippen werden zwar bei Atemnot stärker gedehnt, aber, wie ich in der Katarrhschrift ausführte, ist die Bewegung der Rippen nicht die erste und wichtigste für die Atmung, sondern nur Hilfsbewegung, wo die eigentliche nicht zureicht. Ist daher der Bauch nicht genügend dehnbar, so wird bald der Atem kurz, indem er die vorausgegangenen Fehler und Mängel gleichsam wettmachen will.

58. Indizienbeweis. Wenn sich nun auch aus den geschilderten Erwägungen das größere Atmungsbedürfnis ergibt, so sagen sie doch nichts Überzeugendes darüber aus, warum bei unserem Sechzigjährigen die Atmung verkürzt war, in keiner Weise dagegen beim Gesunden. Da bei dem Sechzigjährigen die Lunge keine Verstopfungen aufweist, wie aus den geschilderten Zeichen hervorgeht, so muß sich sein Leiden woanders herleiten, vor allem, da er im Bauche an der Magengegend Druckgefühl als Ursache seines Asthmas merkt. Es leitet sich daher sein Asthma von einer Schädigung der Milz her, und zwar vom Duumvirat, die sonst latente Ursache wird durch Steigen erregt — nach unseren obigen Erwägungen. Durch Herrschereinfluß bringt sie die Lunge allein gleichsam durch den Blick zur Zusammenziehung, nicht anders, als wir das für das trockene Asthma ausführten. Darauf weist auch die latente Fallsucht, das Milzstechen nach dem Reiten, die Erschütterung des ganzen Körpers durch Reiten u. a. m. hin.

Um nun das Urteil sicherer zu gestalten, ob die Lunge primär oder sekundär erkrankt, forschte ich nach, ob ihm der Sexualverkehr Beschwerde bereite. Er gab mir zu, daß er ihm vor Ausbruch des Asthmas geschadet habe, daß er durch Geschlechtsverkehr ein Kältegefühl im Thorax, Abgeschlagenheit in den Muskeln gespürt und der Ohnmacht nahe gewesen sei. Dagegen habe er bei spontanen Pollutionen nichts gespürt. Schließlich spüre er in seinem Alter bald nach der seltenen Ausübung des Geschlechtsverkehrs ein Schleimrasseln in der Luftröhre, das sich sonst nicht hören lasse. Daraus entnahm ich mit Sicherheit, daß bei seiner Schwäche der Milz von dem Quartanfieber und der Epilepsie aus seiner Jugend her und der Tatsache des Sitzes der Sexualgefühle in der Milz — im vorliegenden Falle das Duumvirat auf geradem Wege die Lunge trifft, die wegen ungleicher Kraft den Kürzeren zieht.

Die eigentlich wirkende Ursache des Asthmas liegt also in der Milz. Gewißlich ist die Lunge nicht schuldlos, wenn sie auch nicht primär an Asthma erkrankt. Denn es genügt, daß sie durch ungleiches Kräftegleichgewicht daniederliegt, daß das Duumvirat sie mit ihrer Krankheitstyrannei unterjocht. Denn wenn die Lunge genuin das Asthma hervorbrächte, so müßte sie dauernd Atemnot machen. Indessen ruht im Duumvirat der kaum wahrnehmbare Keim, die Ursache jenes trockenen Asthmas, gewöhnlich latent und nur durch übermäßige Bewegung aufgestört. Daher kommt es rascher beim Aufstieg als beim Abstieg wegen der erwähnten Bewegungen der schiefen Bauchmuskeln zum Ausbruch. Auch berührt der Krankheitskeim nicht etwa kraft Ausdünstung feuchten Dampfes oder Fuligo Herz und Lunge, sondern durch den Herrschereinfluß. Wenn das Herz klopft, der Puls unregelmäßig, die Atmung groß und beschleunigt ist, die Stelle zwischen Nabel und Magenmund drückt — all das aus gleicher Ursache, auf gleiche Art und Weise entstanden —, so ist kein Zweifel, daß ein Krankheitskeim die Lebenskraft des Herzens und der Lunge angreift. Dann wird es von Jahr zu Jahr schlimmer, deutlicher und quälender, weil der der Milz innewohnende ungebetene Gast im Alter von Tag zu Tag unbequemer wird.

59. Bekräftigendes. Diese Schlüsse scheinen mir noch viel sicherer zu sein, da jener Engbrüstige über Einschlafen und Frieren der Handfläche unter dem kleinen Finger seit vielen Jahren klagt und über starke Schmerzen im linken Arm, wenn dieser bei längerem, ruhigem Spaziergange auch nur mit leichtem Gewande bedeckt ist. Auch sah ich alle Milzkranken, wenn im Alter die Milz ihre Funktion einzustellen beginnt, kurzatmig werden.

Soviel über jenen Sechzigjährigen! Eins möchte ich nur noch bemerken: Der Schmerz der linken Handfläche in Form durchdringender Kälte und das Einschlafen der Finger geschieht auf

Grund von Schädigungen der Milz, auf dem Wege des Herrschereinflusses. Wenn sie aber die Schulen auf blinde Wasserdämpfe zurückführen, so mögen sie den Weg angeben, auf welchem diese dorthin gelangen. Der Schütze dieses Asthmas ist also im Duumvirat verborgen — sein Ziel aber ist die Lunge.

60. Feuchtes Asthma. Zweierlei Art ist also das Asthma — ein feuchtes und ein trockenes. Jenes hat seinen Namen vom reichlichen Auswurf, geschieht oft infolge Eigenerkrankung der Lunge, ist deswegen dauernd, macht mehr Beschwerden bei Feuchtigkeit und Nässe, im Greisenalter, bei Schwachen und dem Tode Nahen. Das trockene Asthma dagegen tritt meist anfallsweise auf. Und wie es den ganzen Körper bis zu den Zähnen stürmisch erschüttert und das Lebende durcheinanderwirft, ist es eine richtige Fallsucht der Lunge, bei der allein die Lunge Zusammenziehung und Krampf erfährt durch die Zusammenziehung der Poren. Bei diesem Asthma ist der Archeus in seiner Gesamtheit in der Wurzel ergriffen. Ein Körperteil — der Uterus oder die Milz — ergreift zunächst den der Lunge innewohnenden Spiritus auf dem Wege des Herrschereinflusses. So erschüttert er mit unsichtbarem und unkörperlichem Sturmwind den ganzen Körper und stellt ihn plötzlich wieder zu unverhoffter Gesundheit her.

61. Unterschied vom begleitenden Husten. Vergeblich daher beim Asthma der Versuch, die Lungenporen, die man bis dahin nicht kannte, zu öffnen, vergeblich die Mittel zu reichlichem und erleichtertem Auswurf, da sie eitle Palliativmittel sind, die sich nur auf Krankheitsprodukte und Sekundäres richten. Eitel auch die Hustenmittel, da Husten vom trockenen Asthma weit verschieden. Wenn aber auch das feuchte Asthma meist Husten erzeugt zum Auswurf des gebildeten Schleims, so weicht es doch auch völlig von der trockenen Form ab.

62. Gründe seines Ausbruchs. Denn mehrere Ursachen liegen ihm zugrunde. Bringt doch ein Lungengeschwür oder ein im Verborgenen verstopfender Schleimpfropf dort oder der Einfluß von Kälte und anderer Schädigung den Schleimüberfluß hervor und verdirbt den spezifischen Nährstoff des Organs. Oft auch werden nicht sowohl durch organische Erkrankung des Eingeweides als durch Schwäche des irrenden Wächters derartige Verschleimungen erregt.

63. Mischasthma. Allerdings erzeugt diese Art Krankheit mehr Husten als Asthma, dennoch treffen sie aber leicht zusammen bei ungleicher Kraft der Lunge und erzeugen Verstopfung in ihr. Leichthin liegt dann der Wächter in Schwäche danieder — auf Einwirkung beliebiger, sich darbietender Schädigungen hin. Solche gehören dem Rauch, dem Dampf von Mineralien, Metallen, differenten Chemikalien an, die die spezifische Kraft des Eingeweides so schädigen, daß sie dauernd aus dem Eigennährstoff Schleim bilden. Ihre Gegenwart läßt die betreffenden Gewerbetreibenden dauernd an Asthma, Husten und Auswurf laborieren.

Endlich gibt es ein gemischt trocken und feuchtes Asthma, das infolge Aufnahme von Luftkeimen, die eben in den Körper hereinkommen, die schwache Lunge angreift. Das ereignet oder verstärkt sich nur bei Angebot schädlicher Luftkeime oder sonst gestörter Lebensökonomie.

Schließlich erzeugen auch Scirrhus und Hydrops und ähnliche Erkrankungen Atemnot, aber es ist ein anderes Leiden als Asthma. Die Gelbsucht jedoch befördert durch die Eigenart ihres Giftes trockenes Asthma.

64. Geeignetes Mittel für trockenes wie feuchtes Asthma. Endlich erfordert das trockene Asthma die gleichen Arzneimittel wie veraltete Epilepsie. Große Stärkungs- und Wiederherstellungsmittel aber heischt das feuchte Asthma sowohl für die Lunge als ihren Wächter.

· 65. Über Schnupfen — Husten. Nun möchte ich noch meine Beobachtungen über den *Husten* mitteilen, wegen seiner Verwandtschaft mit dem Asthma und des Vertrauens, das die Katarrhlehre so mühelos gefunden hat. Leicht bekomme *ich* nämlich den Schnupfen, da mein Kopf durch das viele Destillieren etwas angegriffen ist und eine schwache Stelle darbietet. Der Schnupfen besteht aber m. E. darin, daß der irrende Wächter Schleimmassen um oder in dem Siebbein ansammelt. Inhaliere ich noch am selben Abend nach Entstehung des Schnupfens ein Niespulver aus schwarzem Nieswurz (Helleborus) und Zucker zu gleichen Teilen, so geht es mir am nächsten Morgen viel besser. Bei älterem Schnupfen dagegen geht es nicht so leicht. Soviel habe ich jedenfalls mit dem Niespulver erreicht, daß ich die Abendluft ohne Schaden ertragen kann — sagen doch auch die Dichter nicht mit Unrecht, daß der Helleborus dem Geisteskranken not tue. Wenn auch die Brechmittel hier viel erreichen können, so scheint doch die Nieswurz speziell dem Kopfe zu nützen.

66. Wandlungen des Schleims beim Absteigen des Schnupfens. Der Schleim fließt zunächst wie Salzwasser durch Nase und Rachen derselben Seite (wenn nicht auf beiden Seiten), auf der er das Siebbein erfüllt. Der Rachen aber pflegt sich mit seinen angrenzenden Teilen infolge des ungewohnten, ihn störenden Schleims bald entzündlich zu röten und anzuschwellen. Dann wird der Schleim dicker und gelb, gleich als sei er wie mit der Kraft eines Ferments durch den ursprünglichen das Siebbein verstopfenden Schleim angesteckt.

67. Einige Beobachtungen. Der irrende Wächter des Ortes merkt den eingedrungenen Feind und versucht, ihn zunächst durch dünnen Schleim abzuwaschen.

Da ich vom Husten sprechen wollte, habe ich vom Schnupfen

angefangen, weil dieser, wenn er stark ist, den Husten befördert, das habe ich immer wieder wahrgenommen.

In den ersten Tagen des Schnupfens erhebt sich ein kleiner trockener Husten mit Kitzeln der Luftröhre und erzeugt dann Heiserkeit, aber auch nicht selten nur Kitzeln im Kehlkopf, ein bis zwei Finger unter dem Kinn. Wenn man kein Heilmittel anwendet, wird gelber, zäher und reichlicher Schleim abgesondert und mit leichtem Hüsteln entleert. Daher kam die Hoffnung, die Erkrankung werde sich in kurzer Zeit von selbst lösen. Sie wächst durch Sorglosigkeit und bei Anhalten der äußeren Schädigung. Inzwischen wird der Weg zum Geruchsorgan bzw. das Siebbein ganz durch den fremden Eindringling verlegt. Daher fließt noch reichlicher gelber, klebriger Schleim durch die sonst freien Nasenlöcher. Bald darauf wird ähnlicher Schleim durch Husten herausgeworfen. Daß dieser in der Lunge entsteht, nicht aber vom Kopf in die Luftröhre fließt, habe ich in der Katarrhschrift bereits überzeugend dargetan. Ich füge hinzu: Ist morgens alles, was im Larynx und seinen Verzweigungen enthalten ist, durch Husten ausgeworfen, so ist dann der Atem wieder frei. Vor dem Spiegel öfters die Zunge herunterdrückend, habe ich darauf geachtet, ob auch nur die geringste Menge Schleim herabzufallen und ausgestoßen zu werden drohte, und doch habe ich nichtsdestoweniger Röcheln im Kehlkopf und Rasseln in der Brust wahrgenommen, und es folgte in Abständen gelber und zäher Schleimauswurf. Je mehr ich huste, desto stärker wird der Drang und Zwang zum Husten. So sah ich, daß die Erzeugung des Hustens ihren Sitz in der Lunge hat.

68. Kein Abstieg von Schleim aus dem Kopfe zur Lunge beim Husten. Sodann, daß der Schnupfen, wo nicht den Geruch, so doch den Geschmack schädigt und aufhebt, obgleich dieser von jenem durch ein besonderes Organ geschieden ist, so daß ich nicht einmal Nelken herausschmeckte. Aus diesem meinem Leiden erkannte ich, daß der Schaden nicht nur am Geruchsorgan oder in den verstopften Knochen saß, sondern das Leiden auf das benachbarte Hirn übergegangen war, wodurch die Geschmacksnerven vom Contagium ergriffen wurden. Das so mitergriffene Hirn schädigte — nahm ich an — seinen Wächter, der dann mit seiner Schwäche den Nachbarwächter im Kehlkopf ansteckt. Daher entsteht häufig Husten durch Schnupfen und breitet sich diesem gehorchend aus und setzt ihn fort.

Dennoch kann eine Schädigung zugleich auf einen Schlag den Wächter von Hirn und Kehlkopf angreifen. Wenn aber nun das Hirn unvermittelt durch Herrschereinfluß die Lunge mit dieser Krankheit ansteckt, so ergab sich mir daraus, daß bei dem erwähnten Sechzigjährigen nach geistiger Anstrengung und schlafloser halber Nacht der Wächter angegriffen war, und Röcheln mit Schleim entstand. Diese hörten erst im Schlaf auf, wenn der Kopf zur Ruhe kam. Denn es liegt in der Ordnung des Organismus, wenn das Duumvirat den Kopf, die Lunge und andere Teile ungünstig beeinflußt, der Kopf auch die entferntesten Teile sich botmäßig macht. Fernerhin konnte

ich feststellen, daß jedesmal bei Husten nach Schnupfen die Schnupfen-
mittel auch den Husten heilten. Leicht wird derartiger Husten erkannt an niedrigen Temperatursteigerungen, stärker gefärbtem Urin
und dauernd hervorgebrachtem Schleim. Dieses Fieber gehört einer
Erkrankung des Kopfes zu, der seine Indisposition abgelegenen Teilen
überträgt. Denn der Kopf hat hier ein Vorrecht, zu bewirken, daß,
auch wenn der Husten dem Schnupfen erst folgt, sie doch gleichzeitig
endigen.

Ferner: auch wenn du die Nase von allem Schleim gereinigt hast,
so fließt doch sofort Schleim wieder aus der Nase, wenn Husten
kommt. Zwischen Kopf und Lunge besteht mithin Übereinstimmung
der Wirkung. Nicht, daß der Kopf seinen Auswurf in die Lunge ab-
legt, sondern wie das Hirn mit der Schädigung des Geruchs auch
den Geschmack aufhebt, so zwingt es auch die Lungen in seine Ge-
folgschaft. Weil beide Organe aus einem Nährmaterial, und in gleicher
Weise beide Wächter den gleichen Schleim erzeugen. Gleichwie ein
Vasall den Tod des Herrschers beweint, so besteht enge Verwandtschaft zwischen Kopf und Lunge, weil beide Organe übereinkommen
in bezug auf den Herrschereinfluß ihres Wächters und ihres Zieles.

Das muß tief eingeprägt werden, damit sich die Heilbehandlung
auf die Wurzel, das Primäre, d. h. die Befreiung des Siebbeins richtet.
Hört doch der Husten, durch Herrschereinfluß entstanden und in der
Lunge nur sekundäres Ereignis, nach Beendigung des Schnupfens auf.
Im Sitzen röchelt weniger Schleim in der Luftröhre des Hustenden,
ist der Atem freier, der Auswurf leichter (daher der Name Orthopnoe),
da sonst, wenn der Schleim von oben herab in den Kehlkopf flösse, er
im Sitzen reichlicher herabginge als im Liegen, was alles nicht der
Fall ist. Wenn er vom Kopf in die Lunge flösse, so würde er beim
Herabsteigen weniger Beschwerden verursachen und leichter Aufnahme in die Lunge finden, solange er im Beginn des Schnupfens
nach Art von Wasser ausgeschneuzt wird. Leicht würde er die Lunge
ausfüllen und den Atem durch seine Masse ersetzen. Doch findet sich
ja im Beginn des Schnupfens keinerlei Husten und auch keine
Atemnot. Folglich findet auch beim Husten kein Schleimherabfluß
vom Kopf statt. Im übrigen habe ich über den Husten, soweit er ein
eigenes Lungenleiden darstellt und nicht vom Schnupfen kommt,
schon gehandelt.

Was die Heilmittel angeht, so erleichtern Schlafmittel Husten
und Schnupfen, weil sie die Symptome beider Leiden beruhigen.
Den Husten bekämpfe ich mit den gleichen Heilmitteln wie die Pleuritis. Denn es gibt ja auch Arten von Husten, die nicht vom Schnupfen,
sondern von der Pleuritis, infolge Verderbnis der Luft, auch dem
Einfluß kalten Wetters herrühren, durch den die Lunge nicht anders
als der Wächter vor ihren Toren in ihrer Ernährung beeinträchtigt
wird. Die Abfallmasse, die dann länger als gehörig in den äußersten
Verzweigungen der Luftröhre stagniert, verhärtet sich und erzeugt
Atemnot. Die Lunge ist der Fremdlinge überdrüssig und gibt durch

Auswurf der krankhaften Abfallstoffe Kunde von ihrem Überdruß. Wird dieser nicht durch Husten ausgeworfen, so erzeugt er innen eine Vomica oder Schwindsucht. Sitzende Lebensweise begünstigt die Krankheit. Darum rate ich immer zu Bewegungen, die die Atmung anregen, wodurch die Abfallstoffe zum Auswurf kommen und die Anstauung durch die Kraft des Luftstroms vermieden wird[1]; nicht anders als in Meereshäfen hin und her fließendes, den Sand wegwaschendes Wasser erfordert wird. Denn bei Gegenwart des Abfalls muß die Lunge Schaden an der Ernährung nehmen und viel, nach der Art der erlittenen Schädigung verschiedenen Auswurf hervorbringen. Diesem Husten hängt die dauernde Produktion von fremdem Abfallstoff an. Sein Ende ist Atemnot und Asthma, Schwund von Gefäßen und Parenchymen. Die meisten dieser Schäden sind nur schwer der Herstellung zugänglich — besonders im Greisenalter —, da sie Zeugnis ablegen von der Schwäche der Lebenskraft dieses Organs. Das Asthma aber, das daraus entsteht, führt zum Verschluß von ebensoviel Luftventilen, wie zum Atemholen vorhanden sind. Darauf beruht der Gradunterschied bei stärkerer oder geringerer Atemnot. Abfallstoff und Auswurf aber, der diesen Erkrankungen entspringt, sind nicht die ursprünglichen Ursachen des Hustens als vielmehr ein Produkt, das dauernd zu neuem Husten führt. Sie entstehen immer neu, weil der verhaßte Fremdling drinnen nicht aufhört, die Bildung neuer Abfallstoffe aus dem spezifischen Nährstoff anzuregen. So groß ist die Empfänglichkeit dieses Organs und die Macht äußerer Einwirkung auf den irrenden Wächter.

69. Wert der richtigen Heilmittel. Die Heilmittel aber, die die Epilepsie der Lunge, d. h. das trockene Asthma und auch das feuchte heilen, müssen Erneuerungsmittel sein und sich zu besonderer Macht erheben. Denn in ihnen soll die Wiederherstellung erlittener Lebensschwäche enthalten sein. Das sind die großen Arkana des PARACELSUS, über die ich an anderer Stelle gehandelt habe — und diejenigen, welche auf sympathetischem Wege jede Krankheit überwinden. Denn die Arkana heben jegliche Krankheit durch eine wie auch immer beschaffene Reinigung auf, aber da sie dem erkrankten Körperteil keine neue Kraft einflößen, so daß sie auch nicht die krankhafte Beeinflussung des Archeus insitus beseitigen, so erfolgt die Wiederherstellung verlorengegangener Kraft nur durch sympathetische Mittel.

70. Geschichte eines röchelnden Greises. Damit sich eine praktische Frucht aus meinen Ausführungen ergebe, möchte ich ein Bei-

---

[1] Man vgl. SYDENHAMS Empfehlung von Reiten gegen Phthise, allerdings ohne die Begründung der Anregung des Auswurfs. Dissertatio epistolaris ad G. COLE de observatonibus nuperis circa curationem variolarum confluentium nec non de affectione hysterica. Opera universa. Ed. VII Londini (Kettilby) 1705, S. 383.

spiel aus dem gewöhnlichen praktischen Leben anführen. Ein alter
Mann röchelte auf eigenartige Weise, so daß er einmal mehr gurgelnde,
dann wieder röchelnde Geräusche von sich gab, nicht selten die ganze
Nacht aufrecht oder im Sitzen schlafend verbringen mußte und im
Sitzen weniger Geräusch und Schleim hervorbrachte als im Liegen.

71. Meinung des Verfassers. Die Ärzte haben ihn mit kräftigen
Suppen und reichlicher, starker Ernährung behandelt, damit er nicht
durch das viele Auswerfen herunterkäme oder an Phthise erkranke,
die, wie sie sagten, drohe. Besser aber fühlte er sich dennoch nüchtern
und um die Fastenzeit, als bald nach Ostern. Die Ärzte schuldigten
dann noch den Nordwind und den Regen an, nicht aber ihre kräftigen
und zu reichlichen Speisen. Ich habe den Patienten einmal zufällig
gesehen und bei ernstlicher Überlegung gefunden, daß die dauernde
Ausscheidung von Schleim ihren Sitz in der Lunge habe, nicht aber,
daß er von oben in die Lunge herabfließe und diese sekundär erkranke.
Ja, wenn der Schleim in der Lunge selbst entstand, so ergab sich
Menge und Überfluß desselben nicht aus der Zunahme der Krankheitsursache als vielmehr aus dem Zustrom guter und kräftiger Nahrung.
So zeugte Böses, was die anderen als heilbringend ausschrien, sie, die
mich heimlich aus vollem Halse belachten.

72. Entscheidung der Frage. Ich versuchte, meine These durch
Hinweis auf den Weingenuß zu demonstrieren und zu bekräftigen,
indem mäßiger Genuß den kräftigt, dem übermäßiger viel Auswurf
bereitet; doch drang ich auf einen Anhieb nicht durch und verwies
auf die Erfahrung der Fastenzeit und der vergangenen Ostern. Daß
der Kranke seit Ostern wieder stärker auswerfe und röchele, in der
Fastenzeit jedoch kaum bzw. viel weniger darunter zu leiden habe.
Zur Entscheidung der Frage sei eine Probe nötig, und man müsse
mir soviel zugestehen wie den anderen, die bis jetzt keineswegs eine
glückliche Hand gezeigt hätten. So hat sich unter sparsamerer und
einfacherer Ernährung (die den hungrigen Magen in bezug auf Verdauung befriedigte, obschon sie nicht viel Blut bildete), sofort die
Atemnot vermindert, die darauf unter Fortsetzung des Mäßigkeits-
regimes die Nachtruhe nicht mehr störte.

**73. Bestätigung durch die Lehre von den zwei Wächtern und die
vom Latex.** Denn wie eine angegriffene Lunge mehr Schleimauswurf
erzeugt, so nimmt auch die Menge der Abfallstoffe zu, je reichlicher
Materie dazu vorhanden ist. All dergleichen entsteht ja aus der dazu
geschaffenen Materie, und nur eine verwandte Grundmaterie erzeugt
jenen Schleim, sei er dünn und wässerig, sei er später dick und zäh.
Wenn sie fehlt, wird der Cruor vitalis selbst in derartige Abfallstoffe
verwandelt. Der wässerige Latex ist überall im Körper und streicht
in den Gefäßen herum, unter den verschiedensten Formen eines
wässerigen Exkrements und mit den verschiedensten Bildungs-
tendenzen. Nicht anders als Wasser, das, mit Lindenholz oder Schwarz-

wurzel eingeweicht, den Charakter von Schleim annimmt. Wie auch z. B. Eiereiweiß am ersten Tage milchig ist, um bald durch spontane Umsetzungsvorgänge die Dicke von Leim anzunehmen.

Das ist beim Schnupfen ganz deutlich zu verfolgen, bei dem der Latex in den ersten Tagen wie Salzwasser herabtropft, dann aber die Gestalt von dickem Schleim annimmt. Bei der Phthise jedoch, wo der Auswurf vom Blute her Schleimbeschaffenheit annimmt, ist er zuerst gelb und dick, wird dann grau und schließlich mehr schwärzlich. Stellt er dann doch den Abfallstoff umgewandelten Cruors dar, aber nicht mehr Mischungen des Latex.

So erzeugen beide — des Hirns und der Lunge — Wächter aus dem Latex dicken Schleim, dann wird infolge Irrtums des Wächters daraus ein salziges Wasser, das sich eindickt, sobald dieser sich ändert. Denn der Wächter des Hirns wie der Lunge ist den verschiedensten Schäden der Luft ausgesetzt, deswegen holt er voller Irrtum von überall her den Latex herbei, um ihn in ein seinem Leiden entsprechenden Exkrement zu verwandeln. So bilden sich aus der Substanz des Latex derartige schleimige Exkremente, die das Kennzeichen des schädlichen Irrtums an sich tragen, durch den auch zu flüssiger und unreifer Cruor gleichzeitig in Schleim verwandelt wird. Unter heftigen Erscheinungen wird dann sowohl in der Lunge wie im Kopfe von beiden irrenden Wächtern der Cruor in Schleim verwandelt — nicht anders als der Cruor im Geschwür die Gestalt von Eiter oder Jauche annimmt. Oft wird auch ohne Veränderung der in Rede stehenden beiden Wächter den einzelnen Teilen ein Einfluß eingeprägt, durch den der Stoffwechsel jedes Teiles stark beeinträchtigt oder fehlerhaft wird. Deswegen nenne ich derartigen üblen Einfluß den Plagegeist des Gliedes, den Hinderer des Stoffwechsels, den Verderber des organspezischen Nährmaterials. Um ihn hat sich das ganze Heilverfahren als Ziel und Angel zu drehen. Der Wächter der Luftröhre also wird von oben her angegriffen durch die Schädigungen der Luft wie von unten her durch die organeigene Störung der Lunge.

74. Wieweit das Kauterium den Anforderungen gerecht wird. Soweit von der den Wächtern unterworfenen Materie und den organeigenen Nährstoffen! Was bei ihnen auch immer an Fehlern vorhanden ist, führt zu vielfachen Erkrankungen. Und je minderwertiger die Masse oder Materie ist, aus welcher der Abfallstoff wird, desto mächtiger der Reiz der aus ihnen hervorgehenden Krankheiten. Folglich sind Enthaltsamkeit und Überfluß an reichlicher und schwerer Speise sowohl zur Heilung wie zur Schädigung die Mittel. Mithin kommt nicht vom Kopfe all der Latex herunter, der uns als Schleim, Eiweiß, Jauche, Eiter, von honigartiger Konsistenz, erscheint. Denn ein Fehler des Stoffwechsels und eine Folge anderer Einflüsse ist es, die in den Organen selbst die verschiedengestaltigen Veränderungen hervorruft. Das ist sorgfältig und mit eisernem Griffel zu verzeichnen, wo die Heilbehandlung von Krankheiten im Mittelpunkt steht. Dadurch wird auch das Irrige der Kauterien[1] offenbar. Die Fontanellen[2] helfen zuweilen: aber nicht, weil sie die Katarrhmaterie zur Ausleerung, Ablenkung, Zerteilung oder Abziehung bringen, sondern insofern sie die Gesamtmasse des Latex wie des nährenden Cruors verringern. Auch nicht ein bißchen nehmen die Fontanellen vom Fehler der Organe oder der dort eingeprägten Krankheit hinweg; weil sie den Zerstörer im Hause oder die krankhafte Veränderung weder beseitigen noch mildern können. Und ebenso fließen die Katarrhe auch nicht herab — sondern die Veränderungen werden vom Zerstörer am Ort seines Sitzes erzeugt, und wo er seine Beschäftigung und Herrschaft hat.

75. Anwendung austrocknender Tränke. Hierher gehört auch die Betrachtung der Gerstensäfte, Tränke von Zarza, China usw., welche abseits von elementarer Wirkung, weit von wahrer Ernährung und kräftiger, anbildender Speise entfernt sind! Infolgedessen müssen sie die Nährsubstanz schwächen. Und darin liegt die Trockenheit, die die Ärzte mit dem in Rede stehenden Trunk und den Abkochungen herbeizuführen bestrebt sind. Nicht indem sie herabsteigende Feuchtigkeiten oder Schleim austrocknen (bei den alten Philosophen trocknet Feuchtes auch nicht Feuchtigkeit aus), sondern insofern sie die Nährsubstanz des Cruors vermindern, die sie sonst meist durch Zufuhr kräftiger Nahrung wiederherstellen und sich darum, wie die eigentliche Wirkung zeigt, lächerlich machen. Durch sparsame Nahrung könnten sie mehr erreichen als durch Zerfleischung der Haut oder grausame Verheerung oder durch Trank exotischer Hölzer und Wurzeln. Meine Ausführungen werden vervollständigt durch die Traktate vom Latex, den Kauterien, vom irrenden Wächter und den Katarrhen.

76. Betrachtung der Lecksäfte. Einstweilen kann ich nur meine tiefste Verwunderung aussprechen, daß man der Lunge mit süßen Sachen und Lecksäften helfen zu können meinte, und man an der Fuchslunge festhielt, weil dieses Tier bekanntlich unermüdlich laufen kann, und am gekochten, eingeweichten Huflattichtrank und den verschiedenen Methoden der Aufnahme von Lecksäften, die alle nicht unmittelbar an der erkrankten Stelle, sondern mittelbar und mit Verlust ihrer eigentlichen Bedeutung zur Anwendung kommen. Dabei haben die Schulen nie daran gedacht, daß, wenn sich der Kranke täglich die Heilmittel selbst im Mörser stößt, er bei Eindringen in seine Nasenlöcher etwas von dem Pulver in die Lunge aspirieren könnte. Auf diese Weise könnte er direkt seine Balsame an den erkrankten Ort bringen. Solches ist aber vergeblich, woraus zu ersehen, daß die Lecksäfte, die nicht zu den Lungen gelangen, noch viel vergeblicher sind.

---

[1] Brenn- und Ätzmittel.
[2] Kleine künstliche Geschwüre zur Ableitung der Säfte.

77. Beimischung von Schwefeldampf zum Trunk. So haben sie auch nicht an die nützliche Methode gedacht, mittelbar den Schwefeldampf mit dem Tranke zu vermengen, wobei jener sich dann zusammen mit dem Trank durch alle Blutadern sich verbreitet. — Nicht in Gestalt einer Nährsubstanz, sondern nur einer Zukost, so wie solcher Dampf ein Weinfaß von der Fäulnis befreit und vor ihm schützt. Denn man hat bisher nicht darüber nachgedacht, wie man ein an sich nicht tief durchdringendes Mittel eindringen machen kann. Und obschon man sah, bei vielen Tausenden mit den Sirupen und Lecksäften nichts ausgerichtet zu haben, außer für den eigenen Geldbeutel, so ist man doch, ohne weiter nachzudenken, auf diesem sumpfigen Pfade fortgeschritten.

Tobende Pleura.

1. Das Seitenstechen der Schulen. Die Pleuritis wird von der Schulmedizin zu den Katarrhen und Flüssen gerechnet und als Bluteitergeschwür aufgefaßt, durch das die Pleura bzw. die Rippenbinde von der Brustwand abgelöst wird, wobei kontinuierliches Fieber und örtlicher Schmerz besteht.

2. Irrtümer und Inkonsequenzen in der Abgrenzung. Sie gehört also zur Gruppe des Apostema. Und während die Schulen sonst als Krankheit nur einen Zustand und etwas Zuständliches ansehen, rechnen sie doch die Pleuritiden — obschon Produkt bzw. Ergebnis eines Herabflusses von Katarrhflüssigkeit, als Krankheit und räumen ihr einen angenommenen Platz unter den Gegenständen ein. Nicht jedoch unter dem Begriff: Störung, Zustand und Funktionsbehinderung, sondern — wie sie sagen — als materielles Produkt, dem Apostema.

3. Flüchtigkeiten. Dabei lassen sie offen, ob sie die Pleuritis einem Schleimfluß bzw. einem salzigen Katarrh oder einer Anschoppung von Blut zuschreiben sollen.

4. Kann der herabströmende Schleim durch sein Gewicht das Rippenfell abreißen? Ferner lassen sie sich in keiner Weise über die Natur jenes Rasens aus, durch dessen wütende Kraft die Pleura von der Rippe abgehoben wird. Dennoch liegt jenes Toben seinem Wesen nach und zeitlich dem Katarrh voraus, der Katarrh geht wiederum der Ablösung und die Ablösung der Eiterbildung voraus. Daher sprechen sie nur vom Effekt und meinen auch, das Fließen des Katarrhs verursache durch das Gewicht des salzigen Schleims in der Tat die Abhebung der Pleura von den Rippen. Also fehlen die Schulen darin noch, daß sie bei der Pleuritis kein Heilmittel gegen den schleimigen Katarrh verordnen, daß sie die zerrissene Pleura vergessen und allein durch gezuckerte Lecksäfte für Erleichterung des Auswurfs sorgen. Denn sie wissen ganz gut, daß die Pleuritis eine plötzliche Krankheit ist, bei der die salzige Beschaffenheit des Schleims unmöglich aus der Ferne Ulceration oder Bildung einer Höhle hervorrufen konnte, die durch das dorthin herabfließende Blut ausgefüllt und ausgedehnt werden sollte. Daher nehmen sie an, daß allein durch sein Gewicht der herabfließende Schleim selbst die Abhebung der Pleura von den Rippen bewirkt. Als wenn er nicht tropfenweise herabflösse, sondern das Gewicht des von oben herunterkommenden Schleims, in senkrechtem Gefälle die Gewalt von einer Anzahl von Pfunden entfalte.

5. Einige stärkere Liederlichkeiten. Aber bisher haben sie a) noch nicht die Höhle gezeigt, in der ein solches Maß angesammelten Schleims sich aufhalten soll. Denn wenn auch ein Kranker so völlig hirnlos wäre, wie man nach der törichten Annahme der Schulen voraussetzen müßte, so würde doch der Schädel niemals soviel Schleim enthalten können, um die Pleura von den Rippen abreißen zu können. Noch haben sie b) die Wege gezeigt, auf denen die ununterbrochene Bahn der Katarrhflüssigkeit vom Kopfe her zur Rippenhaut läuft, und noch viel weniger, wie er durch sein Gewicht die Leistung vollbringt. Noch haben sie c) den, der abreißt, bisher benannt, und den, der so mächtig ist, die mit dichter und zäher Faser den Rippen angewachsene Pleura zu zerfetzen, oder den, der den hydropischen Bauch durch die Wasserzufuhr wie eine Trommel spannt. Endlich haben sie nicht gezeigt, warum jener Katarrh herabfließt zu jenem bestimmten und beschränkten Ort; er, der im großen gemeinsamen Hirn entstand und enthalten war.

Sollte einem nicht nach so vielen Versäumnissen die einander überlieferte Schullehre verdächtig sein? Denn es gehört eine größere Gewalt zum Abreißen der Rippenpleura, als sie dem herabsinkenden Schleim zukommt.

6. Die Vena azygos hat mit dem Wesen der Pleuritis nichts zu tun. So oft sie sich auch zur Erklärung des neunten Almansorbuches auslassen, plagen sie sich des langen und breiten mit der unpaaren Vene (azygos) und ihrer Ausbreitung zwischen den Rippen: dann vergessen sie ganz den herabfließenden Katarrh und sein Gewicht und sind nur auf die Verminderung des Blutes gerichtet. Das ist ihr einziges Heilmittel, worauf sie sinnen und was jedem Bauern bekannt ist: der wiederholte Aderlaß, als ob er die Krankheit selbst oder die von den Schulen angenommenen Ursachen des Katarrhs enthalte. Ja soweit ihre Abwegigkeit, daß sie bei der Therapie die ganze Katarrhlehre weglassen und meinen, die Ursachen darin zu finden, daß das Blut zufällig an irgendeiner Stelle aus der unpaaren Vene sich in die Pleura ergieße. So weit sind sie in ihrer Torheit gekommen, daß sie mit dem Studium der Effekte die Ursachen völlig verdunkeln. Dabei haben sie niemals bedacht, daß das Blut nicht von selbst die Blutadern verläßt und auch nicht durch eigene Schwere hinabsinkt. Denn die Pleura von den Rippen reißen, das Blut dorthin leiten und ähnliches, sind aktive Lebensverrichtungen, nicht aber die Schuld des Herabsinkens von Flüssigkeit.

Doch was sollen die Schulen machen, die gewohnt sind, den Heiden nachzubeten, deren Lehre sich nicht nach der Natur, sondern nach künstlichen Maß- und Zahlgesetzen richtet. Weil sie die beiderseitige Ausbreitung und Umführung der unpaaren Vene um die Rippen sehen, wollen sie die ganzen Ursachen auf sie schieben. Nicht anders, als wenn man einen schlafenden Wanderer an einem Fluß und im nächsten Waldgebiet einen von Räubern erschlagenen Leichnam träfe und man nun einfach jenen Schlafenden als Täter köpfen und das vergossene Blut sühnen lassen wollte.

7. Die törichte Hoffnung auf Revulsion und Derivation. So verordnen sie Aderlaß und versuchen, aus der angeschuldigten unpaaren Vene das Blut durch Ableitung zu entfernen, als sei sie die unmittelbare und nächstliegende Ursache; aber wo bleibt dabei euer Schleim- oder Gallenherabfluß vom Kopfe, der durch sein Gewicht die Pleura von den Rippen losreißt?

Sie sind bestrebt, den Cruor von der unpaaren Vene abzuleiten, und zwar nicht nur einen Cruor, der in ihr hier und jetzt kreist, sondern einen, von dem nur diese Möglichkeit für später besteht.

Das nennen sie nun Revulsion — wie sie das Schlagen einer näher gelegenen Ader — gleichsam eines Mittlers der Krankheit — Derivation nennen. Ach, wie umsichtig sind die Schulen in dialektischen und gekünstelten Angelegenheiten, die im Reich der Natur nur lächerliches Spiel sind. Wenn auch die Ellbogenvene bis zur Hohlvene hin ihr ganzes Blut ausströme und so auch das Blut aus der unpaaren Blutader hinauszöge, so sollten die Schulen doch wissen, daß dann sofort das ganze übrige Blut wieder in die Venen hineinströmt. Und wenn auch die Ellbogenblutader ganz entleert würde (was niemals geschehen kann), so würde sich dennoch bald der Blutspiegel wieder ganz auffüllen durch den Zusammenhang der Venen untereinander. Eitel daher die schönen Reden von Revulsion und Derivation! Ließe man ihnen freien Lauf, so hätten sie doch nur kurze Beine für das Handeln.

8. Was wirkt der Aderlaß bei der Pleuritis? Ich bitte also die Ärzte zu bedenken, daß der Aderlaß bei der Pleuritis nicht aus Gründen der Revulsion oder Derivation von Nutzen ist, sondern wegen der bloßen Verminderung der absoluten Blutmenge und der Herabsetzung der Kräfte, so daß die Natur aus Scheu vor einer derartigen Entleerung aufhört, ein Übermaß von Blut in die Gegend des Rippenfells zu schicken. Man soll nur einmal acht geben, ob das nicht heißt, mit einem so heftigen und plötzlichen Verbrauch der Körperkräfte die Kur von hinten beginnen — in einer Krankheit, in der die ganze Last auf den Schultern eben dieser Kräfte ruht — nämlich durch Verhinderung und Vorbeugung weiteren Zuflusses? Oder heißt das, auf die Hauptursache vorgehen, wenn man seinen ganzen Eifer nicht auf den Bewirker, sondern das Bewirkte lenkt?

9. Die Schulen getäuscht durch künstliche Lehrgebäude. Es ist nun mal alles, was man für die Praxis künstlichen Lehrgebäuden entnimmt, törichtes Werk. Freilich wird ein reißender Fluß bis zu einem gewissen Grade beruhigt und gehemmt, wenn man sein Ufer an der Seite erweitert und ihn auf einem näheren und absteigenden Wege an einen tiefliegenden Platz ableitet. Aber was soll damit geholfen sein, wo man nur einige Unzen Blut ablassen kann, und das schon mit der Folge eines merklichen Verfalles der Kräfte? Wird nicht nach dem Aderlaß wieder das Blut an seinen bestimmten Ort laufen, solange es den Antrieb der Bewegung bewahrt? Wird es nicht bequemer sein, den Ursprung des Flusses aufzuhalten? Wo man vom Aderlaß bei der Pleuritis doch nur das erwarten kann, was ein Daniederliegen der Körperkräfte verspricht. Denn die Natur, nach Kräften gierig, an Blut arm und seiner dringend bedürftig, läßt nur im Zustande der Schwäche von dem zur Krankheit hinzutretenden Blutfluß zum Rippenfell: So kommt es dann, daß die Natur — gleichsam des Sturmes überdrüssig — die Entzündung für eine gewisse Zeit sistiert und an Reifung und Bereitung von Eiter aus dem extravasierten Blut denkt. All das ließe sich viel glücklicher abwickeln, wenn man das Blut zurückhält. In ihm wohnt das Leben, und das heißt. die Kräfte. Im Leben ist die Natur beschlossen, die allein Heilerin der Krankheiten ist. Fehlt es an ihr, dann zuckt der Arzt die Schultern [1].

10. Doppelte Gründe der Krankheit, beharrend auch in der Wirkung. Mithin haben die Schulen nicht ihr Augenmerk auf die treibende Ursache gerichtet, die das Blut in den Adern an ungehörige Orte befördert, außerhalb seiner Schranken und in zu großem Maße, die das Brustfell von den Rippen löst, Wunden- und Höhlenbildung hervorruft. Diese Ursachen — zusammengenommen — liegen wohl der Wirkung voraus, verbleiben aber während dieser derart, daß sie selbst materiell und tatsächlich zu Wirkungen werden. Aber höchst träge und untauglich als Ursache hierfür sind der Herabfluß abnormen und salzigen Schleimes vom Kopfe (auf unmöglichen Kanälen und Wegverbindungen) und die erträumten Katarrhflüsse.

11. PARACELSUS' Achtlosigkeiten. PARACELSUS hat bei Betrachtung der Abreißung des Rippenfells und in dem Bestreben, ihr eine Ursache unterzuschieben, noch andere Ungereimtheiten beigebracht, um seine törichte Lehre vom Mikrokosmus in uns zu bestätigen. Er erdichtet nämlich ein neues und sonst niemals von ihm genanntes — „ogertinisches" Salz, obschon er bei Geschwüren und Abscessen so viel Salz kennt, daß er darüber das Hautjucken bekommen sollte. Dieses „ogertinische" Salz soll vor allem die Eigenschaft arsenikalischen Schwefels haben. Dabei verschweigt er aber das Bergwerk, in dem es entsteht, die Gänge, seine Eigenschaft, Geschichte, Namensherkunft und Entstehungsursache, weil es von ihm erträumt ist.

12. Der Schulen Sorglosigkeit. Indessen hätte er nichts Besseres vollbringen können, da er im selben Dreck steckte, in dem die Schulen sitzen. Hat doch bisher niemand erklärt, warum die Pleura sich von den Rippen löst, an die sie durch eine Faserlage befestigt ist. Ob sie vielleicht von selbst oder durch etwas anderes abgerissen wird? Sie glauben der Frage genügend nachgegangen zu sein, wenn sie sagen:

---

[1] Vgl. über die *Heilkraft der Natur* bei HELMONT. Irrwitz der Catarrhlehre 1 und unsere Ausführungen S. 15 ff.

Durch das Gewicht des sich herabwälzenden Katarrhs werde sie von den Rippen gelöst.

Und doch beruht auf Lösung dieser Grundfrage die gesamte Heilung und Vorbeugung der Rippenfellentzündung. Auf diese Weise wird die Wurzel jeglicher Krankheit von seiten der Schulen für gerade so wichtig gehalten, um totgeschwiegen zu werden — in einem besonderen Aufsatz werde ich die Ignoranz der Schulen in bezug auf die essentielle Krankheitsursache dartun — und es scheint ihnen zu genügen, wenn sie ihre ganze Weisheit auf Äußerlichkeiten, Künstliches, Sekundäres und Symptomatisches, die späten Folgen und Krankheitsprodukte verwenden. Als sei die Schau der Ursachen und essentiellen Wurzeln lächerlich oder vergeblich. Auch PARACELSUS, wenn er etwas Ordentliches zu einer derartigen Krankheit oder ihrer Lehre hätte sagen wollen, mußte das ogertinische Salz im Blute aus der fiktiven Möglichkeit in die Tatsache umsetzen, oder wenn er das nicht wollte, so mußte doch wenigstens dieses neue, namenlose und unbekannte Salz die Notwendigkeit seiner Erfindung und seiner Erzeugung dartun, damit irgendeine Möglichkeit der Vorbeugung gegeben ist. Denn das hätte der von ihm beanspruchte Titel eines Monarchen über Arkana erfordert. Doch alles blieb im argen, da sein Prinzipat im Heilen auf leere Stoppeln gegründet war. Und so glaube ich, wird einstürzen, was auf ihm erbaut worden ist. Sei es, daß die Feuerkunst, der Erforscher der Wahrheit, an seine Stelle tritt, oder daß schließlich die Fäulnis mit der Zeit die Stoppeln verzehrt. Auf jeden Fall wird dieses Gebäude endlich einstürzen.

13. An einem Beispiel entwickelte Ansicht des Autors über das Seitenstechen. Ich jedoch erwäge bei der Pleuritis zunächst den inneren Erreger bzw. Sporn und sodann den, der die Pleura abreißt. Und beide, identisch in ihrer Bewirkung, nenne ich die Pleuritis. Dagegen betrachte ich den Blutzufluß und Erguß, die daraus entstehende Eiterung als Produkt, was ich mit einer alltäglichen Erfahrung beispielmäßig belege. Es sei irgendwo ein Dorn eingestochen: sofort folgt Schmerz, dem Schmerze Pulsieren, dem Klopfen Blutzufluß, dann Anschwellung, Fieber, Eiterung u. dgl. Der Dorn also ist es, der alles das nach sich zieht. Der Dorn der Pleuritis — um dies zu übertragen — d. h. die Pleuritis selbst — im eigentlichen Sinne — ist eine abnorme Säuerung, empfangen im Archeus. Treibt dieser sie aus oder verlegt sie in das Hohlvenenblut, so wird sie zweifellos auch zur unpaaren Vene und das benachbarte Rippenfleisch geführt, woraus die Eiterung als Folge der Pleuritis entsteht. Schließlich, wie höchst unzweckmäßig nur der Aderlaß gegen Fingereiterung und eingestochenen Dorn angewendet wird, und allein die Herausziehung des Dorns die Heilung verspricht — genau so bei der Pleuritis!

14. Betrachtung der Säurebildung bei Entwicklung der Pleuritis. Wie Schärfe im Magen willkommen und gehörig ist, so ist jede Säure außerhalb des Magens naturwidrig und feindlich — was bisher bei

den Schulen nicht bekannt ist. So kommen von Säure der Eingeweide
Dysenterien, Harnbeschwerden von Säure im Urin, davon das Fressen
in Geschwüren, die Krätze der Haut, in den Gelenken das Podagra
usw. Willst du dies sofort nachprüfen, so tue ein paar Tropfen Wein
in frisch und beschwerdelos gelassenen Urin und spritze ihn dir mit
einer Spritze wieder ein. Du wirst zu deinem Schmerze die Wahrheit
meiner Lehre erfahren.

15. Bestätigung. Im Latex (über ihn später an eigener Stelle)
erzeugt die Säure eine unechte Pleuritis (die man ebenfalls aus Lässig-
keit der Nachforschung die windige nennt[1]). Wenn nun der Archeus die
geringe, ihm unglücklicherweise einverleibte Säure ins Blut abgibt,
so tritt sie sofort aus den Gefäßen, wird von den Blutadern verworfen und ausgestoßen; sie erzeugt ein Geschwür, wo immer sie
hintrifft. Geschieht dies irgendwo in den Blutadern mehr in der
Tiefe, so entsteht ein fürchterliches Leiden. Das ist damit zu beweisen: Blut oder Fleisch sind niemals sauer, nur bei wirklicher
Fäulnis — wie ich anderswo am Tierfleisch dargetan habe, das in
den Hundstagen rasch fault und dann eine saure Brühe gibt. —
Wird nun der Cruor sauer, so gerinnt er bald — wider die Natur
der Adern und des ganzen Fleisches (wenn anders dieses noch le-
bendig). Nach dem Tode wird das Blut in der Ader noch längere
Zeit vor dem Gerinnen bewahrt, verläßt es sie aber, so wird es sofort
krümelig und fest. Was an anderer Stelle noch breiter auszuführen.

16. Eitelkeit des Aderlasses. Daraus folgt, daß der Aderlaß nicht
imstande ist, nach Entstehung eines Geschwürs bei der Pleuritis das
zugehörige Blut zu entleeren, mag man ihm nun um die Krankheit
zu erschrecken oder den Kranken zu bespötteln den Namen der
Revulsion oder Derivation anhängen.

17. Was vom Heilmittel der Pleuritis erfordert wird. Auch hindert
der Aderlaß nicht das weitere Sauerwerden. Hat er doch nur die
Möglichkeit, etwas Bestehendes hinwegzunehmen. Auch kann das
Herauslassen von Blut nicht hindern, daß saure Ablagerungen in
dem Organismus entstehen, in dessen Innerem die Säure Aufnahme
gefunden hat. Daher hat das der Pleuritis angemessene Heilmittel
die Aufnahme von Säure im Archeus zu verhindern. Wenn daher
die Säure des Blutes Zeichen seiner Fäulnis ist, so ist sicher, daß
die Ader keinen faulenden Cruor in sich aufnimmt noch seine Fäulnis
duldet, wenn sie sogar nach dem Tode gerinnungshemmend ist.

18. Die Schärfe bei der Pleuritis bestätigt. Mithin liegt auf dem
Cruor ein ganz außergewöhnliches und todbringendes Gepräge, wenn

---

[1] HELMONT weist die Pleuritis durch Einstreichen von Luft ins
Bereich der Fabel (De flatibus 21). Auch in der Lehre von den
Winden ist von der Schullehre vielfach gesündigt worden. Ähnlich
wie in der von den Katarrhen. Man hat auch Windleiden des Uterus
angenommen u. a. m. HELMONT legt den wahren Ursprung der Blähungen und Darmspasmen klärend und reformierend dar.

er auch nur ein wenig sauer wird. Wenn der Archeus von einem in die Brust eingeatmeten Gifthauch der Luft oder sonstwie durch ein im Innern entstandenes Gift angegriffen wird, und er Blut der Venen oder sonst Cruor, der bereits zur Nahrung bestimmt ist, angesteckt hat, so weist jegliches Glied aus Furcht vor Fäulnis einen solchen Cruor von sich. Das ist — sage ich — der bewirkende und wahre Dorn der Pleuritis. Und das ist auch dem ersten der Ärzte, HIPPORKATES, aufgegangen, wenn er schreibt: Nicht etwas Warmes, Kaltes, Feuchtes oder Trockenes sind die Krankheiten, sondern was scharf, bitter, sauer oder herbe ist. Auch daraus erhellt die Säurewirkung bei der Pleuritis, daß der Urin und das Aderlaßblut beinah unmittelbar beim Herauskommen gerinnen, auch schon vor Verdichtung des Cruors — wobei die Gerinnung und Verkäsung Wirkungen der Säure sind. Der säuerliche Latex aber erzeugt, in das Gebiet des Zwischenrippenfleisches geratend, den Schmerz bei der Pleuritis, nicht aber die eigentliche und anhaltende Erkrankung. Man nennt diese die blähende Pleuritis — obschon niemals Blähungen dorthin gelangen, es sei denn ein Gift genommen, das Umwandlungen erzeugt, worüber im Kapitel Blähungen gehandelt wird[1]. Sie läßt sich rasch durch ein unscheinbares Heilmittel beheben, nämlich unmerkliche Ausdünstungen.

19. Wie wird die Pleura von den Rippen gerissen? So erzeugt die Säure bald Schmerz; den eigentlichen Begleiter und Bewirker des Schmerzes aber nannte ich (im Buch über die Steinkrankheit, Abschnitt Sensationen) den Krampf[2]. Bei solchem Krampf klopft der vorher unmerkliche Puls, wird die Arterie hart, und Schmerz tritt hinzu. Weil aber der Krampf meist in Abständen aus Anspannung und Wiedernachlassen besteht (wie der Wehenschmerz zeigt), so erfolgt im Moment der krampfhaften Spannung der Pleura vermittels ihres eigenen Blas motivum die Zerreißung einer Faser. Sowie er nur ein wenig nachläßt, fließt das benachbarte Blut an die Stelle der Runzeln, die den Riß verdeckten. Die Wiederholung dessen ist der Grund der großen Geschwürsbildung — je nach Häufigkeit und Heftigkeit des Krampfes. Der aus den Gefäßen ausgetretene Cruor aber — der auch sonst das rechte Maß überschreitet — ist feindlich wegen des angenommenen Gepräges saurer Gärung und gerinnt alsbald.

20. Woher die Lungenentzündung? Wird aber die Schärfe in die arterielle Vene oder die venöse Arterie — oder die Lungengefäße —

---

[1] Vgl. Anm. 1 auf S. 212.

[2] De lithiasi Cap. IX. Sensatio, insensilitas, dolor, indolentia, motus et immobilitas per morbos suae classis, lepram, caducum, apoplexiam, paralysin, spasmum, coma etc. 116: „Dolorum comes contractura". „Est nimirum ubique natura tam prona in crampum ..." Beispiel: Runzelung des Scrotums bei Stuhldrang; die Arten des Schmerzes unterscheiden sich nach Art und Grad der erlittenen Störung („Iniuria") der Anima sensitiva.

vom angesteckten Archeus getrieben, so entsteht notwendig Lungenentzündung.

21. Nach Entfernung des Dorns wird oft der Krankheitssitz zum zweiten Dorn. Darum sollten die Schulen sehen und bedenken, ob der Aderlaß die eigentliche Ursache und Wurzel der Krankheit heilt. Oder ob nicht ihr ganzes Bestreben nur dahin geht, wenn es viel erreicht, bei Herabsetzung der Kräfte der Verschlimmerung der Pleuritis vorzubeugen.

So hätten sie die Art der Krankheitsentstehung durch die bewegenden und vitalen Ursachen erläutern sollen, wenn sie die Jünger recht unterrichten wollten. Auch ist den Ärzten zu raten, daß sie ihr Amt richtig versehen, und der Kranke davon die ersehnte Frucht nehme. Denn ist der Dorn herausgezogen, so hört alles übrige bald auf. Es sei denn, daß er nach Vergehen längerer Zeit das Geschwür zu einem zweiten Dorn gemacht hat. Denn sind Eiterung oder Geschwür erst einmal gebildet, so existieren sie durch sich selbst und bestehen ohne fremde Beihilfe, wenn sie auch keinen Rückhalt oder Wurzel im Körper gefaßt haben oder sonst unterhalten werden. Daher ist für Herausziehung des Dorns zu sorgen. Die Hartnäckigkeit des mit Auszehrung verbundenen Ulcus leitet sich nicht daher, daß es noch den Dorn enthält, sondern weil es selbst dornartig geworden ist.

22. Grund der Pleuritis. So entsteht die Pleuritis in uns von selbst, wenn sich das Agens der ersten Verdauung (die Säure[1]) in eine fremde Flur verirrt oder sonst durch Einatmung eines giftigen Contagiums. So ist die Pleuritis eine recht häufige Erkrankung.

23. Küchenwerkstatt des Rippenfells[2]. Rascher Trunk reichlichen und recht kalten Wassers bei Hitze bringt das Rippenfell nicht anders als sonst das Eindringen von Säure zur Zusammenziehung. Nun liegt die Küchenwerkstätte der Pleura nicht in der feinen und unspaltbaren Membran, sondern im benachbarten Fleisch der Zwischenrippenräume. Denn ihre große Feinheit verbietet das Vorhandensein einer Küche in ihrem Innern. Daher geht der Cruor der Pleura sehr rasch zugrunde, wenn eine Gewalt von außen über ihn hereinbricht, sei dies nun Säure oder plötzlicher Frost. Wird doch in jener außen gelegenen Küche seine Nahrung nicht verdaut und vorbereitet. Wird der Cruor fehlerhaft bei seiner Bereitung zur spezifischen Pleuranahrung, so wird er dort sauer, und in ihm liegt das wahre Wesen der Pleuritis.

Man merkt aber nicht das Kommen der Pleuritis, sondern nur bereits ihr Gekommen- und Vorhandensein, wenn sie auf Grund äußerer Einwirkung entsteht. Denn die natürlichen Erzeugungen

---

[1] Vgl. die Lehre von den sechs Verdauungen. S. 37.
[2] Hier wird die *idiopathische und metastatische Rippenfellentzündung* unterschieden.

entstehen gleichsam im Augenblick. Deswegen ist auch die Entartung des Cruors in der genannten außen gelegenen Küche der Pleura gleichsam eine momentane. Die Pleuritis dagegen, soweit sie eine Folge (anderweitiger) Säuerung des Cruors ist, hat meist andere Krankheiten als Vorboten.

24. Reue der Natur bei der Pleuritis. Es ist der Pleuritis aber eigen, daß die Natur bald die Erkrankung reut. So berichtigt sie gern — in einer Scheu vor dem begangenen Irrweg den Fehler des Stoffwechsels. Und so wird zur Heilung nur benötigt, daß Dorn und Produkt der Stoffwechselstörung im örtlichen Cruor und auch im Geschwür selbst fortgeschafft werden. Die Pleuritis dagegen, die mit Aderlaß behandelt ist, kommt oft über Jahresfrist wieder und läßt noch häufiger Schwindsucht zurück; weil allein auf die Schultern der Natur die Arbeit gebürdet wird, den zurückbleibenden Stachel zu überwinden, ohne jede Hilfe, die den örtlich eingeprägten krankhaften Eindruck wettmacht.

25. Die Alten haben das Sekundäre zum Primären bei der Erklärung des Pleuraschmerzes gemacht. Die Alten merkten wohl, daß, *wo Schmerz und Hitze, dorthin ein Blutzufluß statthabe.* Doch den Dorn und die vorausgehende ursächliche Säure und den Krampfschmerz, woher doch allein Trost zu erwarten war, hat bisher niemand berührt (soviel ich weiß).

Zwar könnte man mit Recht fragen, warum die Pleura in den kurzen Pausen des Krampfes nicht den in ihr enthaltenen Cruor wieder dahin zurückschickt, woher er gekommen. Doch bekanntlich gerinnt der Cruor infolge der Säurewirkung sofort und bleibt deswegen an Ort und Stelle beharrlich hängen. Sonst und anderswo zerteilen sich ja Anschwellungen nicht selten, solange ihr Cruor nicht durch Säure verändert ist.

26. Unterschied der Dysenterie von der Pleuritis. Ferner ist die Dysenterie von der Pleuritis zu trennen — nicht sowohl auf Grund der Schärfe der materiellen Ursache als wegen der Verschiedenheit des Ortes. Denn die Därme besitzen kein rückwärtiges Fleisch als Küchenwerkstatt, daher hat der Darm seinen Dorn in sich, eingestochen in die Häute seiner Wand. Denn außer der doppelten Eigenmembran des Darms ist er nur noch vom Gekröse umhüllt. Und weil er außerhalb seiner selbst keine Küche im Fleische hat, trägt seine Membran kein Geschwür. Deswegen verhärtet oder gerinnt nicht der gegen die Schmerzen herbeieilende Cruor, noch besitzt der Gekrösecruor Faserstoff, durch den er gerinnen oder sich zu Eiter anhäufen kann. Infolgedessen entfließt der bei der Dysenterie gegen den stechenden Säureschmerz herankommende Cruor wieder ungeronnen. Bei der Pleuritis entsteht jedoch einesteils blutiger, ungeronnener — weil noch nicht saurer — Auswurf gegen den Schmerz — aber weder er noch dieses Sputum sind Gelegenheitsursache dieser Krankheit; auf der anderen Seite aber stockt der saure Cruor zwischen

Rippen und Brustfell, gerinnt und wird zu Geschwür und Eiter. So tritt Cruor in größten Mengen, wie er zur Beseitigung des Schmerzes herbeikommt (wo Schmerz, dorthin kommt Cruor), durch die Pleura in die Brusthöhle und wird durch höchst beschwerlichen Husten ausgeworfen.

27. Lungenentzündung und Zerfallshöhle. Ihre Unterschiede von der Pleuritis. Somit unterscheidet sich die Pleuritis von der Lungenentzündung weder durch die ursächlichen Gelegenheiten noch durch die Heilmittel. Ergießt sich doch auf Grund des pleuritischen Dorns der Cruor ins Parenchym der Lunge.

Obschon bei der Vomica die Lunge Cruor und auch sonst feindliche Stoffe enthält, so ist sie doch wegen des Fehlens des Säuredorns keine Peripneumonie, sondern es handelt sich um andere Störungen, die sich von den Schlacken des Eigenstoffwechsels der Lunge herleiten.

28. Was bewirkt der Einlauf bei der Dysenterie? Mithin unterscheidet sich die Mehrheit der Krankheiten nicht durch die mit der Gelegenheit wechselnde Ablagerung, sondern durch den verschiedenen Gang und die Eigenheiten der Organe und Verrichtungen. So sind auch die Mittel nicht so sehr verschieden als die nebensächlichen, mehr zufälligen Dinge, die von den örtlichen Eigenheiten abhängig sind.

Daraus ergibt sich auch das völlig Vergebliche in der Anwendung von Klistieren bei Ruhr. Denn diese betrifft nur den Dünndarm, der um einige Ellen vom Dickdarm entfernt ist, an den allein die Klistiere herankommen.

So gebrauchen sie auch bei der Pleuritis und Peripneumonie den Aderlaß — wie sie sagen, zur notwendigen Beseitigung der Ursachen. Als ob allein Blutüberfüllung — und diese ist nach ihrem Reden die einzige angemessene Indikation zum Aderlaß — die Mutter dieser Erkrankungen.

29. Gebrauch der Lecksäfte. Im übrigen haben sie Lecksäfte verschrieben, nicht zur Beseitigung der Ursachen, sondern zur Erleichterung des Auswurfs. Lecksäfte nämlich aus Huflattich, Fuchsenlunge u. dgl. Denn weil dieses Tier schier unermüdbar ist, haben sie gemeint (ihre Meinung soll ersetzen, was ihnen an Überzeugungskraft fehlt), es vererbe sterbend seiner Lunge die Fähigkeit, Atmungskranke zu heilen. Und doch bleibt dieses Organ, der Urheber des Stachels, in uns krank, solange das Geschwür und die Eiterbildung besteht; und nach einer bestimmten Anzahl von Tagen (laut GALEN) läßt es, nicht gründlich geheilt, unzweifelhaft Phthise entstehen.

30. Die Schulen verbrauchen ihre ganze Kraft zur Palliativkur. So geht das gesamte Streben der Schulen nicht sowohl auf Heilung als auf Vorbeugung der Krankheitszunahme, d. h. nicht mit Rücksicht auf Ursache und Wurzel, sondern auf spätere Produkte, die Verhütung der Verschlimmerung. Ist es doch typisch für die Schulen, daß sie ihre Aufgabenlast der Natur zuschieben, auf den kritischen

Tag hoffen und verschleppen. Denn außer Abführen und Aderlaß gibt es kaum ein Heilmittel für sie. Lediglich auf Verminderung von Saft und Kraft, allein auf Palliativbehandlung der Krankheitsfolgen und später Produkte zielen sie. Das übrige schieben sie auf den Küchenzettel und die vorgeschriebene Diät ab — sei es nun, daß manche eine bessere Konstitution bewahrt, andere sich verschlimmern, dritte aber hoffnungslos unheilbar werden.

Entsprechend dem Saft der Fuchslunge empfehlen sie bei Lähmung Gehirn von Kaninchen und Hasen — den Schnelläufern. Die Rute des Hirsches für Frigide, weil dieses Tier von Hause aus geil ist. Also wird auch ein Bauer, wenn er die gekochte Hand eines Lautenspielers aß, recht künstlerisch die Laute spielen können? Dabei fordern die Schulen, daß man die Lecksäfte langsam heruntertrinkt, damit das Heilmittel materiell an den Ort des Hustens gelange. Mich wundert nur, daß sie nicht aus Pferdeschwanz einen Heiltrank bereitet haben, da er doch während des ganzen Sommers die Fliegen verjagen muß.

31. Die grause Sorglosigkeit der Schulen. Nichts dagegen haben die Schulen zur Beseitigung des Dorns der Pleuritis erfunden — und zwar nur deswegen, weil sie ihn nicht kannten und sie seine Erforschung versäumten —, zufrieden damit, sich gegenseitig abzuschreiben. Es genügt ihnen, unbekümmert die Kräfte des Kranken noch mehr herunterzubringen, als ob sie diesen durch die dauernden Aderlässe ganz zugrunde richten wollen und sich vom Daniederliegen der Kräfte noch etwas Nützliches erhoffen.

Zu beklagen das Schicksal der Menschen, denen bei einer derartigen Krankheit derartige Helfer zur Verfügung stehen, die in Unkenntnis der Ursache irgendwelche Absurditäten probieren, nachdem sie vorher den Kranken an Blut und Kräften geschwächt, dann aber die Natur ihrem eigenen Ruder überantwortet haben. Rettet aber den Kranken seine jugendliche und kräftige Konstitution, dann fordern und beanspruchen sie für sich die Ehre, d. h. mit aller Gewalt den Lohn. Dazu das Recht, zweihundert andere auf diese Art umzubringen. Sind aber die Kräfte unter den Aderlässen der Wundärzte schließlich erschöpft, und ist es mit ihnen durch lange Abzehrung und tägliche Wiederholung des traurigen Schauspiels endlich ganz vorbei, dann nimmt der Arzt seine Zuflucht zu der außergewöhnlichen Wildheit der Erkrankung, die trotz Anwendung der besten Heilmittel doch in Schwindsucht ausmündete.

Nichts dergleichen wird geschehen — ich verspreche und gelobe, es bei Strafe zu versuchen —, wenn unter Verachtung des verfluchten Aderlasses und Schonung von Lebensbalsam und Naturkraft der ursächliche Dorn entfernt würde. So würden sofort Schmerz, Blutspucken und Fieber sich in Wohlgefallen auflösen und das abgerissene, aus dem Zusammenhang gelöste Stück (der Pleura) bald wieder einheilen. Doch die Unkenntnis der Ursache gebar die Unwissenheit des Heilmittels.

32. Bewährte Mittel bei der Pleuritis. Meine Heilmittel bei Rippen-
fell- und Lungenentzündung haben noch keinen im Stich gelassen. Es
sind diese: Pulver von Hirsch- oder Stierrute, Bocksblut oder Saft
der wilden Cichorie, Blüten wilden Mohns und noch mehr dergleichen.

Am meisten schätze ich Bocksblut, doch nicht das käufliche.
Vielmehr muß man den Bock bei den Hörnern aufhängen, die Hinter-
füße an die Hörner binden und ihn kastrieren. Das Blut, das heraus-
fließt, wird bis zum Eintritt des Todes gesammelt und getrocknet.
Vom käuflichen Blut — das nur vom Schafe stammt — unterscheidet
es sich dadurch, daß das käufliche sich leicht reibt und das Pulver
rötlich ist, während das wahrhaft vom Bock stammende sich nur
beschwerlich reibt und sein Pulver pechschwarze Farbe hat. Es reibt
sich so schwer nicht wegen seiner Zähigkeit, sondern wegen der einzig-
artigen unglaublichen Härte.

Diese Mittel, dem Archeus freund und der menschlichen Natur
von Haus aus vertraut — beseitigen unmittelbar die Ursache im
Archeus, beheben die Säure, befähigen das Blut zur Ausdunstung,
lindern den Schmerz, weil sie die Säure tilgen. Nach Beseitigung der
Säurebildung lösen sie — soviel sie können — vom ausgetretenen
Blut und bringen das übrige ohne Eiterbildung zum Auswurf. Daher
sind sie auch tauglich für die Behandlung aus der Höhe Abgestürzter,
da sie das durch die Quetschung geronnene Blut zerteilen, d. h. den
Dorn entfernen, das Gift beheben und die Vernarbung bedingen. So
werden sie allen Anzeigen allein durch Beseitigung des Dornes gerecht. Noch anderes Ähnliches erschuf die unerschöpfliche Groß-
mütigkeit göttlicher Milde.

33. Denkwürdige Ungereimtheiten bei der Dysenterie. Denn nicht
erfordert z. B. auch die Dysenterie Adstringentia. Tritt doch der Tod
bei ihr bald natürlicherweise durch Verstopfung und Zusammenziehung ein. So haben in meiner Gegenwart und zu meinem Er-
staunen unsere Ärzte einem Adligen nach 426 vergeblichen Klistieren
zuletzt noch ein blasenwerfendes Pflaster, gelöst in Quittenöl, in einem
Klistier beigebracht. Unglaublicher Stumpfsinn der Schulweisheit!
Denn ohne Klistier — nach 1600 und mehr Stuhlgängen — ist der
Kranke durch mein Eingreifen mit Hilfe eines per os gerichteten
Mittels geheilt worden.

34. Warum bei ihr das Klistier schädlich? Die Schulen lassen
sich nicht in ihrer Lehre beirren, eine Dysenterie könne nicht ohne
Darmgeschwür bestehen. Und um dies zu heilen, haben die Ärzte
das genannte Pflaster eingegossen. Als ob sich das Darmgeschwür
durch jenes Pflaster heilen ließe, wo sie doch eine einfache Darm-
wunde für unheilbar halten. Und wenn die Dysenterie im Dünndarm
sitzt, warum behandeln sie den Mastdarm? Welcher der *Galen*jünger
hat je mit Klistieren ein Geschwür des Schlundes, des Kehlkopfs
oder des Darms geheilt? Wo sie es doch nicht einmal verstehen, eine
Afterfistel, die ihnen gut zugänglich ist, mit Pflastern zu heilen? Es
sollten die Ärzte bedenken, daß die eigene Träne nicht das Auge

und der Harn nicht die Blase beißt. So ist auch der Kot für den Darm unbemerklich bis nahe an den Ausgang, da er natürliches Exkrement. Das dem Darm fremde Klistier dagegen wird schmerzhaft empfunden. Daher schadet es bei der Dysenterie. Der Irrtum leitet sich her von der Schuldefinition der Dysenterie als Darmgeschwür. Sie — wenn auch schon ganz veraltet und beinah verzweifelt — sah ich oft und sicher heilen durch Anwendung gewisser spezifischer Heilmittel.

Doch einen blutdürstigen Moloch sehe ich auf den medizinischen Lehrstühlen. Besinnt euch, Brüder, denn Grausen wird über die Welt hereinbrechen beim Ertönen der Posaune, wenn jeder Rechenschaft erteilen muß über sein Leben.

35. Beobachtungen des Autors bei eigener Pleuritis. Zum Schluß eine Selbstbeobachtung über Pleuritis! Drei Tage vor Neujahr befiel mich plötzlich Fieber mit leichtem Frost und Zähneklappern. Ein stechender Schmerz vorn in Gegend des Brustbeins, der die Einatmung beschränkte, bald darauf kam blutiger Auswurf, endlich reines Blut. Ich nahm sofort den Geschlechtsteil eines Hirsches, ich hatte ihn gerade zur Hand, der Schmerz linderte sich sofort, dann trank ich noch eine Drachme Bocksblut. Nach vier Tagen hörte das Blutspeien auf, es blieb noch vereinzeltes Hüsteln und einiger Auswurf. Das Fieber aber dauerte an. Am zweiten Tag spürte ich Schmerz um den Gürtel auf der linken Seite, Atemnot, Zunahme des Fiebers und Aussetzen des Pulses. Ich hatte schon das 63. Jahr hinter mir und erwartete eine Eiterung in der Milz. Denn diese war vergrößert und verursachte Schmerz. Wenn ich nämlich die Knie hob oder mich auf die rechte Seite legte, spürte ich den Fall eines schweren Gewichtes. So nehme ich an, die Pleuritis sei von der Milz aus erregt, und weil ich sie durch rechte Mittel von den Rippen vertrieben, hat sie schließlich die Milz ergriffen. Dem begegnete ich sogleich durch Trank von Wein, in dem Krebsaugen gekocht hatten. Und in wenigen Tagen war der ganze Schmerz und die Last verschwunden. Unterdessen besuchte mich ein Adliger, der Gamaschen von wohlriechendem, preußischem Leder trug. Bei deren Geruch spürte ich sofort wieder Milzschmerz, und das Fieber kehrte zurück. Da erkannte ich im Milzarcheus den Ursprung des ganzen Trauerspiels.

36. Der zeitige Aderlaß, wie er sich vom verzögerten unterscheidet. Endlich habe ich bemerkt, daß beim Beginn der Pleuritis der Aderlaß die innere Blutung zum Stillstand bringt und die Kranken gebessert erscheinen. Aber obschon der Aderlaß die Schwäche vermehrt, rechnen sie diese doch nicht dem Aderlaß, sondern der Pleuritis zu. Wird aber die Vene später geöffnet, so ist der Cruor bereits geronnen und davon Geschwür und Eiter entstanden, was seinem bestimmten Ende zueilt. Davon entsteht häufig — nach Besserung durch den Aderlaß — Schwindsucht, oder die Pleuritis kehrt nach Jahresfrist wieder. Was sonst bei Anwendung der geschilderten Heilmittel nicht vorkommt.

Namenverzeichnis.

Buchdruckerei Otto Regel G. m. b. H., Leipzig.